U0290207

城市与区域规划研究

本期执行主编　李志刚　甄　峰　詹庆明

商务印书馆
创于1897　The Commercial Press

图书在版编目（CIP）数据

城市与区域规划研究. 第 12 卷. 第 2 期：总第 34 期/李志刚，甄峰，詹庆明主编. —北京：商务印书馆，2020

ISBN 978‐7‐100‐19282‐8

Ⅰ. ①城… Ⅱ. ①李… ②甄… ③詹… Ⅲ. ①城市规划—研究—丛刊②区域规划—研究—丛刊 Ⅳ. ①TU984‐55②TU982‐55

中国版本图书馆 CIP 数据核字（2020）第 259618 号

城市与区域规划研究

本期执行主编 李志刚 甄 峰 詹庆明

商 务 印 书 馆 出 版
（北京王府井大街 36 号邮政编码 100710）
商 务 印 书 馆 发 行
北 京 新 华 印 刷 有 限 公 司 印 刷
ISBN 978‐7‐100‐19282‐8

2020 年 12 月第 1 版 开本 787×1092 1/16
2020 年 12 月北京第 1 次印刷 印张 16 1/2

定价：58.00 元

主编导读
Editor's Introduction

Entering the new era, the state has put forward higher requirements for high quality development and scientific, refined, and intelligent urban governance. The requirements for scientific, accurate, and refined research have become more prominent in the field of urban and regional planning studies. This issue, themed by "Urban Computing", strives to provide reference for the innovative development of urban and regional planning studies in China.

There are two papers in the "Feature Articles" of this issue. In view of the territorial and spatial planning work that is carried out at present, the paper "On the Evolution of Spatial Pattern in the Urbanization of China", written by HU Xuwei of the Institute of Geographic Sciences and Natural Resources Research, CAS, systematically expounds on the spatial pattern and evolution trend of urbanization in China, with its stress laid on "in-situ urbanization of the county region". Many of his viewpoints are valuable for the academic circle and the planning industry. The other paper, "Review on the Progress of Future City Research" by WU Tinghai et al. of the Tsinghua University, systematically reviews the main approaches in the future city research and practice such as data-based empirical studies, futuristic imagination, engineering technologies, and spatial design, summarizes current achievements in the cutting-edge future city research and practice including transportation, energy, communication, environment, health, and urban public services, and predicts the strategic direction of future city research and practice. The paper can provide valuable reference

进入新时代，国家对于高质量发展和城市治理的科学化、精细化、智能化提出了更高要求，城市与区域规划研究在科学性、精准性和精细度方面的要求愈加凸显。本期"城市计算"专题努力为我国城市与区域规划研究的创新发展提供借鉴。

本期"特约专稿"两篇。中国科学院地理科学与资源研究所胡序威"论我国城镇化空间格局的演化"结合近期正在开展的国土空间规划工作，系统论述了我国城镇化空间格局及其演化趋势，重点强调了"县域内就近城镇化"，其中诸多观点对于学界、业界均有重要参考价值。清华大学武廷海等"未来城市研究进展评述"系统回顾了"未来城市"研究与实践中的主要路径如数据实证、未来学想象、工程技术与空间设计，对交通、能源、通信、环境、健康、城市公共服务等前沿方向进行了总结，并对未来城市研究与实践进行了战略预判，对于明确未来城市建设思路具有重要参考价值。

本期主题为"城市计算"。城

for determining the thought for the construction of future cities.

The theme of this issue is "Urban Computing". As a new interdisciplinary field based on multi-source data, urban computing is a process in which theories and technologies of many disciplines including computer science, city planning, remote sensing, GIS, transportation, energy, environment, and economy are adopted to acquire, integrate, and analyze big and heterogeneous data, so as to tackle the major issues that cities face. The 9 theme papers of this issue can be divided into two categories: one is to measure and evaluate the development of cities or regions through urban computing, aiming to support planning or governance decision-making; the other is to directly serve planning innovation by using urban computing tools and methods.

There are 5 papers focusing on the measurement and evaluation based on urban computing. The paper "Spatial Optimization and Planning Practice Towards Equal Access of Public Services", written by WANG Fahui et al., starts with the definition and measurement of spatial equality and makes a systematic review on the research progress of spatial optimization of public service facilities. Aiming to achieve spatial equality, this paper introduces the Maximal Accessibility Equality Problem (MAEP) that can help optimize the layout of public facilities. The authors have keenly noticed the balance between equality and efficiency, and emphasized that the MAEP should develop towards multi-objective optimization and dynamic optimization in the future. In "Research on the Characteristics of Spatial Arrangement of Basic Urban Public Service Facilities from a Diversity Perspective: A Case Study of Wuhan", LIU Helin et al. use urban computing to assess the spatial arrangement of basic urban public service facilities, which helps promote the scientific arrangement of such facilities. The paper "Development Paths for Low-Carbon Urban Transportation Based on an Integrated Model of Land Use-Transport-Energy: A Case Study of Changzhou", written by ZHANG Runsen et al., builds a

市计算是一个基于多源数据支持所出现的新的交叉学科领域，主要结合计算机科学、城市规划、遥感、GIS、交通、能源、环境和经济等多学科的理论与技术，通过不断获取、整合和挖掘不同领域大数据及多源信息来解决城市所面临的痛点与难点问题。本期所选九篇主题文章可分为两类：一类是通过城市计算对城市或区域发展状况进行测度与评价，以此服务规划或治理决策；另一类是基于城市计算工具、方法直接服务规划创新。

在基于城市计算的测度与评价方面共有五篇文章。王法辉等"公共资源公平配置的规划方法与实践"从空间公平的定义及度量方法入手，对公共服务设施空间优化的研究进展做了系统评述，论文以空间公平为目标，介绍了最大可达性公平模型（MAEP），可以服务公共设施的布局优化工作，作者敏锐地注意到公平和效率的平衡问题，强调未来 MAEP 应向多目标优化和动态优化方面发展。刘合林等在"多样性视角下城市基本公服设施空间配置特征研究：以武汉市为例"中，利用城市计算评估了城市基本公共服务设施的空间配置状况，推进了公服设施配置的科学化。张润森等"基于土地利用—交通—能源集成模型的城市交通低碳发展路径：以常州市为例"一文为常州构建了城

land use-transport-energy integrated model for Changzhou City and setting up different scenarios to simulate the energy-saving and emission-reduction potential of local policies, which can play a beneficial role in the evaluation of policies for low-carbon city development. The paper "Spatial Correlation Between Urban Land Use Pattern and PM2.5 Concentration: Case Study of Beijing-Tianjin-Hebei Region" by YANG Yu et al., at the scale of urban agglomeration, uses correlation analysis and other urban computing tools to explore the correlation between land use pattern and PM2.5 concentration, which can provide support for decision-making in the prevention and control of air pollution in cities and regions. The paper "The Spread and Control of COVID-19 Based on Urban Complex Network of Yangtze River Delta City Group" by ZHANG Yiming et al. builds a network model to analyze the stage characteristics, paths, and node types of COVID-19 spread, which is of great significance for the prevent and control of public health events.

The other 4 theme papers focus on urban computing directly serving planning innovation. The paper "Exploration of Scientific Compiling and Optimized Implementation of Regulatory Planning in the New Data Environment" by WANG Teng et al., taking "scientific compilation" and "dynamic implementation" as the goal, establishes a framework that comprehensively applies new data and new technologies in the entire process of regulatory planning compilation and implementation, which innovates the technical method system of regulatory planning compilation and management. The paper "A Multi-Objective Performance-Driven Digital Design Approach Towards Urban Microclimate System" by WU Yihan et al. proposes the multi-objective performance-driven digital design approach to address the complex issues such as nonlinearity of parameters and multi-objective design plans in the urban microclimate system. In addition to the value of being taken as reference in terms of application, these papers are also innovative in

市土地利用—交通—能源集成模型，设置不同情景以模拟城市地方政策的节能减排潜力，在低碳城市发展的政策评价等方面可以发挥有益作用。杨宇等"城市土地利用格局与PM2.5浓度的空间关联研究：以京津冀城市群为例"聚焦城市群尺度，运用相关性分析等城市计算探究土地利用及空间格局与PM2.5浓度的相关性，可为城市和区域的大气污染防治提供决策支持。张一鸣等"基于城市网络联系的长三角城市群COVID-19疫情空间扩散及其管控研究"，构建网络模型分析了COVID-19疫情扩散的阶段特征、扩散路径与节点类型，对公共卫生事件防控有重要参考价值。

直接服务于规划创新的文章共有四篇。王腾等"新数据环境下控规科学编制与实施优化方法探索"以"编制科学化"和"实施动态化"为目标，构建了控规编制实施全过程中集成应用新数据和新技术的整体框架，创新了控规编管的技术方法体系。巫溢涵等"面向城市微气候系统的性能驱动多目标数字化设计方法"聚焦城市微气候系统参数影响的非线性和设计方案多目标等复杂性问题，提出性能驱动的多目标数字化设计方法。除了应用性方面的参考价值，文章在技术集成方面也有一定创新性。牛强等"三维街道界面密度分析：基于行人视角

terms of technological integration. The paper "3D Street Interface Density Analysis: An Exploration of 3D Street Interface Evaluation Index Based on Pedestrian Perspective" by NIU Qiang et al., focusing on the scale of street and aiming at evaluating the interface density by use of urban computing, puts forward a three-dimensional street interface density evaluation indicator based on visual computing methods, which can be used to serve urban design practice. The paper "Simultaion of Residents Commuting Using Big Data: An Agent-Based Modeling for Urban Planning Application" by WU Hao et al., by use of big data, especially the mobile phone bill data, establishes an OD matrix of residents' travel and then imports it to the agent-based model to simulate the traffic congestion problem caused by commuting. Such work is valuable for the scientific decision-making in the optimization of urban space.

In addition, in the paper "Classification Criteria of Urban and Rural Land Use in Australia and a Comparative Study of Australia and China", ZHU Jie et al. introduce the urban and rural land classification criteria of Australia and elaborate on the characteristics and applications of land use classification criteria at various levels, which can provide reference for the optimization and restructuring of land use classification criteria in China. In the paper "An Analysis of Spatial Pattern of the Growing and Shrinking Areas in the Beijing-Tianjin-Hebei Region from the Perspective of Major Function-Oriented Zones", WU Kang et al. conduct a quantitative analysis to describe in detail the growing and shrinking characteristics of the Beijing-Tianjin-Hebei Region as a development priority zone, and advocate precise and targeted policies and "smart shrinking", which can be taken as reference for the promotion of regional development and governance. In the paper "An Exploration on the Implementation Path and Decision-Making Method of 'Three-Line' Control from the Perspective of 'Homo Urbanicus'", WEI Wei et al. explore the problems in the "three-line" control, and propose a "people-oriented" decision-making method

的街道界面三维评价指标探索"聚焦街道尺度，通过城市计算测评界面密度问题，提出了基于视觉计算方法的三维街道界面密度分析指标，可以服务城市设计实践。吴昊等"结合大数据的居民通勤仿真研究：一个智能体模型的规划应用尝试"利用大数据特别是手机话单数据构建了居民出行OD矩阵，代入智能体模型模拟由通勤所引发的交通拥堵机制问题，此类工作对城市空间优化的科学决策具有参考价值。

此外，在"澳大利亚城乡用地分类标准及比较研究"中，朱杰等引入澳大利亚城乡用地分类标准，详细解读了各层次用地分类标准的特征和应用，为我国用地分类标准的优化重构提供了参考。在"主体功能区视角下京津冀国土空间的增长与收缩格局分析"中，吴康等采用量化分析精细刻画了京津冀主体功能区的增长与收缩特征，倡导精准施策及"精明收缩"，对区域发展及其治理具有参考价值。在"'城市人'视角下国土空间'三线'管制方法探索"中，魏伟等探索了"三线"管制所面临的诸多问题，提出"以人为本"的国土空间用途决策方法和"三线"落地的管理机制，以此服务空间规划的有效实施。在"核心城市引力作用与土地扩张耦合效应研究：以长三角地区为例"

for land and space uses and a management mechanism for the landing of "three-line" control, so as to promote the effective implementation of spatial planning. In the paper "Study of Core City Attraction and Land Expansion Coupling Effects: Based on Yangtze River Delta Region", LI Fan et al. conduct systematic explorations and empirical studies on the coupling effects between core city attraction and land expansion through the improvement of both attraction model and coupling model.

The "Classic Articles by New Authors" of this issue introduces Professor LIU Ye, a young scholar from Sun Yat-Sen University. The paper "The Formation and Social Impact of Migrant Enclaves in Chinese Large Cities: A Case Study of 'Hubei Village', Guangzhou", written by him and other authors, studies the villages in which the residents are rural migrant workers that come from the same homeland and are engaged in the same type of business. Through field survey, the paper fully reveals the subjective initiative of migrant population in their adaption to urban life and social mobility, thus affirming the positive value of such migrant enclaves, which provides a new perspective for the research on migrant population and their agglomerations.

中，李帆等通过模型改进，对核心城市引力作用与其土地扩张的耦合效应进行了系统探索及实证。

本期"新人名篇"推出的青年学者为中山大学刘晔教授。他所参与完成的"中国大城市流动人口聚居区的形成机制与社会影响：以广州'湖北村'为例"聚焦"同乡同业"村，通过实地调查，全面揭示了流动人口在城市适应生活和社会流动中的主观能动性，肯定此类城中村具有正面价值，这为流动人口及其聚居区研究提供了新视角。

城市与区域规划研究

目 次 [第12卷 第2期 （总第34期）2020]

Journal of Urban and Regional Planning

CONTENTS [Vol.12, No.2, Series No.34, 2020]

Editor's Introduction
Feature Articles

Papers

Classic Articles by New Aurhors

论我国城镇化空间格局的演化[①]

胡序威

On the Evolution of Spatial Pattern in the Urbanization of China

HU Xuwei
(Institute of Geographic Sciences and Natural Resources Research, CAS, Beijing 100101, China)

国土指国家主权管辖范围内的地域空间。国土既是资源，也是环境，包括自然和人文两个方面。经济社会发展，工业化和城镇化必然要涉及国土资源的开发利用与国土环境的治理保护。土地是不可移动的自然资源，因而也是最重要的国土资源。编制全国国土总体规划就是要使经济社会的发展与城乡人口的分布、资源的开发利用和环境的治理保护在全国不同的地域空间综合协调，和谐共处。因而，有关我国人口城镇化的空间格局的演化，应成为编制全国国土空间规划的重要组成部分。

编制综合性的国土空间规划应兼顾经济效益、生态效益和社会效益，但在不同的发展阶段往往有不同的侧重。工业化和城镇化的早中期往往更多地强调经济效益和空间集聚，待工业化和城镇化进入中后期后，才开始较多地关注其生态效益和社会效益以及在空间的适度扩散。例如，20 世纪 80 年代，法国和日本的国土整治与国土规划，均开始由国家核心地区首都圈高密度的不均衡发展，逐步转向以振兴外围地区的相对均衡发展以及尊重自然和保护环境的可持续发展作为规划的主要目标。法国曾提出要重点解决"繁荣的大巴黎和荒芜的法兰西"问题。日本则提出要着力管控过度集聚的东京大都市圈，在全国营造多个良好的生活圈。任何国家都存在经济和人口高密度的核心地区以及受其辐射影响的外围腹地。有些幅员辽阔的大国可能存在多个不同层次的核心地区与外围地区。

我国的城镇化曾经历过曲折的道路。在计划经济年代，曾为备战而提倡工业分散布局，鼓励发展小城镇，严格控制大城市规模。改革开放后，在市场经济的驱动下，出现

作者简介
胡序威，中国科学院地理科学与资源研究所。

了大城市热。许多城市都在竭力争取扩大自己的城市人口规模，以发展成为特大、超大城市作为规划目标。行政区划体制的变革，实行地（区）市合并，且将众多市辖县和县级市改成市辖区，人为地加速了大城市的发展，致使我国的城镇化不是使城市的个数越来越多，而是越来越少。特大、超大城市在城镇总人口中的比重也越来越高。为了防止特大、超大城市不断摊大饼式空间扩张导致生态和居住环境的恶化，提倡在其周围发展众多卫星城和中小城市，形成都市圈；或与周围较多的大中城市、都市圈组合成相互联系紧密的城市群。城市群已被我国学术界视为城镇人口密集的经济核心地区最佳的城镇化空间布局形态。但应该明确，城市群是指城镇密集的经济核心地区的城市，城镇密集地区也就是城市群所在的经济核心地区。现今有人任意将城市群的地域范围做大，把许多城镇化水平较低、离经济核心区较远的欠发达地区的城市也划入城市群，就失去其城市群的原有意义。同样，也有人将都市圈的范围划得很大，混淆了都市圈和都市经济圈的不同地域概念。

多年来，我国一直将发展城市群作为全国新型城镇化的重点，直至"十三五"规划仍把发展城市群视为我国新型城镇化的主体，对此我曾持保留意见。因为城市群所在的我国核心地区的地域范围毕竟只占全国广大国土面积的较小比重，不能把广大农村腹地需向城镇转移的很大部分人口都集中到城市群所在的核心地区，这将会导致深重的生态灾难，而且将使许多社会问题难以解决。

我认为我国已经历了经济高速增长的工业化中期阶段，并已开始向更重视创新和优质高效的工业化后期转型，向信息化、智能化社会推进。在产业结构中，第三产业的比重越来越高；在人口就业结构中，从事现代服务业和社会服务业的比重也越来越大。智力密集型的创新产业的发展，对人才和教育、科技、文化资源的依赖远大于对自然资源及一般劳动资源的依赖，人们对自然生态和生活环境质量的要求越来越高。我国社会主义建设的崇高目标，是要让全国人民走共同富裕的道路，在完成全国贫困地区的初步脱贫任务后，还要致力于逐步缩小地区间、城乡间的相对贫富差距，逐步实现社会主义公共服务的均等化。因而在规划全国经济和人口的空间布局时，不能再继续向城市群所在的发达的核心地区集聚发展。除中西部地区位于东西主轴线上的少数几个城市群以及京津冀城市群中的薄弱环节冀中地区，尚待进一步在量的规模上有所增强外，多数城市群已由量的扩张转向质的优化。要鼓励发达的核心地区由区内的点轴空间集聚发展，转向外围广大腹地网络节点的适度空间扩散发展，加大核心地区的富余资金、技术、人才、信息向广大外围腹地流动的辐射影响力。随核心地区产业结构优化升级而失去市场竞争优势的某些劳动密集型产业，应优先考虑向其外围经济腹地转移。

我认为，针对我国现有城市群外围的广大农村地区，大力发展县域经济，鼓励部分需转移的农民在县域内就近城镇化，已提到重要日程。理由如下。

（1）县是我国行政区划的基本单元，有的县比欧洲的小国还大，不搞各县县域内的现代化，就不可能有全国的现代化。

（2）县域内的现代化，首先是农业生产的现代化。必须将传统的主要依靠人力耕作的小农经济改造成现代化、产业化的大农业或精致高效的特色农业，让更多的农民转向从事非农产业。

（3）各县多具有因地制宜地发展能体现各自相对优势的特色产业，或通过地缘和乡亲关系招商引资从而吸纳从大都市、城市群转移过来的某些劳动密集型产业的条件。

（4）随着现代化的交通、通信、供电、水利、环保等各项基础设施建设在全国广大农村地区取得很大进展，农村地区的金融、贸易、旅游、休闲等各种现代服务业蓬勃兴起，为各县提供越来越多非农产业的就业岗位。

（5）不发展县域内的非农产业，不搞县域内的就近城镇化，就难以保证已脱贫的贫困县和农村贫困户不再返贫。

（6）由国家推动的各县在医疗、教育、文化、体育等现代社会公共服务设施方面的均等化，不可能分散到所有农村，只能将重点放到县城和若干中心镇，让全县农村居民均可就近享用这些现代化的社会公共服务，并可吸纳众多大专院校的毕业生来此就业。

（7）许多进大都市打工的农民工，由于当地的住房、交通等生活成本过高，即使能为其解决户籍问题，也不愿在此长期定居。经多年辛勤积累筹足必要的资金后，他们多愿回家乡的县城或中心镇购房养老或重新创业。

（8）正在全国大规模开展的新农村建设，若能与县域内部分农村人口的就近城镇化紧密地结合在一起，将可有效地推进逐步缩小城乡差别的城乡一体化。

（9）大力发展县域经济，推进县域内部分农村人口的就近城镇化，是扩大我国内需市场，提升经济发展活力和潜力的有效途径。

为了推进县域内的就近城镇化，需为其解决以下几个制度性的问题。

第一，需要对农村的土地制度进行必要的改革，应允许农村的宅基地在县内市场流通，农民在县内城镇购房，可用自己的宅基地顶价。农村的人居占地面积肯定大于城镇的人居占地面积。所以，日本的城镇化不仅没有减少耕地面积，反而增加了耕地面积。在我国，由于农村宅基地不能进入市场流通，必然导致一方面因城镇化而大量占用耕地面积，另一方面却因大量农村人口外流而出现大片宅基地无人居住的空心村。若能将空心村无人住的宅基地复垦为耕地，即足可顶替因城镇化需占用的耕地。只要能通过农村土地制度的改革，妥善解决城镇化的占用耕地问题，即使在位于我国重要农产区的县域，也不应限制其部分农村人口的城镇化。

第二，需改革我国现行行政区划的设市体制。我国曾采取过切块（县城）设市、县市并列和撤县设市、城乡混合的不同的设市体制，均存在不同的问题，致使国务院曾一度长期冻结设市。我们建议对撤县设市严加控制，必须是已经高度城市化的县才能将全县改为市。在众多县内已拥有十多万城镇人口的县城和拥有5万以上城镇人口的中心镇均可考虑设县辖市。县城设市后可赋以副县级，现今我国许多省会城市也都赋以副省级。在同一县内可下辖若干个市，这在日本和我国台湾已早有先例。这样才能体现随着我国城镇化的发展，城市不是越来越少，而是越来越多。

第三，要发扬我国发达地区帮扶贫困地区和欠发达地区的优良传统。在发达地区的城市群与其外围农村地区的众多欠发达县之间，应建立起各自分工明确、措施具体的帮扶制度和互利合作制度。

注释

① 今年 4 月，我曾应自然资源部陆部长的函邀，就我国即将开展的全国国土空间规划写了一些不成熟的书面建议，曾供少数友人参阅。中国科学院地理科学与资源研究所研究员、欧亚科学院院士毛汉英阅后赞同我的观点，并建议我适当修改后先在《中国城市发展报告（2020）》刊出。我就利用这一机会改写成侧重论述我国城镇化空间格局演化趋势的短文，试图能以此对即将参与编制《中华人民共和国国民经济和社会发展第十四个五年规划纲要》以及新一轮《全国国土空间规划》的同行们产生一定影响。

[欢迎引用]

胡序威. 论我国城镇化空间格局的演化[J]. 城市与区域规划研究, 2020, 12(2): 1-4.

HU X W. On the evolution of spatial pattern in the urbanization of China [J]. Journal of Urban and Regional Planning, 2020, 12(2): 1-4.

未来城市研究进展评述

武廷海 宫 鹏 郑伊辰 龙 瀛 孙宏斌 王建强 王 鹏 王书肖
杨 军 陈宇琳 郝 璐 梁思思 王 辉 袁 琳 赵 亮

Review on the Progress of Future City Research

WU Tinghai [1], GONG Peng [2], ZHENG Yichen [1],
LONG Ying [1], SUN Hongbin [3], WANG Jianqiang [4],
WANG Peng [5], WANG Shuxiao [6], YANG Jun [2],
CHEN Yulin [1], HAO Lu [2], LIANG Sisi [1], WANG
Hui [1], YUAN Lin [1], ZHAO Liang [1]
(1. School of Architecture, Tsinghua University,
Beijing 100084, China; 2. Ministry of Education
Key Laboratory for Earth System Modeling,
Beijing 100084, China; 3. Department of
Electrical Engineering, Tsinghua University,
Beijing 100084, China; 4. School of Vehicle and
Mobility, Tsinghua University, Beijing 100084,
China; 5. Beijing Institute of Big Data Research,
Beijing 100871, China; 6. School of Environment,
Tsinghua University, Beijing 100084, China)

Abstract The fourth industrial revolution, based
on computing, information, and communication,
is fundamentally changing the production and life
of the humans as well as the whole society, and the
evolution of cities presents unprecedented speed,
scale, and complexity. Future cities are closely
related to the future of the humankind. This paper
reviews four main approaches in the future city
research and practice: data-based empirical studies,
futuristic imagination, engineering technologies, and
spatial design. Based on the distinction of ontology,
epistemology, and methodology of these approaches,
the paper summarizes the core ideas and main

作者简介
武廷海、郑伊辰、龙瀛、陈宇琳、梁思思、
王辉、袁琳、赵亮,清华大学建筑学院;
宫鹏、杨军、郝璐,地球系统数值模拟教育部
重点实验室;
孙宏斌,清华大学电机系;
王建强,清华大学车辆与运载学院;
王鹏,北京大数据研究院;
王书肖,清华大学环境学院。

摘 要 以计算、信息与通信为基础的第四次工业革命正
在从根本上改变生产、生活和整个社会,城市演变呈现出
前所未有的速度、规模与复杂性,未来城市关系人类未来。
文章回顾了未来城市研究与实践中的四个主要路径:数据
实证、未来学想象、工程技术与空间设计,综述其核心思
路与主要进展;结合文献数据检索,对当前未来城市实践
中与技术进步直接相关的交通、能源、通信、环境、健康、
城市公共服务等前沿方向的成果进行归纳与总结;进而实
现对未来城市研究与实践的战略预判,明确进一步创造未
来城市的核心思路。

关键词 未来城市;研究路径;方法论;复杂性;技术
革命

1 引言

1.1 城市关系人类未来

21 世纪注定是城市的世纪。1950 年,世界人口仅有
30% 居住在城市地区;2018 年,超过半数的世界人口(55%)
居住在城市地区;而到 2050 年,这一比例预计将达到 68%
(UN, 2018)。人类社会发展正在经历"都市革命"(urban
revolution)(Lefebvre, 2003),在全球尺度上进行着"星
球城市化"(planetary urbanization)(Brenner, 2014)。
人口的大规模集聚,带来了前所未有的创新动力,提高了
人类经济、社会、文化迭代的速度,但也催生或激化了气

progresses in the future city research. Then, in combination of literature analysis, the paper summarizes current achievements in the cutting-edge future city research and practice, including transportation, energy, communication, environment, health, and urban public services, which are directly related to technological progress. By predicting the strategic direction of future city research and practice, the paper further proposes the core thought for the creation of future cities.

Keywords future cities; research approach; methodology; complexity; technological revolution

候变化、资源匮乏、社会对立等紧迫问题（UNDESA，2019）。提高城市人口聚居所带来的规模和密度红利，同时最大限度地减少负面效应，利用空间治理解决发展问题，是人类未来永续发展的关键所在。在当代中国大规模快速城市化以及百年不遇的新冠肺炎疫情这两个关键背景下探讨未来城市问题，更是具有其特殊意义。

1.2　预测未来与创造未来

人类大规模快速城镇化与城市蓬勃发展催生了两个基本问题：未来城市将会以何种形态出现？如何应对未来城市可能出现的问题？这也是与城市的产生与发展相伴始终的学术问题——有城市的地方，就有对未来城市的设想与情景预判。公元前 5 世纪，老子提出"小国寡民"（有限规模）与"安其居、乐其俗"（人居）的未来社会畅想；公元前 4 世纪，亚里士多德（Aristotle）在《政治学》中提出理想城市和空间规划愿景；16 世纪，托马斯·摩尔（Thomas Moore）的《乌托邦》叙述了理性主义下未来城市之基本空间范型。进入工业时代，尤其是 20 世纪以来，随着城市化进程的迅猛推进和城市问题的集中产生，对未来城市的展望更加科学、细密，这些展望集中体现在《雅典宪章》《马丘比丘宪章》和《新城市议程》等全球共识性文件中，在一定程度上影响着后续的城市实践。

历史只有一条不可重复的轨迹，没有实验组和对照组之区别。事关"未来"的问题不能够在当下被证伪，故并非严格的科学问题。然而，正是因为未来城市这一特点，仅仅解释当下城市现象背后的机制，做出对未来基本的预测，都不能满足科学共同体的要求。预测方法的检验，工程策略的完善，都需要在未来城市实践中推进。面对单纯"认知"未来城市的不可能性，美国计算机科学家艾伦·柯蒂斯·凯（Alan Curtis Kay）提出了"预测未来最好的方法就是创造未来"这一著名论断（Ratti and Claudel，2016），进一步阐明了预测与创造之间的关系。

艾伦·柯蒂斯·凯意在表明，中长期未来预测不是对未来预测的最佳路径，或者说中长期未来预测未必可靠，所以最好是做短期的预测并付诸行动，创造迅速见效的未来。实际上，这里的预测和创造并非处于相同的时间尺度，不能等量齐观。所谓创造，是针对即将发生的未来所付出的行动，是短期性的不断递进，而预测则可以是中长期的，也可以是短期性的；没有把握好、预测好未来的创造，未必会有好的效果，并且创造的未来需要后续的检验、评估和城市体检工作。

1.3　未来城市的认知、预测和创造

未来城市研究与实践可以概括为"认知""预测""创造"三个环节。"认知"是在实践中和现象界发生关系，通过主观能动控制变量的实验以及客观观察的比较，总结出现象界的规律；"预测"是通过判断当下出现某些规律得以发生作用的条件，来判断某些规律将会在未来起作用，从而推断现实的可能发展方向；"创造"是基于对现象界规律和事实走向的认知，选用因果组合来调整现象界"自变量"的操作，从而让"因变量"符合我们的预期。

随着历史的进展，"认知—预测—创造"的过程不断循环。首先，与大量现象相接触，得出规律性、因果性形式的语言，为后续实践找到目标与手段；接着，演绎法假设这些发现的规律在未来一段时间内延续（即预测过程或路径依赖的情景分析），为实践过程中合理分配资源点明方向；进而为了达到共同体的既定目标，选用规律和方法的组合，进行创造活动；部分成为现实的未来城市，又成为下一轮归纳活动的研究客体和预测的基础，如此周而复始，实现认识的螺旋上升。

现有对未来城市研究成果的综述，主要聚焦在数据导向的实证研究（Batty et al.，2012）和技术导向的城市愿景（黄肇义、杨东援，2001；巫细波、杨再高，2010；顾朝林，2011）方面，亦即上述"认知+预测"环节，偏重数据主义和工具理性。这些既有成果丰富了人类对城市未来的认识，但其对"未来城市"这一概念的不同本体意涵以及未来城市从理念到现实的完整转化过程都需要进一步的关注。不把"未来城市何以可能"的基础问题分析清楚，研究就难免拘泥于现象和技术等具体的创新成果，而忽视了城市作为"人类文明'磁石'和'容器'"的根本特性（Mumford，1961）。

究竟如何认知、预测和创造？此问题的回答涉及下述未来城市研究的四个基本路径。

2　未来城市研究路径

作为一个开放性课题，有关未来城市的高水平研究与实践可以概括为数据实证、未来学想象、工程技术、空间设计四个研究路径。这四个研究路径的划分源于人类在回答"未来问题"时所采取的不同本体论、认识论和方法论，也与特定的学科、学派有关（图1）。

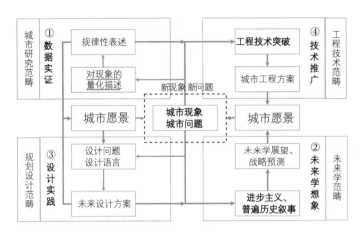

图 1　未来城市研究与实践的主要路径及其关系

2.1　城市现象的量化表达与数据实证

利用城市活动中生成的大量数据，对城市发展规律及未来走向进行认知与预测，是未来城市研究的数据实证路径。研究手段和成果形式，与数据源的性质高度相关。随着技术的进步与数据质量的提高，人类对城市的定量认知也在不断完善之中。

20 世纪 50 年代之前（前计算机时期），数据的获取和处理基本是手工完成，研究者将统计单元的数据落到空间上，形成对城市的基本认知；城市范畴中的定量研究可以追溯至伦敦医生约翰·斯诺（John Snow）的"瘟疫地图"，而现代意义上的城市定量起于道萨迪亚斯（Doxiadis）的"人类聚居学"（Ekisitics）形式逻辑体系，并在底特律发展预测研究等实践项目中得到具体、综合的应用。

20 世纪 50 年代至世纪之交（计算机初步介入时期），50 年代计算机进入规划领域，科学的成功使人们感到它可以扩展到人类世界的每个方面，由此兴起城市模型研究的热潮，但此时大量数据还分散存在于政府部门、企业等单位组织，个人活动产生的数据由于没有记录方式而遗失，加之计算机能力不足等原因，城市模型的目标难以达到。70 年代，《大尺度模型的安魂曲》列举了城市模型的七大缺陷（Lee，1973），直至 90 年代，计算机技术的进步使得模型进步，研究中提出的缺陷才得以部分解决（Harris，1994），并带来了 20 世纪 90 年代城市模型工作的重新繁荣（Li and Gong，2016）。

计量经济学、交通领域等方面的发展，包括匹兹堡模型、随机效用理论等把空间交互模型同微观经济学结合了起来（Domencich and McFadden，1975），为宏观城市模型奠定了经济学和数学基础。在城市宏观尺度，出现了元胞自动机、分形等对整体形态进行计算和预测的图形学研究。例如，运用约束性元胞自动机（CA）参与划定城市增长边界、制定与空间形态相适应的城市政策（Ward et al.，2000；龙瀛等，2010），以及对未及实现的特定规划方案进行反现实模拟等（Bae and Jun，2003）。

2000 年至今，尤其是 2010 年以来（计算机—大数据时期），随着计算机技术的普及和大数据的兴起，对城市的感知能力逐步摆脱算力的制约，有了很大提高。当下能够为实证研究所利用的数据源包括：在线地图平台、格式化带地址的网站平台（租房网站、点评网站）、公交刷卡数据（Liu et al.，2010）、手机信令数据等，近期更是向穿戴式设备和物联网拓展和延伸。

利用位置更为精确、数量级更大的数据，能够对市民行为特征做出更细致的刻画（Batty，2013；龙瀛等，2018）。例如，徐婉庭等（2019）利用去除隐私信息的手机信令数据，判别了"什么样的人住在什么样的小区、什么样的小区住着什么样的人"两个在传统实证范畴中无法回答的问题；MIT 城市感知实验室 2018 新加坡"Friendly Cities"（友善城市）项目利用空间化的手机信令数据观测市民活动，指导空间优化进程（SENSEable City Lab，2018）；2019"Tasty Data"（新鲜数据）项目利用空间化的大众点评数据评估城市局部活力，并比较不同城市间的活力指标，指导公共决策（SENSEable City Lab，2019）。

随着人工智能向城市研究领域的不断渗透，机器学习介入相关性—因果性分析，可以对城市人居环境中的用地类型、用地拓张规律等范畴进行更加深刻的认识（龙瀛、郎嵬，2016）。宫鹏等（Gong et al.，2020）对特定功能用地和夜间灯光影像、POI（城市兴趣点）、卫星影像特征建立联结，试图通过"反推"把未知的土地利用类型推导出来，是城市数据实证领域最具技术含量的研究进展。

数据实证路径的基本思路是：运用归纳法，对城市活动中的可量化现象进行相关性和（可能的）因果性分析，对城市问题进行规律化描述，将研究成果反映到空间上，进而运用演绎法得出城市对策，实现治理目标（图 2）。一般化的研究步骤包括：确定观测变量—选定研究单元—空间数据统计—发现相关性和因果性—数据验证—模型向未来的推广。

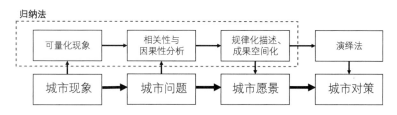

图 2 数据实证路径的主要思路

这个认知链条综合运用了归纳与演绎两个思维向度：经由"从特殊到一般"的归纳法，运用最新的数据源，获取对人群活动及其偏好、城市空间状况等要素能够加以定量描述的指标，进而进行相关性分析、因果溯源和回归分析，有条件的情况下，进行控制变量、工具变量和断点回归实验等来进一步证实因果性（图 3）；而经由"从一般到特殊"的演绎法，明确归纳得出规律发生作用的条件，在条件相似的场合，默认规律存在并可延续，对因变量的变化依据模型语言做出预测，进而对未来实现初步控制。

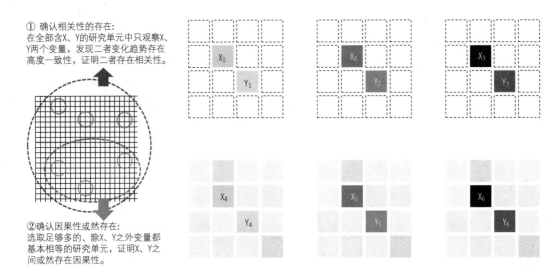

① 确认相关性的存在：
在全部含X、Y的研究单元中只观察X、Y两个变量，发现二者变化趋势存在高度一致性，证明二者存在相关性。

②确认因果性或然存在：
选取足够多的、除X、Y之外变量都基本相等的研究单元，证明X、Y之间或然存在因果性。

③能动的实验，验证因果性：
控制其他变量一定，分别改变两个变量，看另一个变量是否相随变化，从而确定因果关系中的因变量。

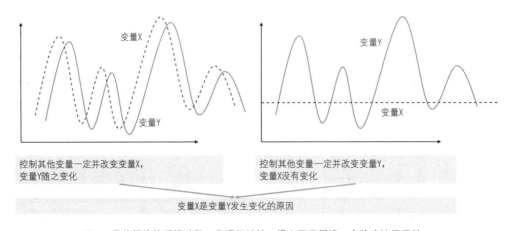

控制其他变量一定并改变变量X，变量Y随之变化

控制其他变量一定并改变变量Y，变量X没有变化

变量X是变量Y发生变化的原因

图 3 寻找规律的逻辑过程：发现相关性，提出因果假设，实验确认因果性

在本路径中，代表性的研究机构有：伦敦大学学院高级空间分析中心、MIT 城市感知实验室、剑桥大学马丁中心、新加坡未来城市实验室、北京城市实验室（BCL）等。

2.2 未来学想象与战略研究

不确定性的未来不能被归纳演绎思维充分覆盖，需要有超出因果性证明的战略思维与预测方法，未来学（futurology）就是这样一个新兴交叉性学科。未来城市研究中的未来学路径超越了单纯意义的

"乌托邦传统"，用"涌现"等复杂性思维认知城市，把握走向。

20世纪60年代以来的全球化背景下，城市竞争方兴未艾，城市战略规划随之兴起。早在"二战"后，大伦敦、大纽约以及东亚的大东京、首尔都会区等就纷纷制定或更新自己的战略规划，20世纪80年代以来中国长三角研究、珠三角研究，以及20世纪90年代以来的大北京（京津冀）研究等，都是世界城市战略研究的代表性案例。值得一提的是，在中国公共财政与货币体系中，战略的合理性成为公共部门获得信贷的合法性来源，未来城市战略也成为解析中国特色城市化模式的钥匙。

随着全球化和金融化进程的拓展，对城市的战略预测不可能忽视资本和金融力量的介入，以咨询公司、投资银行等为主力的信息服务也开始介入城市战略研究领域。2019年美银美林"十年十个趋势"（Ten Year Ten Trend）报告，对2030年世界经济和城市发展做出了经济学预估，数据源较传统意义上的城市研究更加全面，包括丰富的利率、汇率等市场经济指标（Merrill Lynch，2020）。BCG、毕马威等也定期发布未来战略研究报告，并且建立了自己的城市战略研究部门。

未来学路径的基本思路是：基于系统综合思维，对未来走势进行合理想象和情景预判，选择几种代表性情景构思对策和解决方案（赖金男，1978），从而实现对"复杂问题"的"有限求解"（吴良镛，2001）（图4）。

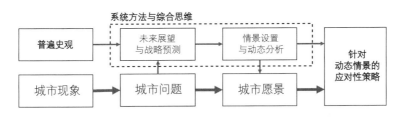

图4　未来学路径的主要思路

与数据实证路径相比，未来学方法论有两个突出特点：一是更大的时空尺度、粗颗粒的数据；二是对技术细节模糊化的表述、宏大叙事和普遍历史观。相较于在社会科学领域试图重现自然科学之"精确""规律"的定量实证路径，未来学路径对世界的认知趋向综合而非分析，对规律有效性保持一定的怀疑态度。面对更高层面、更大数量级"涌现"出的规律，主张用整体的视角和方法解析与把握系统的变化（吴彤，2001）。

对特定现象进行回归与预测的可能性有无穷多种，因此，利用科学的方法排除可能性与精准的预测同样重要。人居环境研究中，道萨迪亚斯团队引入可能性排除方法——IDEA法（isolation of dimensions and elimination of alternatives，限定范围消元法），将数以百万计的可能路径削减到几条主要路径，为城市未来决策提供参考（Doxiadis，1969）。

未来学的代表研究是罗马俱乐部《增长的极限》中对人类社会未来走向所做的情景分析，研究基于系统科学和建模预测，对人类社会不断追求增长的发展模式提出了质疑和警告（Meadows et al.，

1979）。联合国人居署、欧盟以及以跨学科为研究特色的圣塔菲研究所等，都是未来学研究思路的重要基地。2019 年以来，清华大学—丰田联合研究院致力于推进未来城市研究中的学科整合和战略前瞻，目前研究主要涵盖与技术进步密切相关的人居、交通、能源、信息、健康等方向，开始成为未来城市跨学科、多学科协同战略研究的重要基地。

2.3　基于预测和想象的设计思维

将实证的规律、战略的预测和工程技术的成果，集成进入城市空间，实现城市愿景，是规划师与建筑师的任务。设计学路径认为，未来场景的不确定性，使得创意工科的思路向未来的拓展成为可能。设计在未来城市研究与实践中肩负着使命。

一是制定空间对策，应对社会问题。19 世纪中叶，资本主义世界日趋激化的城市矛盾，使得现代意义上的城市规划应运而生。世纪之交，面对大城市拥挤、无序蔓延等社会问题，埃比尼泽·霍华德（Ebenezer Howard）以田园城市作为空间和政策改良的综合手段；20 世纪初期，随着工程技术不断革新换代，勒·柯布西耶（Le Corbusier）的"建筑作为居住机器"、路德维希·卡尔·希尔伯赛默（Ludwig Karl Hilberseimer）的"汽车城市"、弗兰克·劳埃德·赖特（Frank Lloyd Wright）的"广亩城市"等理念，作为调适人与技术关系的设计思想先后提出。

"二战"后，面对战争带来的住房短缺、城市破坏等问题，以西德市中心重建、巴黎郊区社会住宅等为代表的现代主义街区大量填充城市，从这一角度看，未来城市的空间设计从来都不可能脱离"过去"与"此刻"，具有鲜明的"问题导向"性格。

值得一提的是，在当下新数据环境的支撑下，空间设计路径有望更准确地体察空间使用者的需求和活动规律，进而实现更精准到位、实时响应的设计（龙瀛、张恩嘉，2019）——"数据增强设计"（DAD）的思路与方法，已在诸多城市设计与规划项目中得到应用。

二是以艺术的形式畅想未来城市空间的可能性。人类对未来城市空间的文学性、艺术性畅想历史悠久（Abbott，2016），但最initial成体系的展望来自于"一战"前意大利艺术家、思想家的未来主义思潮，主张高速度、高技术甚至"割裂历史"的畅想刷新了人类空间思维的边界，这一思潮也在新生的苏联得到了拓展和应用；在"二战"后的城市实践中，以昌迪加尔为代表的现代主义城市规划，以巨构主义为代表的艺术设想，刷新了人类对城市可能性的认知。

而 20 世纪 60 年代以来，随着后现代设计思潮和城市更新实践的拓展，空间设计的未来倾向不再一味求新求怪，而是主张与在地文脉历史等元素进行更多对话，未来城市的文化属性与技术属性携手并进。代表性的案例有柏林波茨坦广场、波士顿"BIG DIG"（大开挖）、首尔清溪川工程等。

空间设计路径的基本思路是：经由设计思维，以设计语言解析城市空间问题，进而对城市愿景进行空间应答，制定面向特定情境与群体的空间应对策略（图 5）。设计思维是面向创造全新体验的融合了商业、技术两方面可行性与人的渴望的一种创新方法，它强调对用户的痛点与获得的深度挖掘，强调从人与产品、环境的互动机制的发展视角研判设计的机理与趋势。在空间设计的场景下，设计思维可以在不同层面起到支撑作用，它鼓励了跨学科的融合以及对市民的共情。其对于过去、现在和未来的感知，使得面向未来的城市更新有了科学化迭代发展的依据。

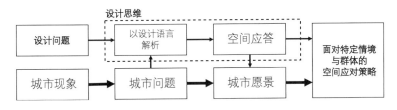

图 5　空间设计路径的主要思路

合于形式美的一般法则、满足人类对美好生活的定义和需要，是空间设计的终极追求。面对摆在眼前的现实空间，设计者用应然眼光看待现状，对现实和愿景、原则和可能实现的范围进行对比，进而提出空间实践优化策略。先出现的"典范空间"成为后来者竞起仿效的榜样，纵观城市历史，我们也可以看到，罗马、巴黎、威尼斯、纽约等名城的空间范型经由设计思想在世界范围内的推广（Brook，2013）。

空间设计路径至少可以实现三个层次的效用：一是物理层面安全、舒适、便捷程度的提高，如英国早期城市规划立法对住宅的规范；二是空间作为调节手段，让使用者更得体地行动，实现经济增长或良性社会关系，如街道之眼预防犯罪的积极效应、大型开敞空间拉动地区开发繁荣等；三是设计作为预测手段，明确未来场景下空间的不同可能性。设计使得预测能够直接生成场景，甚至快速落地，成为集成未来技术成果的物质空间平台。

2.4　工程技术进入城市空间促使理想变成现实

城市空间和生活形态发生转变的根本原因，是支撑城市活动的工程技术发生进步。用科学研究和工程技术成果不断改良城市设施，是未来城市得以实现的核心途径。

在社会性大数据未及生成、即时的设计反馈难以实现的"前数据时代"，工程技术路径的研究与实践成果集中体现为城市规划技术规范，涵盖防洪、给排水、供电、供气、供热、道路交通、信息、邮政、环卫等城市工程领域。舶来的普遍工程技术原理，与具体地区实践经验的累积，形成"工程大数据"——经验数值规范，形塑着在规范知识体系下生成的城市空间。

而 IT 时代，在第四次工业革命的大潮中，云计算、万物互联等概念进入城市基础设施。工程技术路径的变式包括但不限于：智慧交通、智能电力、智能环境系统、智慧健康、信息通信技术（ICT）和城市大脑等新基础设施（详见后文"未来城市研究与实践重要领域"）。

工程技术路径的基本思路是：运用工程思维，将超前于现有建设状况的、外源性技术进展，融入城市愿景，以解决城市问题（图 6）。这一路径和城市定量实证路径的根本区别在于实验方法——数据实证一般不能对研究客体进行控制变量的有意识实验操作。故此，相较于社会科学领域宣称的"规律"，自然科学和工程科学数理模型的可实践性比较好。

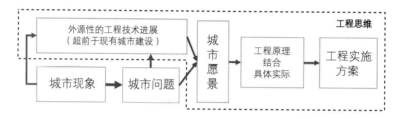

图 6　工程技术路径的主要思路

新技术的引入，纵使在第一时间没有与城市物质空间环境发生直接关系，也会逐渐形塑空间，让城市的发展达到一种新的平衡。技术是对位在"过去"的自然现实的洞悉，也是对未来应然层面可能性的预判和系统的开发愿景。

2.5　不同路径的交叉与融合

数据实证路径认为，"城市发展是有规律的，规律可以以可证伪形式的语言加以描述"，其基于多源头、多尺度的数据，对市民活动进行把握，从而调控城市公共产品的提供方式；战略预测与未来学想象路径对世界的认识趋向综合而非分析，面对大数量级"涌现"出的规律，立足整体视角对国家区域和城市的发展进行总体预判，为公众决策提供重要参考；空间设计路径以形式美的一般法则和人类对美好生活的需要为终极追求，明确在特定技术条件下城市空间的可能性，也以艺术的方式对人类未来图景进行展望，进而提出空间实践优化策略；工程技术路径通过实验方法和定量语言，对自然界规律进行探析和复述，以切实的方式将可能性变为现实。

上述四个路径贯穿于未来城市分析、预测与实践落地的各个流程，它们的相互融合是未来城市研究与实践的基本特征（表 1）。

表 1　未来城市研究与实践主要路径比较

路径	本体论	认识论	方法论
城市现象的量化表达与数据实证	城市发展是有规律的，规律可以以可证伪形式的语言加以描述	城市现象可以经由数量和关系得到表述与复现；因果性存在并可知	确定观测变量—选定研究单元—空间数据统计—发现相关性和因果性—数据验证—模型建立和推广

续表

路径	本体论	认识论	方法论
未来学想象与战略研究	对世界的认识趋向综合而非分析,对规律有效性保持怀疑态度	面对大数量级"涌现"出的规律,用整体的视角和方法解析与把握系统的变化	与数据实证相比:更大的时空尺度、粗颗粒的数据;对技术细节模糊化的表述、宏大叙事和普遍历史观
设计思维	形式美的一般法则+人类对美好生活的定义和需要,是空间设计的终极追求	用应然眼光看待现状,对现实和愿景、原则和可能实现的范围进行对比,进而提出空间实践优化策略	城市问题的空间解析和空间应答,得出面向特定情境与群体的空间优化和效能提升策略
工程技术进入城市空间	自然现象存在规律,规律可以被把握	通过实验方法和定量语言,对自然界规律进行探析和复述	通过控制变量确认相关性、因果性;通过实验方法确认规律存在;通过运用规律实现技术目标

3 未来城市研究与实践重要领域

技术改变城市,技术塑造城市未来,大数据、人工智能、互联网是和人居、交通、能源、环境、健康等未来城市关键领域都密切相关并且带来显著影响的技术。基于 Web of Science 引文数据,对 2000～2019 年未来城市研究与实践有关的 5 338 篇关键文献进行可视化分析,进一步阐明在大数据、人工智能、互联网等新兴技术影响下,交通、能源、通信(ICT)、环境(生态)、健康和城市公共服务等领域未来城市研究与实践前沿及其进展(图 7)。

3.1 交通

3.1.1 未来城市交通主要技术

智慧交通指通过移动互联、云计算、大数据等技术,实现智能化交通基础设施和智能化运载工具的泛在互联,将信息系统与物理系统相结合,提供门到门一体化综合运输服务,能够应需而变地为用户提供适应性服务,对安全、效率、能耗等指标进行综合优化的智慧型综合交通运输系统(陈琨、杨建国,2014)。智慧交通是交通运输系统发展的未来形态,智慧城市下智能交通系统的支撑技术包括城市泛在感知技术、信息物理系统互操作技术、基础设施数字化技术、车辆智能化技术、计算技术等。随着信息技术的快速发展以及用户需求的变化,智能交通界不断调整研究方向,特别是交通大数据、车辆自动化、共享出行、网联式智能应用(含车车、车路协同)等成为研究热点(王笑京等,2019)。其中以即将商用的 5G 宽带移动通信为依托的新型智能交通接近实际应用,但是自动驾驶技术、车路协同一体化技术、信息空间映射方法、人工智能决策、交通信息安全等新兴技术带来的冲击和影响有

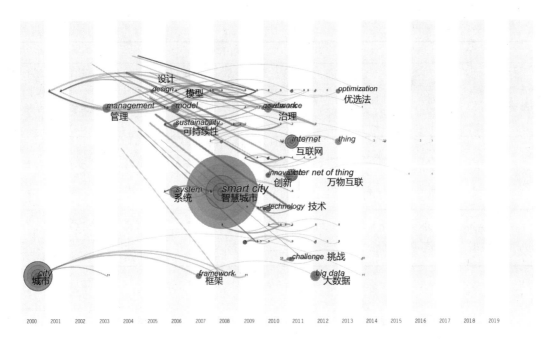

图 7　2000～2015 年未来城市研究关键词演进趋势

资料来源：Wed of Science 论文检索，"主题"=future city。

待进一步研究（徐志刚等，2019）。除此之外，车路云融合控制方法、大数据场景泛化性、群体协作等技术，也都有待进一步突破。

3.1.2　研究与实践成果

未来城市交通将围绕绿色、共享及智慧出行方向展开，其中智能网联汽车是未来城市交通的重要组成部分。美国密歇根大学 Mcity 是世界上第一个为智能网联汽车建造的自动驾驶测试场，日前已加入国际移动测试和标准化联盟（IAMTS），旨在开发全球智能移动测试平台组合，以满足智能出行实施和运营的最高标准（University of Michigan，2020）；日本丰田考虑为自动驾驶建造新的测试场 Woven City，以清洁燃料供应城市能源，立足于帮助人们在未来交通构建中更合理地利用 AI 技术，实现万物互联（TOYOTA，2020）。

2019 年，包括百度、大众在内的汽车及自动驾驶领域的 11 位行业领导者共同发布了《自动驾驶安全第一》白皮书，建立了安全自动驾驶的行业标准；清华大学智能车辆团队立足多传感器融合感知、交通态势风险评估及车路一体化协同决控技术，提出并建立"车路云协同"智慧交通体系，实现云端资源及应用任务自适应调度的车路云一体化运行架构（Wang et al.，2015；Xu et al.，2019）；复旦大学、中国科学院等团队指出：智慧交通系统已由传统的技术驱动系统变革为数据驱动系统，该系统由计算机视觉、多源数据结合机器学习等方法驱动，实现系统性能优化（Zhang et al.，2011）。

面向未来，城市交通将呈现出高效节能、智能研判的发展态势，多源数据协同感知、车路云融合控制等技术已成为构建未来智能交通的重要技术手段。

3.2 能源

3.2.1 未来城市能源主要技术

城市能源系统面临海量社会资源利用率低、行业之间壁垒高、本地能源不足以支撑城市高密度能源消耗、能源环境压力突出等问题。利用互联网思维和技术，打破电、热、冷、气、交通等不同能源形式之间相互割裂的现状，实现能源生产、传输、存储、使用等全链条的协同，推动能源行业与其他行业的深度融合、互动和集成，激活城市中沉睡的各种分布式能源资源，形成分布与集中协调、可再生能源充分利用、能源高效集成、智能管理与控制、能源服务和商业繁荣的城市能源互联网，是未来城市能源的重要形态（孙宏斌等，2015；任洪波等，2018）。

能源互联网的目标是构建绿色低碳、安全高效和开放共享的能源生态，主要包括三方面的关键技术。①能量层：高效的多能存储、多能转换、能量路由、无线能量传输等技术和设备，打破物理壁垒，构建电、热、冷、气、交通融合的综合能源系统。②信息层：将物联网、大数据、云计算、人工智能和区块链等互联网技术应用到能源系统中，打破信息壁垒，通过数字化实现智慧的能源管理和控制。③价值层：创新共建共享共赢的商业模式和市场机制，打破商业和市场壁垒，构建万众创业的能源共享经济（孙宏斌等，2020）。

3.2.2 研究与实践成果

国际能源署（International Energy Agency，IEA）构建面向全人类的安全可持续的能源未来（IEA，2020），聚焦电力安全、能源投资、气候变化与空气污染、能源获取与效率等领域的技术实践；IBM公司与加拿大魁北克水电公司等联合成立了智慧能源研究所（Smarter Energy Research Institute，SERI），以开发新能源与提升能源效率为目标建立更发达的城市能源网和基础设施；日本松下公司的 Fujisawa Sustainable Smart Town 以及美国丹佛市的 CityNow 智慧城市项目采用微电网（Microgrids）技术，通过太阳能的智慧电网连接万户，实现供电稳定安全；德国联邦经济技术部与环境部发起的 E-Energy 项目，在六个地方实施了能源互联网（Internet of Energy）示范应用（尹晨晖等，2015）。

国内的研究与实践方兴未艾。2014 年，清华大学孙宏斌教授发起并举办了"能源互联网：前沿科学问题与关键技术"香山科学会议；清华大学成立能源互联网创新研究院，从事能源战略与能源政策分析、能源创新规划与设计等研究咨询，提供能源互联网技术工程应用解决方案；国家电网公司成立了城市能源研究院，提出了建设世界一流能源互联网企业的目标，并开展了多个城市能源互联网示范项目；广州供电局承担了国家能源局首批能源互联网示范项目，在广州建成了国内外首个大型城市能源互联网示范工程，打造了 1 个"互联网+"智慧能源综合服务平台、3 个智慧园区和 3 种创新业态，取得了重要的社会经济效益。

3.3　信息与通信

3.3.1　未来城市信息与通信主要技术

信息与通信技术通过提升信息连接和计算的能力，使城市设施与服务的供给和需求更高效匹配，从而提升城市的运行效率。IBM、Cisco、Accenture 为 ICT 市场化领域中的跨国企业三巨头，也是世界上智慧城市项目领导企业，输出智慧城市先进技术解决城市智能化管理和能源效率等问题（Van den Buuse and Kolk，2019）。2009 年以来，IBM Smarter Cities 一直以智慧城市技术和面向城市的咨询服务为项目主要内容，并侧重于城市 ICT 技术的研发创新，以应对城市可持续性发展的挑战。基于大数据分析、云计算和人工智能与机器学习在内的感知技术，提出建设"系统的系统"概念。

2010 年以后，自从中国城市全面开展智慧城市建设以后，国内的系统集成商、互联网公司陆续进入智慧城市领域，以此概念营销其 ICT 产品。随着人工智能、物联网、5G、大数据、区块链、无人驾驶等技术逐渐成熟，这些已经陆续成为智慧城市领域的主要应用技术。

在感知层面，MEMS（Micro-Electro-Mechanical System，微机电系统）传感器、分布式光纤传感器、各种雷达传感器、摄像头等设备，逐渐以各种方式与传统的城市基础设施相结合，使城市空间和设施的运行状态可感可控。

在传输层面，无线通信技术依托 5G 技术通过 eMBB（增强移动宽带）、URLLC（超高可靠超低时延通信）、mMTC（低功耗大连接物联网）三大场景的定义，实现了无线通信高带宽、低时延、大连接的特性，满足不同应用的需求，将在未来的数年催生更多新的产品和商业模式。而未来万物互联的无线网络连接，要求城乡一体覆盖、全天候实时响应、自主运行、智能调控、快速扩展。城市无线通信网将通过毫米波乃至太赫兹等更高频段实现带宽的增强，而低轨卫星互联网将完成广域物联网的无缝覆盖。

在数据和计算层面，大数据、人工智能技术实现了多维、高频、海量互联网和物联网数据的实时分析、挖掘、模拟、预测，实现了大量城市系统的实时控制与城市管理的决策支持。而时空计算引擎与 CIM（城市信息模型）等技术，则将创造高频、高精度同步城市运行状态的数字孪生系统。

3.3.2　研究与实践成果

Cisco 重在基于 ICT 技术方案提升智慧城市基础设施水平，建设利于经济与环境协同发展的极具规模的智能城市管理体系。其发起的"智慧+互联社区"项目于 2006 年在全球七个试点城市（旧金山、阿姆斯特丹、首尔、伯明翰、汉堡、里斯本、马德里）开始了 ICT 技术导向的智慧城市建设；Accenture 的"Intelligent Cities"为城市提供创新的 ICT 技术方案解决城市服务功能问题，代表核心技术模块例如机器交互、传感器、智能软件分析，应用在城市电力、城市用水和供气系统（Accenture，2014）。2013 年，Accenture 用其技术助力伦敦建设面向未来提供更优质的市民服务的智慧城市转型蓝图。

IBM 在巴西里约热内卢市建设了全球首个统一的城市数据管理中心，通过各部门数据汇聚、分析来协调城市运行、提高城市管理效率，并在这里建立了最初的 IOC（智能运行中心）大屏，至今已经成为智慧城市的标配，引发了后续"城市大脑"等概念的不断涌现。此后，韩国松岛、日本柏叶、阿联酋的马斯达尔等分别以通信技术、生态、低碳等不同的技术关注点，尝试建立某类技术驱动的智慧城市样本。而人工智能和物联网技术则促使了互联网公司全面开展智慧城市的实践，其中以 Alphabet（谷歌母公司）旗下的 Sidewalk Toronto 项目最为知名，其在多伦多滨水区提出的全面重建城市系统的构想，在不到三年后因疫情等影响宣告结束。总体而言，目前在世界范围内尚无一个被整体上公认为成功的智慧城市实践。

如迈克尔·巴蒂（Michael Batty）所说："我们对城市进行远程感知的能力为我们提供了新的见解，使我们了解城市是如何增长或衰退的，理解他们在比实时更长的时间段内的使用方式，以及如何识别在全球范围内出现的与实时个人操作更相关的问题。"这应该就是我们借助 ICT 技术实现基于数据对城市运行状态全面理解的价值所在。

3.4　环境

3.4.1　未来城市环境保护主要技术

绿色是未来城市发展的底色。大数据、物联网、新材料、可再生能源和资源等技术为城市绿色低碳循环发展提供了基础。未来城市环境的主要技术包括但不局限于：空地一体环境感知体系、智慧环境模拟与仿真决策体系、废物源头减量减害及资源循环体系、环境风险防控及应急管理体系、先进环境治理与生态修复体系等。"智慧环境"是将智慧传感、智慧服务、智慧分析、智慧平台等先进技术手段与环保相结合，应用于环保监测、审批、管理、决策等多种场景；智慧传感依赖于 AI 智能传感器和 5G 网络，并已普遍运用于城市环保监测；智慧服务通过服务平台和数据的共享，为环保审批服务提供便利（杨帆，2019）；从数据采集到整体设备系统监控管理，形成"智慧环保"平台和综合应用系统（闫婧姣，2018）。城市水处理和固废管理领域集中在智能微型化传感器组网、模型预测智能控制与远程综合智能管控三方面的技术突破，让城市供排水系统和固废收集与处理系统实现稳定及精细化运行。以智慧供水为例，分布式水量和压力传感器组成了城市供水的实时监测网络；通过供水管网的机理或数据模型可以感知水量和水压数据，实现漏损事件的实时预警和判断；基于用户终端的智能电子水表构建综合管控平台，在降低水资源浪费的同时大幅度提升了整个系统的运行和管理效率（Lee et al.，2015；Ramos et al.，2019）。

3.4.2　研究与实践成果

大气环境管理领域，以 GAINS、ABaCAS（Xing et al.，2017）为代表的综合决策评估模型可以实现对特定减排方案的费效评估，而基于环境目标的反算技术（LE-CO）及优化集成运行模式（ABaCAS-OE）实现了对不同环境目标要求的减排量反算，并对优化的减排策略下的空气质量改善效果、目标可达性、控制成本及健康收益进行快速估算（邢佳等，2019）。

固废处理领域，美国 Compology、波兰 BIN-E 智能垃圾桶公司等，在普通垃圾回收箱上安装智能传感器设备将其升级为智能垃圾桶，成为对固废物的回收和堆砌处理进行追踪的流行技术；Bulk Handling System 和 Nordsense 等项目则将人工智能、自动化、物联网、机器学习等技术融合，实现了城市垃圾的高精准分类；以 IBM、芬兰 Enevo、韩国 Ecube Labs 等为代表的公司致力于智能固废管理系统服务技术，实现废物资源利用，提高回收率，为城市快速提供高效固废处理管理解决方案。

中国正在系统开展"无废城市"建设，选择了"11+5"试点城市，加快构建固体废物源头产生量最少、资源充分循坏利用、非法转移倾倒和排放量趋零的长效体制机制，创新制度、技术、市场和监管体系建设等具体实践，已经取得了系列成效，初步形成"无废城市"建设先进适用技术，促进了城市绿色发展转型（生态环境部环境发展中心，2019）。

清华大学郝吉明和吴烨团队研发的新能源汽车交通—能源—环境大数据技术平台，综合上下游能源系统构建新能源车生命周期环境评估模型，探索新能源汽车能源环境效益的优化发展情景，为中国未来城市的多元化新能源车发展战略和绿色低碳城市交通体系提供解决方案；清华大学贺克斌和王书肖团队在前期研发的大气污染防治综合科学决策支持平台基础上，提出基于统一的源分类体系与源排放表征技术方法的城市温室气体与大气污染物排放清单编制技术，探索城市空气质量达标和碳排放达峰的未来发展路径及技术路线图，以实现对空气污染和气候变化的协同应对；清华大学黄霞团队提出实现城市污水高效资源能源回收与高品质水再生的创新理念和范式，围绕碳、磷的高价资源化和氮的深度低成本去除，构建绿色低碳城市水再生与资源能源化技术系统；清华大学李金惠团队研究废旧动力电池回收模式，建立动力电池梯次利用产品的应用体系和对应的评估体系，研发动力电池再生利用金属回收技术，实现动力电池多组分的绿色高效分离和回收，进一步践行"无废"理念。

3.5　健康

3.5.1　未来城市健康主要技术

大数据、人工智能、物联网、机器人等新技术越来越多地运用在公众健康医疗服务中，为健康领域带来了颠覆性的变革（Yang et al.，2019）。移动健康与智慧医疗产业的技术架构建立在信息感知层、信息传输层和信息分析层之上；可穿戴智能设备、移动智能终端和云计算平台是移动医疗与智慧医疗产业的三大助推器（姜黎辉，2015）。数据化、标准化、智能化成为智慧医疗服务大趋势。基于深度学习、图像识别等技术途径对海量数据的挖掘使用，大大提高了诊疗效率，优化了医疗服务质量。互联网医疗健康产业联盟 2019 年发布的智慧医疗白皮书中指出 5G 技术的基础，使医疗健康领域包括远程会诊、远程超声、远程手术、应急救援、智慧导诊、移动医护、智慧院区管理、AI 辅助诊断等多种技术服务得以实现（互联网医疗健康产业联盟，2019）。发展个人与医疗系统间信息、交通、物流和诊疗服务互联互通系统，加强不同人群的健康监测和智能分析能力，是未来城市健康管理的发展趋势（HIMSS，2020）。

3.5.2 研究与实践成果

从大卫·范西克（David Van Sickle）、格雷格·特雷西（Greg Tracy）、克里斯·霍格（Chris Hogg）在美国威斯康星州创立的 Propeller Health 提供的可实现对患者用药情况进行持续跟踪的呼吸系统健康管理解决方案，到美国加州 Proteus Digital Health 提供的个性化健康管理，实现供需双方协同管理的数字医疗产品，再到印度 Abiogenix 设计研发的针对解决生活中忘记服药问题的智能药盒 uBox，以及美国心脏协会和 Lifepod 共同开发、已投入试用的音控互动式心脏病人管理平台，都诠释了物联网、移动互联、大数据背景下以患者为中心的智慧医疗模式（周向红等，2017）。以通过信息手段实现医疗体系变革的美国医疗信息与管理系统学会（Healthcare Information and Management Systems Society，HIMSS）作为医疗产业系统中的全球领导者，致力于医疗创新技术研究。

清华大学董家鸿团队以清华长庚医院为核心，整合清华园区域、天通苑区域健康医疗资源，构建清华智慧健康医疗服务联合体，提供 TIHF 认证以及智能化质量监测体系，协助构建可持续运行的城市医疗服务；清华大学宫鹏团队在可穿戴设备、健康监测预警等已有研究基础上，研发集健康监测、辅助机器人、风险识别和健康预警于一体的智能化物联网，建设城市健康服务智能管理平台，从衣、食、住、行、医五大方面开展研究，实现健康监测分析与健康服务体系的一体化。

3.6 公共服务

3.6.1 未来城市公共服务主要技术

本质上，信息化是通过信息高效流通，减轻信任成本与组织中的内耗，达到边际成本递减的目的。基础设施和公共服务边际成本降低是城市集聚的根本动力，必然对信息化有着内在的需求。随着城市规划、建设、运营与管理的全面数字化改造，城市拥有了越发高频甚至实时调整自身运行状态的能力。城市的规划与运营、服务环节越发密不可分，逐渐融为一体。

城市智能规划是通过多种智能技术辅助城市规划理性分析和科学决策的过程。城市智能规划技术主要有计算机辅助设计技术、城市定量分析技术、城市动态模拟技术以及城市智能交互技术，且具有大数据、自动化、交互性、复合性、生长性五大技术特征（甘惟，2018）。随着网络通信技术的发展，以"大数据、智能化、云计算、移动互联网"为代表的智能技术的出现，进一步推动了城市规划工具的理性转型，借助数据和模型的驱动，深入发掘城市规律。例如城市智能信息模型与人工智能在城市用地布局推演上的应用，诠释了新一代规划技术如何实现数据的海量收集存储并转化为对城市时空分析、设计的优化、城市问题的实时响应（吴志强、甘惟，2018）。

智慧政务（治理）主要指智慧技术和设施在政府管理与决策过程中的应用，包括电子政务、基于城市大数据的决策分析流程、基于网络通信技术的政务公开和市民参与决策。智慧政务主要是强调通过信息和通信技术在政府管理与决策过程中的应用来提高政府效率，鼓励公众参与决策（董宏伟、寇永霞，2014）。

随着物联网和人工智能技术的发展，城市各种基础设施和公共服务成本逐渐降低，并具备自主运营、自动服务的能力，以空间为核心的共享经济兴起。通过大数据对人群分布和特征的精确实时描述，城市公共服务可以更加准确地按需供给。一些原本需要由政府投资和运营的服务可以由市场化方式运营，政府的职能则收缩为规则的制定和基于数据的底线监管。

3.6.2 研究与实践成果

西班牙巴塞罗那基于"欧洲 2002 战略"制定的 MESSI 战略中就包括了电子政务（E-government）专项，体现了巴塞罗那在智慧城市建设中对自下而上的社区参与作用的重视；通过传感与数据展示平台，融合智能城市运行系统，配套移动终端 app 等用户服务，促进全市共同参与治理的效果；"智慧都柏林"中搭建的都柏林展示平台（Dublin Dashboard），作为数据与智能化服务相结合的展示平台，为市民、企业和政府等多群体提供了共享交互平台，促进了多群体在政务中的信息共享效率和参与治理度（周艳等，2015）。

在中国，互联网公司在市场实践中，从线上商业逐渐拓展到 O2O 和越来越丰富的线下场景运营。共享单车、网约车等模式都很大程度上取代了传统的城市出行服务，成为公共交通的重要组成部分。

依托微信、支付宝等国民应用，互联网公司把各种城市服务、日常政务服务、市政缴费业务、交通出行服务等迁移到线上平台。腾讯公司在 2020 年提出了"城市即平台"，未来城市不再是由交通、贸易、金融甚至建筑物构成，数字化重塑的城市治理能力、服务水平与决策效率将成为新的竞争力。城市是市民激发潜能发展创意的平台，城市成为对公共服务开源接口的操作平台。市民即用户，人是城市的目标，人成为城市的数据节点，市民成为城市治理的参与者、城市服务的开发者和城市数据的贡献者。连接即服务，基于广泛的社会化平台与丰富的应用场景的崛起，服务形态渐渐趋向于"无须安装，感知触发，即连即用"。

4 进一步预测和创造未来城市

在未来城市的研究与实践中，数据实证、未来学想象、工程技术、空间设计这四条主要路径交织融合、互促生成，推动城市空间迭代革新；交通、能源、通信、环境、健康、城市公共服务技术方向的不断合作与空间化，推动城市空间产品供给提质增效。未来城市的宏旨，在创造活动中不断得到展现和充实。进一步推动学科融合和技术互鉴创造未来城市，重点关注未来城市的原型提炼、设计和创造路径以及建设模式，是未来城市研究与实践的战略方向。

4.1 提炼未来城市的原型

与未来城市的创造结果相比，创造过程机制与思维理念的革新显得更为重要且富有意义（Batty，2018）。尽管城市作为一个复杂性系统，其未来发展的场景特征无法全然精准地预测，但依旧可以并亟须从已有现象界的认知创造中窥探其共有的趋势特征，用原型（prototype）进行提炼概括，从而为相关的创造响应思维与战略方向带来启示。

传统城市空间是物质空间与社会空间的二元向度，城市居民在物质空间中获取原始信息，通过社会空间的组织引导完成一系列行为活动。随着信息技术的迅猛发展，信息空间逐渐成为城市空间中传统物质空间、社会空间之外的新空间维度，并开始扮演越来越重要的角色。通过泛在的物联网终端、海量的互联应用以及传统城市空间场所中的公众参与、场所营造，信息空间与物质空间、社会空间形成紧密耦合的城市空间联结体，并由城市空间的核心即人进行维系联结。物质与社会空间影响人的行为活动方式，人也反之参与物质与社会空间的干预响应；通过智慧化设备采集的人的信息不断向信息空间反馈，最终又由信息空间进行相应的运营管理与引导。此外，由信息空间的信息反馈以及社会空间的行为活动、物质空间的形态本底构建形成当下城市的数字孪生空间，从而进一步进行城市的实时动态分析模拟与辅助现实的决策优化。这四个空间结构图层及其关系共同构成了未来城市的基本原型。

4.2 识别未来城市的设计和创造路径

基于未来城市的原型，需要进一步探索未来城市的设计和创造路径。空间干预（spatial intervention）、场所营造（place making）与数字创新（digital innovation）三个手段结合是一种目前看来行之有效且日益得到关注的方案（龙瀛，2020）。其中，空间干预基于城市物质空间层面，是未来城市创造的基础载体；场所营造基于城市社会空间层面，是未来城市创造的运营与管理系统；数字创新基于城市信息空间的技术层面，是未来城市空间智慧化驱动的核心要素。三条路径分别以建成环境的设计创造和品质提升、城市居民的公众参与和社交沟通以及通过实体传感器置入、虚拟空间 app 运营、数字孪生系统构建等形式和空间干预场所营造紧密结合的方式，最终促进未来城市空间安全舒适、弹性使用、高效节能、智能监管以及趣味活力等愿景。

此外，以城市计算系统为代表的新型数字基础设施，完成了对于城市人居环境的数据观测与灵敏感知，进行高频响应与反馈的同时，也通过对城市的实时抽象与数据实证模拟分析，实现对传统建成环境低频规划与中频设计的补充，最终在未来城市原型的各个流程方面参与优化。例如，通过数据增强设计（data augmented design，DAD）与多主体参与辅助城市规划和设计，通过万物互联的架构与智能建造技术辅助规划设计的建设和实施，通过线上线下空间融合以及数据算法驱动辅助城市的运营和管理，最终通过自反馈系统与数字孪生辅助城市的有机动态更新，完成未来城市创造的螺旋式上升。

4.3 探索多主体共同参与的未来城市建设模式

随着城市向着多维度复合空间结构发展，未来城市的创造亦超脱单一物质空间要素的干预，向着更加复杂多元的方向拓展外延，因此，参与未来城市创造的主体力量也从规划设计公司向科技公司、开发商、空间零售商、通信运营商等社会力量逐渐丰富。

规划设计公司直接参与未来城市空间的创造。通过对国际顶级的 100 余家设计公司进行统计分析，20% 以上的公司进行了智能化与数字化设计的转型，注重利用新兴技术响应城市空间本体以及设计思维与方法层面的新变化；腾讯、百度等科技公司通过源源不断的技术赋能，一方面自上而下参与未来智慧城市的顶层设计，另一方面自下而上积极合作拓展平台服务生态；万科、碧桂园等开发商参与未来城市空间的市场开发与利用，从单一的开发空间向开发配套服务模式转型；丰田、苏宁等（空间）零售商参与未来城市空间各个不同的生态应用场景的具体建设，探索创新服务应用的场景模式；中国移动、中国联通等运营商参与未来城市空间的策划组织与管理运营，进行数字化迭代的同时，向广义的城市运营商转变；政府参与未来城市空间的宏观把控并协调不同社会力量积极参与城市共建（北京城市实验室、腾讯，2020）。

不同参与主体从城市资源配置与运行管理的不同视角出发，积极参与并探索未来城市的创造路径，进一步体现出未来城市系统的包容性、多元性与共享性特征。

致谢

本文的研究工作得到清华大学—丰田联合研究院跨学科专项资助。

参考文献

[1] ABBOTT C. Imagining urban futures: cities in science fiction and what we might learn from them[M]. Middletown: Wesleyan University Press, 2016.

[2] ACCENTURE. Intelligent city guide[EB/OL]. https://www.accenture.com/_acnmedia/Accenture/Conversion-Assets/DotCom/Documents/Global/PDF/Strategy_2/Accenture-London-Develop-Blueprint-Become-Intelligent-City, 2014-06-05/2020-02-03.

[3] BAE C, JUN M. Counterfactual planning: what if there had been no greenbelt in Seoul?[J] Journal of Planning Education and Research, 2003, 22(4): 374-383.

[4] BATTY M. The new science of cities[M]. Cambridge: The MIT Press, 2013.

[5] BATTY M. Inventing future cities[M]. Cambridge: The MIT Press, 2018.

[6] BATTY M, AXHAUSEN K W, GIANNOTTI F, et al. Smart cities of the future[J]. The European Physical Journal Special Topics, 2012, 214(1): 481-518.

[7] BRENNER N. Implosions/explosions: towards a study of planetary urbanization[M]. Berlin: Jovis, 2014.

[8] BROOK D. A history of future cities[M]. New York: W. W. Norton & Company, 2013.

[9] DOMENCICH T A, MCFADDEN D. Urban travel demand: a behavioral analysis[M]. New York: American Elsevier, 1975.

[10] DOXIADIS C A. Ekistics: an introduction to the science of human settlements[J]. American Journal of Public Health and the Nations Health, 1969, 59(1): 569-570.

[11] GONG P, CHEN B, LI X, et al. Mapping essential urban land use categories in China (EULUC-China): preliminary results for 2018[J]. Science Bulletin, 2020, 65(3): 182-187.

[12] HARRIS B. The real issues concerning Lee's "requiem"[J]. Journal of the American Planning Association, 1994, 60(1): 31-34.

[13] HIMSS. How the smart city movement and it are transforming health[EB/OL]. https://www.himss. org/resources/how-smart-city-movement-and-it-are-transforming-health, 2020-03-15/2020-09-01.

[14] INTERNATIONAL ENERGY AGENCY. About us[EB/OL]. https: //www.iea.org/about, 2020-05-20/2020-09-01.

[15] LEE D B, Jr. Requiem for large-scale models[J]. Journal of the American Institute of Planners, 1973, 39(3): 163-178.

[16] LEE S W, SARP S, JEON D J, et al. Smart water grid: the future water management platform[J]. Desalination and Water Treatment, 2015, 55(2): 339-346.

[17] LEFEBVRE H. The urban revolution[M]. Minneapolis: University of Minnesota Press, 2003.

[18] LI X, GONG P. Urban growth models: progress and perspective[J]. Science Bulletin, 2016, 61(21): 1637-1650.

[19] LIU L, ANDRIS C, RATTI C. Uncovering cabdrivers' behavior patterns from their digital traces[J]. Computers, Environment and Urban Systems, 2010, 34(6): 541-548.

[20] MEADOWS D H, GOLDSMITH E, MEADOW P. The limits to growth[M]. London: Macmillan, 1979.

[21] MERRILL LYNCH. Are you ready for the 2020s? [EB/OL] https://www.ml.com/articles/preparing- investments-for-2020. html, 2020-01-03/2020-09-01.

[22] MUMFORD L. The city in history: its origins, its transformations, and its prospects[M]. Boston: Houghton Mifflin Harcourt, 1961.

[23] RAMOS H M, MCNABOLA A, P. AMPARO LÓPEZ-JIMÉNEZ, et al. Smart water management towards future water sustainable networks[J]. Water, 2019, 12(58): 12.

[24] RATTI C, CLAUDEL M. The city of tomorrow: sensors, networks, hackers, and the future of urban life[M]. New Haven: Yale University Press, 2016.

[25] SENSEable City Lab. Friendly cities[EB/OL]. http://senseable.mit.edu/friendly-cities/, 2018-06-02/2020- 01-01.

[26] SENSEable City Lab. Tasty data[EB/OL]. http://senseable.mit.edu/tasty-data/, 2019-08-11/2020-02-11.

[27] TOYOTA. TOYOTA woven city [EB/OL]. https://www.woven-city.global/, 2020-01-09/2020-07-01.

[28] UN. WUP2018-Highlights[EB/OL]. https://population.un.org/wup/Publications/Files/WUP2018-Highlights. pdf, 2019-01-01/2020-05-11.

[29] UNDESA. Global sustainable development report 2019 [EB/OL]. https://sustainabledevelopment.un. org/globalsdreport/2019, 2020-03-11/2020-09-01.

[30] UNIVERSITY OF MICHIGAN. Mcity joins global alliance focused on advanced mobility testing, standardization [EB/OL]. https://mcity.umich.edu/mcity-joins-global-alliance-focused-on-advanced-mobility-testing-standardization/, 2020-06-04/2020-09-01.

[31] VAN DEN BUUSE D, KOLK A. An exploration of smart city approaches by international ICT firms[J]. Technological Forecasting and Social Change, 2019, 142(1): 220-234.

[32] WANG J, WU J, LI Y. The driving safety field based on driver-vehicle-road interactions[J]. IEEE Transactions on Intelligent Transportation Systems, 2015, 16(4): 2203-2214.

[33] WARD D P, MURRAY A T, PHINN S R. A stochastically constrained cellular model of urban growth[J].

Computers, Environment and Urban Systems, 2000, 24(6): 539-558.

[34] XING J, WANG S, JANG C, et al. ABaCAS: an overview of the air pollution control cost-benefit and attainment assessment system and its application in China[J]. EM: Air and Waste Management Association's Magazine for Environmental Managers, 2017.

[35] XU B, BAN X J, BIAN Y G, et al. Cooperative method of traffic signal optimization and speed control of connected vehicles at isolated intersections[J]. IEEE Transactions on Intelligent Transportation Systems, 2019, 20(4): 1390-1403.

[36] YANG J, SIRI J, REMAIS J, et al. The Tsinghua-Lancet commission on healthy cities in China: unlocking the power of cities for a healthy China[J]. The Lancet, 2018, 391(10135): 2140-2184.

[37] ZHANG J, WANG F Y, WANG K, et al. Data-driven intelligent transportation systems: a survey[J]. IEEE Transactions on Intelligent Transportation Systems, I2011, 12(4): 1624-1639.

[38] 北京城市实验室, 腾讯. WeSpace: version 1 [EB/OL]. https://www.beijingcitylab.com/projects-1/48-wespace-future-city-space/, 2020-06-18/2020-10-01.

[39] 陈琨, 杨建国. 智慧交通的内涵与特征研究[J]. 中国交通信息化, 2014(9): 28-30.

[40] 董宏伟, 寇永霞. 智慧城市的批判与实践——国外文献综述[J]. 城市规划, 2014, 38(11): 52-58.

[41] 甘惟. 国内外城市智能规划技术类型与特征研究[J]. 国际城市规划, 2018, 33(3): 105-111.

[42] 顾朝林. 转型发展与未来城市的思考[J]. 城市规划, 2011, 35(11): 23-34+41.

[43] 互联网医疗健康产业联盟. 5G 时代智慧医疗健康白皮书[EB/OL]. http://www.caict.ac.cn/kxyj/qwfb/bps/201907/P020190724323587134333. pdf, 2019-07-01/2020-03-01.

[44] 黄肇义, 杨东援. 未来城市理论比较研究[J]. 城市规划汇刊, 2001(1): 1-6+79.

[45] 姜黎辉. 移动健康与智慧医疗商业模式的创新地图和生态网络[J]. 中国科技论坛, 2015(6): 70-75.

[46] 赖金男. 未来学导论[M]. 新北: 淡江学院出版部, 1978.

[47] 龙瀛. 颠覆性技术驱动下的未来人居——来自新城市科学和未来城市等视角[J]. 建筑学报, 2020(Z1): 34-40.

[48] 龙瀛, 郎嵬. 新数据环境下的中国人居环境研究[J]. 城市与区域规划研究, 2016, 8(1): 10-32.

[49] 龙瀛, 罗子昕, 茅明睿. 新数据在城市规划与研究中的应用进展[J]. 城市与区域规划研究, 2018, 10(3): 85-103.

[50] 龙瀛, 毛其智, 沈振江, 等. 北京城市空间发展分析模型[J]. 城市与区域规划研究, 2010, 3(2): 180-212.

[51] 龙瀛, 张恩嘉. 数据增强设计框架下的智慧规划研究展望[J]. 城市规划, 2019, 43(8): 34-40+52.

[52] 任洪波, 刘家明, 吴琼, 等. 城市能源供需体系与空间结构的耦合解析与模式创新[J]. 暖通空调, 2018, 48(1): 83-90.

[53] 生态环境部环境发展中心. 关于"无废城市"建设试点先进适用技术（第一批）评审结果的公示[M/OL]. http://www. mee. gov. cn/home/ztbd/2020/wfcsjssdgz/dcsj/ztyj/201912t20191203_745415. shtml, 2019-12-03/2020-09-01.

[54] 孙宏斌等. 能源互联网[M]. 北京: 科学出版社, 2020.

[55] 孙宏斌, 郭庆来, 潘昭光, 等. 能源互联网: 驱动力、评述与展望[J]. 电网技术, 2015, 39(11): 3005-3013.

[56] 王笑京, 张纪升, 宋向辉, 等. 国际智能交通系统研发热点[J]. 科技导报, 2019, 37(6): 36-43.

[57] 巫细波, 杨再高. 智慧城市理念与未来城市发展[J]. 城市发展研究, 2010, 17(11): 56-60+40.

[58] 吴良镛. 人居环境科学导论[M]. 北京: 中国建筑工业出版社, 2001.

[59] 吴彤. 复杂性范式的兴起[J]. 科学技术与辩证法, 2001(6): 20-24.

[60] 吴志强, 甘惟. 转型时期的城市智能规划技术实践[J]. 城市建筑, 2018(3): 26-29.

[61] 邢佳, 王书肖, 朱云, 等. 大气污染防治综合科学决策支持平台的开发及应用[J]. 环境科学研究, 2019, 32(10): 1713-1719.

[62] 徐婉庭, 张希煜, 龙瀛. 基于手机信令等多源数据的城市居住空间选择行为初探——以北京五环内小区为例[J]. 城市发展研究, 2019, 26(10): 48-56.

[63] 徐志刚, 李金龙, 赵祥模, 等. 智能公路发展现状与关键技术[J]. 中国公路学报, 2019, 32(8): 1-24.

[64] 闫婧姣. 探讨环境监测中物联网技术的应用[J]. 农业科技与信息, 2018(2): 32-33+35.

[65] 杨帆. 大数据如何推动智慧环保落地[J]. 人民论坛, 2019(34): 54-55.

[66] 尹晨晖, 杨德昌, 耿光飞, 等. 德国能源互联网项目总结及其对我国的启示[J]. 电网技术, 2015, 39(11): 3040-3049.

[67] 周向红, 赵雅楠, 刘琼. 国外面向需求侧的智慧医疗案例研究[J]. 智慧城市评论, 2017(2): 65-72.

[68] 周艳, 顾磊宏, 黄华. 智慧城市标准化进展及典型案例分析[C]//中国标准化协会. 标准化改革与发展之机遇——第十二届中国标准化论坛论文集. 北京: 中国标准化协会, 2015: 1047-1052.

[欢迎引用]

武廷海, 宫鹏, 郑伊辰, 等. 未来城市研究进展评述[J]. 城市与区域规划研究, 2020, 12(2): 5-27.

WU T H, GONG P, ZHENG Y C, et al. Review on the progress of future city research [J]. Journal of Urban and Regional Planning, 2020, 12(2): 5-27.

公共资源公平配置的规划方法与实践

王法辉　戴特奇

Spatial Optimization and Planning Practice Towards Equal Access of Public Services

WANG Fahui[1], DAI Teqi[2]

(1. Department of Geography & Anthropology, Louisiana State University, Baton Rouge, LA 70803, USA; 2. Beijing Key Laboratory of Remote Sensing of Environment and Digital City, School of Geography, Faculty of Geographical Science, Beijing Normal University, Beijing 100875, China)

Abstract Fairness in location and allocation of public services is a major issue in the field of public policy and urban and rural planning. China has long been following the principle of "efficiency first and then equality", but in recent years it increasingly stresses "equitable access to basic public services". Centering on the newly developed Maximal Accessibility Equality Problem (MAEP), this paper discusses about progresses and challenges of fairness-oriented facility allocation in terms of problem defining and model building, summarizes development and application of MAEP in medical care, nursing service and education, displays the validity of the model to optimization results, policy suggestion and institution establishment, and states future development such as two-step optimization for spatial accessibility improvement, hoping to promote academic research and planning practice in terms of fairness-oriented public resource allocation.

Keywords location and allocation models; Maximal Accessibility Equality Problem (MAEP); two-step optimization for spatial accessibility improvement (2SO4SAI); spatial equality; spatial optimization

作者简介
王法辉，美国路易斯安那州立大学地理与人类学系；
戴特奇，北京师范大学地理科学学部环境遥感与数字城市北京市重点实验室。

摘　要　公共服务设施的公平选址和分配是公共政策与城乡规划领域的重要议题。中国长期采用"效率优先、兼顾公平"的原则，但近年越来越强调"基本公共服务均等化"政策导向。文章围绕最近发展出的最大可达性公平问题（Maximal Accessibility Equality Problem，MAEP）进行梳理，讨论了公平导向的设施配置模型在问题定义和模型构建方面的进展及面临的挑战，总结了目前可达性公平最大化类模型在医疗、养老、教育等服务方面的发展和应用，展示了模型在优化方案效果、政策建议和制度建设等方面的有效性，并展望了"改善空间可达性的两步优化模型"（two-step optimization for spatial accessibility improvement，2SO4SAI）等方向的发展，希望促进公平导向公共资源配置的学术研究和规划实践。

关键词　区位配置模型；最大可达性公平问题（MAEP）；改善空间可达性的两步优化模型（2SO4SAI）；空间公平；空间优化

1　引言

长期以来，受"集中力量办大事""一部分人先富起来"等基本方针的影响，中国公共服务供给采用了"效率优先、兼顾公平"导向的政策和措施。随着社会、经济的发展，教育、医疗、养老等公共服务设施配置不公平问题越来越受到国家和个人的关注，公共服务政策越来越强调公平导向，"基本公共服务均等化"已成为政府追求的重要目标（国务院，2017）。从更广泛的范围看，虽然所有人应公平地获得公共服务越来越成为共识，但公共服务配置不公平是一个广泛存在的全球性问题，这与公平目标形成了严峻的落差。设施空间优化模型可为理想化的目标或方向提供相关的定量关系，是规划和决策的重要支撑方法。发达国家在应用空间优化模型解决设施布局问题方面有较长的历史，但主要针对私营部门，故多数研究关注的是效率提升，而公平导向的研究比较少（Wang and Tang，2013）。相比之下，中国在设施空间优化方面起步较晚。2004年经济地理学专业委员会对国内微观层面设施布局优化研究开展较少进行了反思（陈忠暖、闫小培，2006），之后一些学者对西方设施优化研究进展进行了综述，介绍了区位配置模型（location-allocation models）等模型方法（方远平、闫小培，2008；高军波、周春山，2009）。从几年后的一篇综述文献看（宋正娜等，2010），2010年之前虽有一些学者对设施空间优化开展了研究（黎夏、叶嘉安，2004；张颖等，2006），但总体而言文献仍然较少，理论与方法主要来源于西方，研究积累相对薄弱。近年来，公共服务设施布局优化问题引起了更多研究者的关注，近期一些文献分别对健康（杨林生等，2010；齐兰兰等，2013）、养老（许昕等，2018）、教育（刘宏燕、陈雯，2017）等领域进行了综述，关注了相应公共服务设施布局研究和布局优化研究进展，也有文献对设施优化进行了综述（陶卓霖等，2019），但这些文献对公平导向的设施空间优化研究关注较少，没有充分讨论这一方向的研究进展、机遇和未来挑战。

公共服务设施优化研究并不是简单的空间分析方法或计算技术（Tong and Murray，2012）。空间优化研究过程一般可分为定义优化问题、将问题公式化表述、求解问题、解读结果等步骤。作为一个跨学科研究领域，各个学科在不同步骤各有优势，数学、计算科学在求解技术方面具有优势，而地理学、经济学、城市规划等学科在提出现实需求、定义优化问题、驱动模型建设方面具有优势。在公平导向的设施优化布局越来越受到重视的趋势下，后者迎来了新的研究机遇。如果说2010年前国内设施空间优化研究还比较少，一定程度受到了计算条件和数据获取的制约；计算能力的提升和大数据时代的到来，特别是地理信息系统技术的发展，很大地增强了地理学和城市规划等学科完成空间优化研究的能力（龙瀛等，2018）。特别地，公共政策和规划实践中越来越关注公平（徐高峰、赵渺希，2017；张春花、余婷，2017），更凸显了问题定义阶段的学科优势——定义公平导向的目标函数、构建对应的优化模型、解读得到的优化结果是极具挑战性的研究任务。

近年来，围绕原创性的可达性公平最大化模型，公平导向公共资源配置在问题定义和模型构建等方面有了新的研究进展，本文将从地理学和城市规划角度对这些进展进行综述，讨论这方面研究在问题定义、模型构建与结果解读环节面临的机遇和挑战，以期推动中国公共服务设施公平优化的研究。

2　空间公平的度量

2.1　空间公平的定义

公平是一个热门的议题，哲学、法学、经济学、地理学等许多学科均对"公平""正义"等概念的含义开展了大量讨论（Sandel，2009），在如何度量方面也存在大量的争议。对这方面的问题进行详细综述，远远超过了本文的讨论范畴。虽然本文不就公平概念展开全面的论述，但这些探讨对于发展公平优化模型中的目标函数却至关重要：每一项公平导向政策的背后，都有其对应的价值观和哲学基础。把政治经济等领域乏空间的公平、正义概念发展到空间范畴，是极具挑战的研究任务（Israel and Frenkel，2018）。杜能区位论、韦伯工业区位论等经典区位理论均缺乏对空间公平的讨论。也许正如哈维（Harvey，1988）指出的那样，公平是一个不做出重要道德决定就无法解答的道德问题，因此从不同的角度研究公平问题就会产生不同的概念。已有一些综述文献对这些概念进行了分类（Truelove，1993；Hay，1995），其中一些概念是难以定量化的。到目前为止，空间范畴的公平还未能给出清晰且一致的可度量定义。

这里主要介绍既有公共资源配置研究中已采用和度量了的空间公平定义。一个常见但公平意义较弱的定义是"最低标准"（minimum standard），其含义是必须满足某个水平的最低要求（Morrill and Symons，1977；Hay，1995）。近期，怀特黑德等（Whitehead et al.，2019）的论文首次系统地对既有健康领域的空间公平定义和度量进行了综述，发现多数研究从需求角度定义了空间公平，主要包括横向公平（horizontal equity）和纵向公平（vertical equity）。前者指同一类人享有或承担同样的收益或负担，后者则提出有更大需求的人获得更多的资源。这些研究中使用次多的定义是分布平等，少数采用了结果公平，还有一些没有给出定义。

在公平定义的问题之后，公共服务设施布局要使"什么"变得更公平，是规划首先面临的问题，也是空间公平得以实施的关键问题。塔伦和安瑟林（Talen and Anselin，1998）的论断认为：任何空间公平分析都依赖于度量服务的可达性。我们认同这一观点，因为可达性的本意是某类人群在特定区位获得潜在机会的难易程度（Hansen，1959），非常适合于地理角度的选择公平（equal choice）、横向公平、纵向公平、机会公平等概念相衔接。从规划实践而言，平等可达（equal accessibility）也是公共服务最合适的公平配置原则。可达性指标（accessibility）的发展已有不少综述（Wang，2012），本文不再赘述。

在不同的公共服务领域，空间公平的关注点还有所差异。医疗、养老等公共服务在公平定义方面的文献综述，总结认为公平应包括平等到达设施、平等使用服务、平等的结果等方面（Culyer and Wagstaff，1993）；对医疗等公共政策角度的公平而言，可达性公平是最合适的原则（Oliver and Mossialos，2004）。除了主要考虑不同地区之间差异的空间公平，还有很多设施布局关注种族等非空间公平，即考虑资源在不同种族之间的差异最小化。在教育公平方面，类似地将教育公平分为机会公平、过程公平和结果公平，教育资源空间优化多是针对机会公平进行研究。教育服务与健康等服务在分配过程存在一定的差异，后者通常是消费者自主选择供给点并克服距离等阻力到达设施，可以根据人们选择设施的空间规律采用不同的距离衰减函数进行描述（Wang，2012）；而教育机会一般是通过学区制度进行分配，虽然分配过程中通常会考虑距离的影响，但本质上是按给定制度进行分配（Hamnett and Butler，2011）。

2.2 度量空间公平的数学方法

如同公平的定义丰富多彩，如何度量公平的数学方法也是多种多样的。许多区域差异的度量方法可引入到空间优化的公平度量，比如基尼系数、泰尔指数等。随着设施空间优化研究的进展，越来越多的度量方法被采用，综述文献中列举出的公平度量数学方法已超过 20 种（Marsh and Schilling，1994；Barbati and Piccolo，2016；Whitehead et al.，2019）。这些方法反映了数值分布在公平角度的不同特征，其中值域范围（最大值减去最小值）等较为简单的指标，对于最大值等个别数值极为敏感，难以反映数值分布特征，故常用的方法是方差、基尼系数、空间自相关等方法。表 1 列举了空间优化研究中较为常见的度量方法。

表 1 常见的公平度量数学方法

方法	英文缩写	公式
最大偏差	MD（maximum deviation）	$max_{i \in I}(d_i - \bar{d})$
平均绝对偏差	MAD（mean absolute deviation）	$\frac{1}{n}\sum_{i \in I}|d_i - \bar{d}|$
方差	VAR（variance）	$\frac{1}{n}\sum_{i \in I}(d_i - \bar{d})^2$
变异系数	VC（coefficient of variation）	$\frac{\sqrt{\frac{1}{n}\sum_{i \in I}(d_i - \bar{d})^2}}{\bar{d}}$
基尼系数	GC（Gini coefficient）	$\frac{\sum_{c \in I, d \in I}|d_c - d_d|}{2n^2 \bar{d}}$

注：I 为需求点集合，共 n 个需求点；d_i 为需求点 i 到指定设施的距离；$\bar{d}$ 为需求点到设施距离的平均值。在设施优化研究中，人口等指标常作为需求规模的权重引入模型，出于简洁性考虑，表中没有反映需求点规模的权重。

由于数学计算方法的差异，不同度量方法衡量同一批数据的公平度量也会有所差异。比如，标准差用以度量数据的离散程度，但这一指标会因其中的平方关系而对异常值较为敏感，基尼系数是通过计算洛伦兹曲线与绝对平等曲线的偏移面积来度量平等程度，高值分布情况对计算结果的影响较大。这种差异甚至可能对研究结果产生显著影响。比如，一些研究空间差异随时间变化的研究发现，不同的数学方法来度量差异，不仅是结果的数值会有差异，而且差异年度变动轨迹可能会因指标不同而产生方向性的不一致（刘慧，2006）。在设施公平优化方面，目前几乎没有研究探讨不同公平度量方法对优化结果的影响。因此，采用何种数学方法来计算公平，是未来空间优化目标函数构建值得关注的重要问题。

　　另外，方差将高于平均值和低于平均值，视为同样的不公平影响。而实践中对公平问题的关注，经常是考虑度量最低标准多大程度得到了实现。按这样的度量思路，如果所有的区位都在一个可接受的距离范围内获得某种公共服务，比如普通小学或三甲医院，则被认为是公平的。方差等指标关注了整体分布围绕均值的波动，但最低标准未必是均值，低于均值的意义和低于最低标准的意义，显然在公平度量中应该有不同的权重。确定合理的最低标准，发展对应的指标，进一步讨论公平优化结果的变化，是空间公平优化面临的挑战之一。

3　模型构建

3.1　经典区位配置模型基础上的公平导向修改

　　就公共服务设施优化布局的方法而言，已有许多成熟的模型可供选择，其中应用最为广泛的是经典的区位配置模型（Church，1999），比如 p —中位问题（p-median problem）、最少服务点问题（location set covering problem，LSCP）、最大覆盖问题（maximum covering location problem，MCLP）等，这些问题的数学模型具体含义见表 2。这些经典模型关注的是空间效率优化，比如最大化服务的覆盖面、最小化到达设施的总成本、最小化需要建设的设施数量等目标。只有追求最小最远距离的 MINMAX 模型（让最远或最不方便的居民的不方便程度最小）在一定程度上反映了空间公平。

表 2　经典的区位配置模型

模型	目标	约束条件
p—中位问题	总距离（时间）最小	配置 p 个服务设施，满足所有需求
最少服务点问题 (LSCP)	服务设施数量最少	需求到服务设施的距离（时间）在规定值范围内
最大覆盖问题 (MCLP)	服务人口最多	配置 p 个服务设施，如需求到服务设施的距离（时间）在规定值范围内，需求得以满足
MINMAX 问题	最远距离（时间）最小化	配置 p 个服务设施，满足所有需求

资料来源：林珲、施迅，2017。

　　在空间公平优化方面，"最低标准"也是一种度量方法。一些研究在效率导向的优化模型基础上，根据社会公认的数值标准，通过施加约束条件来实现"保底"类型的公平。一些应用区位配置模型研究设施布局的中文文献开始从这一角度考虑公平，比如增加学生上学距离不超过某一阈值约束的学校选址模型（彭永明、王铮，2013），在设施分组中增加每组设施至少拥有给定最小数量优质设施的约束（孔云峰等，2017）。还有一些研究是采用公平角度对多模型和多情景的设施效率优化方案进行比选（韩增林等，2014；罗蕾等，2016）。从优化目标本身而言，这些模型求解的还是效率目标，可能要求每个需求点都达到某个最低限度的服务，但最低限度之上的差异可能仍然很大，这显然与"均等化"的含义是不一致的。虽然由于人口分布空间离散和设施供给有限等原因，在可达距离上不可能做到处处相等的"绝对均等化"，但我们追求尽量（可行范围内）均等的目标是不能放弃的。

3.2　新的最大可达性公平问题

社会科学就效率与公平目标之间的平衡有着长期的讨论（Fried，1975）。如前所述，从公平角度进行设施规划应该是一个热点，但公共服务设施公平布局优化研究很少。这不仅是因为问题定义的难度较大，也可能是因为求解难度较大：公平可达目标函数往往是非线性的，因此优化模型的最优解计算成本较为高昂或无解。

最近，王法辉等在这方面开展了开创性的研究，提出了最大可达性公平问题（Maximal Accessibility Equality Problem，MAEP）的原创模型。他们在两步移动法（2SFCA）可达性度量（Wang，2012）的基础上，采用了方差来定义可达性公平程度，构建了一个以可达性方差最小化为公平目标的空间优化模型（Wang and Tang，2013）。其目标函数为：

$$minimize \sum_{i=1}^{m} D_i (A_i - a)^2 \qquad (1)$$

其中，D_i 为需求点 i 的需求量；A_i 为需求点 i 的可达性；a 为整个研究区域各个需求点的可达性的加权平均值。由于目标函数中的可达性 A_i 是基于 2SFCA 刻画的，也就是由需求点 i 的需求量 D_i 和供给点 j 的供给量 S_j 的相互作用（随二者之间的距离 d_{ij} 衰减）决定的，当 D_i 和 d_{ij} 为给定的常数时，这个目标函数的决策变量就只有 S_j 了。也就是说，规划者往往面临的规划问题是：当居民的分布和交通网络不变的情况下，如何调整公共服务资源的分布，实现各居民点获取该项服务的可达性的差异最小。

从规划决策角度，MAEP 模型除了用于公共服务资源供给分布调整决策外，还可以用于选址决策。前者是一个连续变量，后者是一个离散变量。以前者为例，在一个案例区原有供应总量（S）基础上，要新增一定供应量（B），决策者希望知道如何将 B 最公平地分配到既有设施上，其目标函数可以采用公式（1），同时增加包含决策变量的约束条件（2）和（3），从而实现模型构建：

$$\sum_{j=1}^{n} X_j = S + B \qquad (2)$$

$$X_j - S_j \geq 0 \ for \ all \ j = 1, 2, \cdots, n \qquad (3)$$

其中，X_j 为连续型决策变量，表示规划在供给点 j 的供给量；S_j 为供给点 j 在优化前的供给量。

如果是针对公平导向的选址决策，比如在既有设施布局基础上新增一定数量的设施（n_0），则可在约束条件中采用下面的公式（4）来实现模型构建：

$$\sum_{j=1}^{n} x_j = n_1 + n_0 \qquad (4)$$

其中，x_j 为{0,1}决策变量，表示候选点是否布局了设施。这里，若点 j 的现状已有设施，则 x_j 为 1，若点 j 的现状尚无设施，则 x_j 为 0 或 1；n_1 为现状已有设施数量；n_0 为将新增设施数量。目标函数同样为公式（1）。

4　MAEP 模型的实证研究

尽管 MAEP 模型提出的时间不长，但各类实证研究的案例已经相当丰富。这里简述三个研究案例，展示方法上的演进和丰富，然后粗略地介绍其他几个应用实例，说明广泛的应用前景。

最早的 MAEP 案例完全是王法辉和汤泉（Wang and Tang, 2013）为了展示 MAEP 的定义与计算实现而设计的两个问题：第一个问题关于美国哥伦布市，如何调整现有就业机会的空间分布，使各居民点上班的可达性差异最小；第二个问题是关于芝加哥地区全科医生平等分配的问题，如何调整各地的医生人数，以实现各个人口普查区的就医可达性的最小方差。如上述（1）式的定义，两个问题都是实现总体最大化的空间公平，决策变量也都是调整供给点的供给量（问题一是各区的就业机会，问题二是各邮政编码区的医生人数），二者的假设（限制条件）也都是总供给量不变。由于目标函数是二次方程，模型采用了二次规划（quadratic programming, QP）进行求解。这类问题的决策变量可以当作是连续变量，相对而言，计算量不是很大。

第二个案例是关于美国国家癌症中心挂牌医院（National Cancer Institute Cancer Centers, NCICC）的优化布局（Wang et al., 2015）。传统的 NCICC 评选机制并没有考虑空间公平，但随着达标医院变得很多，且它们的差距很小，传统评价方法意义变得微弱。王法辉等（Wang et al., 2015）创新性地引入了空间公平目标并定义了规划问题，开发了对应的 MAEP 模型。该模型也是分为两类问题：第一类是将给定的资源（如资助金额）如何平等地分配给现有的约 70 家 NCICC；第二类是如何在 200 多家优质候选医院中，挑选 5 家合格的医院，批准晋升为 NCICC。二者的目标函数都是使各地（以县为单元）居民到 NCICC 就诊的可达性之差异最小。但前者的决策变量（如资助金额）是延续变量，属于一般的二次规划问题，后者为离散变量（某候选医院是否获准晋升，取值{0,1}，属于整数二次规划问题。一般而言，后者的计算量大很多。

第三个案例提出了"改善空间可达性的两步优化模型"（two-step optimization for spatial accessibility improvement, 2SO4SAI）（Luo et al., 2017）。这一模型采用顺序决策的思路，先选址、后分配资源，一体化地实现了效率和公平的双层目标。模型的第一步进行离散的设施候选点进行选址优化，这一阶段采用的是效率为目标的模型（如表 1 中的 p —中位问题、LSCP、MCLP 或 MINMAX），可以是单一目标，也可以是多目标的协调综合决策。在定义效率目标函数时，该案例的这一步中采用了消费者到最近设施的距离来刻画可达性。第二步以可达性公平为目标进行连续变量的设施容量调整优化，这一步采用了两步移动法来衡量可达性。案例以湖北省仙桃市乡村医院的优化布局问题演示了 2SO4SAI 模型的实现。

MAEP 提出后，除了上述三个典型案例，在多个公共服务配置领域得到了应用，展示了在方案提供、政策建议和制度建设等方面强大的应用价值。陶卓霖等应用这一模型研究了北京市养老设施床位数的公平优化并提出了规划建议（Tao et al.，2014）。潘杰的研究组应用这一模型研究了全国县级尺度顶级医院床位数的公平优化，并通过与现实的比较，发现东部地区床位数不足，而中西部地区床位数过度供给，进而提出了东部地区以资源增加为主、中西部地区以连接加强为主的政策建议（Zhang et al.，2019）。

在 MAEP 基础上，综合考虑效率与公平两个目标发展出多目标模型是一个重要的方向。目前，多数多目标设施优化方面的中文文献仍是多个效率目标的优化，比如以总距离最小、服务人口最多等为目标（刘萌伟、黎夏，2010；武田艳等，2017；刘玉等，2018）。近期的一些文献响应了效率和公平多目标模型在医疗、养老方面的应用及发展（Li et al.，2017；程敏、崔晓，2018）。

近期，MAEP 在教育领域也得到了发展。针对基础教育学区的"地理自分类"问题，戴特奇等（2017）借助 MAEP 建立了机会公平最大化模型。该模型中，小区从各个学校获得的入学指标集合并从中抽签，教育机会对应初始模型中的可达性，优化问题为如何将各个学校的入学指标分配给各小区，使得机会差异最小化。后来戴特奇等（Dai et al.，2019）采用概率分布来更全面地描述了入学机会，并借鉴基尼系数发展出了概率分布相似程度最大化的公平优化模型。在他们的案例中，优化后的教育公平可以改进 70% 或更多，而平均上学距离还低于实际均值；有意思的是，公平最大化的改善方案获得支持的人口比例并不高，这意味着公平导向的集中决策比投票更可能选择最大公平方案。他们的研究把随机分配的空间优化问题引入到 MAEP，并在方差方法之外进行了一次有益尝试。

5 MAEP 的展望

MAEP 模型从可达平等角度启动了区位配置模型研究的一个新范式。可以预期，在设施公平配置越来越成为共识的背景下，不仅新增设施布局导向发生了从效率到公平的转变，既有设施也需要从公平角度进行调整。公平的改善往往是以效率下降为代价，故特别需要我们最优地追求公平，这一范式将有广阔的应用前景和重要的现实意义。

定义问题是成功规划的关键。在定义问题中，发展可度量的公平定义尤为重要，因为"我们建设我们所能度量的"（we build what we measure）（Farber et al.，2016）。目前 MAEP 模型中目标函数采用了两步移动法和方差进行定义，但不同制度环境和发展阶段对公平的定义、不同类型的可达性度量方法、公平的不同类型数学表达、不同类型的公共服务等，需要结合实际问题去构建对应的目标函数。图 1 展示了"概念—度量—方法"三个层面存在的多样性及其组合可能产生的目标函数，不同的实际问题可能产生不同的组合，从而发展出新的目标函数。而且，空间公平定义和可达性度量方法本身仍然面临很多挑战，这些给优化模型在问题定义上提供了丰富的研究机遇（Israel and Frenkel，2018；van Wee，2016）。特别地，考虑到中国在文化、制度等方面的特殊性，还需要根据特定背景进行模型构建。

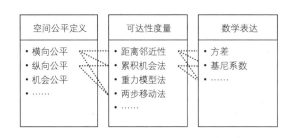

图 1　可达性公平优化目标函数的可能发展

注：出于简洁性考虑，这里并未完全列举各类公平定义、可达性度量方法和公平的数学表达方法。

　　显然，现实中往往不会仅考虑单独的公平目标，而是经常需要平衡效率与公平这两个相互冲突的目标。沿着 2SO4SAI 提出的框架，可以进一步扩展出多个研究方向。表 3 总结了各种组合方案。临近性和可获得性两类指标与效率和公平两类度量方法相结合，一共可以产生四类目标函数（1A、1B、2A 和 2B）。按不同的顺序对这四类目标进行顺序优化，就产生了四类顺序规划问题（1A-2A、1A-2B、1B-2A、1B-2B）。罗静等（Luo et al.，2017）的研究属于其中的 1A-2B 问题，其他组合还有待探索。也许有人会问，这类问题可不可能是：①先规划设施规模、后解决其区位；或者②两个决策变量（位置与规模）同时求解？逻辑上前者是不现实的，因为规划决策往往是先选址后定设施大小；至于后者，有文献（Li et al.，2017）已经证明该优化问题无解。

表 3　两步顺序区位配置问题（sequential location-allocation problem）的不同组合

	效率	平等
临近性	1A：用临近性指标度量的效率目标	1B：用临近性指标度量的效率目标
可获得性（2SFCA）	2A：用可获得性指标度量的效率目标	2B：用可获得性指标度量的公平目标
规划情景	1A-2A，1A-2B（2SO4SAI），1B-2A，1B-2B	

　　此外，人们真实的偏好对于确定模型关键参数和发展多目标模型具有重要意义，由于区域差异性的存在以及中国本身内部的差异性，不能简单沿用国外研究参数。但目前多数研究是引用其他文献的参数设定，只有少数研究是在研究区调研基础上进行的设施优化，比如罗蕾等（2016）调研确定了乡

镇卫生院极限出行时间为 30 分钟和医院规模对就医行为的影响系数。大数据也许为这个方向带来了机遇，但目前大数据在公共设施空间优化方面还主要侧重供需分析（刘瑜等，2020）。未来 MAEP 的应用不仅需要发展多目标优化和动态优化等模型，也需要对模型的关键参数和变量进行研究。

6 结论

基本公共服务均等化已成为中国重要的公共政策，是中国未来公共服务配置的重要导向，也是新型城镇化的重要内容。近年来，国内在公共服务设施规划布局优化方面的模型、算法和应用研究逐渐增多，但在公平导向空间优化方面的研究还非常薄弱。可达性公平已成为公共服务设施配置规划中广泛认可的公平目标，这一领域的研究不仅在中国越来越受到重视，也是许多国家的热点议题。从更大范围的可能应用而言，公平导向的区位配置模型不仅在公共服务领域有重要的实际意义，在其他城市规划领域以及企业管理、交通物流等领域，都有广泛的应用价值。

本文围绕近期新开创的 MAEP 模型进行梳理，总结围绕这一新范式的既有研究，充分展示了这类模型在优化方案提供、政策建议和制度建设方面的强大能力。我们强调了公平优化研究在问题定义和模型构建中存在的多样性、复杂性，从而提供了广泛的研究机遇，再加上这类问题应用层面上的丰富，的确是前景看好的一个新方向。虽然这类模型求解方面仍存在一定难度，但随着计算能力的进步，启发式算法与 GIS 分析的结合已为求解提供了很好的可行性。我们呼吁研究者更加关注公平方面的建模和应用研究。

参考文献

[1] BARBATI M, PICCOLO C. Equality measures properties for location problems[J]. Optimization Letters, 2016, 10(5): 903-920.

[2] CHURCH R L. Location modelling and GIS[J]//LONGLEY P A, et al. Geographical Information Systems. 2nd ed. New York: John Wiley, 1999: 293-303.

[3] CULYER A J, WAGSTAFF A. Equity and equality in health and health-care[J]. Journal of Health Economics, 1993, 12(4): 431-457.

[4] DAI T, LIAO C, ZHAO S. Optimizing the spatial assignment of schools through a random mechanism towards equal educational opportunity: a resemblance approach[J]. Computers, Environment and Urban Systems, 2019, 76: 24-30.

[5] FARBER S, RITTER B, FU L. Space-time mismatch between transit service and observed travel patterns in the Wasatch Front, Utah: a social equity perspective[J]. Travel Behaviour and Society, 2016, 4: 40-48.

[6] FRIED C. Rights and health care beyond equity and efficiency[J]. New England Journal of Medicine, 1975, 293: 241-245.

[7] HAMNETT C, BUTLER T. "Geography matters": the role distance plays in reproducing educational inequality

in East London[J]. Transactions of the Institute of British Geographers, 2011, 36(4): 479-500.

[8] HANSEN W G. How accessibility shapes land use[J]. Journal of the American Institute of Planners, 1959, 25(2): 73-76.

[9] HARVEY D. Social justice and the city[M]. 2nd ed. Oxford: Blackwell, 1988.

[10] HAY A M. Concepts of equity, fairness and justice in geographical studies[J]. Transactions of the Institute of British Geographers, 1995, 20(4): 500-508.

[11] ISRAEL E, FRENKEL A. Social justice and spatial inequality: toward a conceptual framework[J]. Progress in Human Geography, 2018, 42(5): 647-665.

[12] LI X, WANG F, YI H. A two-step approach to planning new facilities towards equal accessibility[J]. Environment and Planning B: Urban Analytics and City Science, 2017, 44(6): 994-1011.

[13] LUO J, TIAN L, LUO L, et al. Two-step optimization for spatial accessibility improvement: a case study of health care planning in rural China[J]. BioMed Research International, 2017: 1-12.

[14] MARSH M T, SCHILLING D A. Equity measurement in facility location analysis: a review and framework[J]. European Journal of Operational Research, 1994, 74(1): 1-17.

[15] MORRILL R L, SYMONS J. Efficiency and equity aspects of optimum location[J]. Geographical Analysis, 1977, 9(3): 215-225.

[16] OLIVER A, MOSSIALOS E. Equity of access to health care: outlining the foundations for action[J]. Journal of Epidemiology and Community Health, 2004, 58(8): 655-658.

[17] SANDEL M J. Justice: what's the right thing to do? [M] New York: Farrar, Straus and Giroux, 2009.

[18] TAO Z, CHENG Y, DAI T. Spatial optimization of residential care facility locations in Beijing, China: maximum equity in accessibility[J]. International Journal of Health Geographics, 2014, 13(1): 1-11.

[19] TALEN E, ANSELIN L. Assessing spatial equity: an evaluation of measures of accessibility to public playgrounds[J]. Environ Plan A, 1998, 30: 595-613.

[20] TONG D, MURRAY A T. Spatial optimization in geography[J]. Annals of the Association of American Geographers, 2012, 102(6): 1290-1309.

[21] TRUELOVE M. Measurement of spatial equity[J]. Environment and Planning C: Government and Policy, 1993, 11(1): 19-34.

[22] VAN WEE B. Accessible accessibility research challenges[J]. Journal of Transport Geography, 2016, 51: 9-16.

[23] WANG F. Measurement, optimization, and impact of health care accessibility: a methodological review[J]. Annals of the Association of American Geographers, 2012, 102(5): 1104-1112.

[24] WANG F, FU C, SHI X. Planning towards maximum equality in accessibility of NCI Cancer Centers in the U. S. , in Spatial Analysis in Health Geography[M] (eds. P. KANAROGLOU, E. DELMELLE, A. PAEZ). Farnham, Surrey, England: Ashgate, 2015: 261-274.

[25] WANG F, TANG Q. Planning toward equal accessibility to services: a quadratic programming approach[J]. Environment and Planning B: Planning and Design, 2013, 40(2): 195-212.

[26] WHITEHEAD J, PEARSOB A L, LAWRENSON R, et al. How can the spatial equity of health services be defined and measured? A systematic review of spatial equity definitions and methods[J]. Journal of Health Services

Research & Policy, 2019, 24(4): 270-278.

[27] ZHANG Y, YANG H, PAN J. Maximum equity in access of top-tier general hospital resources in China: a spatial optimisation model[J]. The Lancet, 2019, 394: S90.

[28] 陈忠暖, 闫小培. 区位模型在公共设施布局中的应用[J]. 经济地理, 2006, 26(1): 23-26.

[29] 程敏, 崔晓. 基于多目标改免疫算法和 GIS 的养老机构空间配置优化研究——以上海市虹口区为例[J]. 地理科学, 2018, 38(12): 2049-2057.

[30] 戴特奇, 廖聪, 胡科, 等. 公平导向的学校分配空间优化——以北京石景山区为例[J]. 地理学报, 2017, 72(8): 1476-1485.

[31] 方远平, 闫小培. 西方城市公共服务设施区位研究进展[J]. 城市问题, 2008(9): 87-91.

[32] 高军波, 周春山. 西方国家城市公共服务设施供给理论及研究进展[J]. 世界地理研究, 2009, 18(4): 81-90.

[33] 国务院. 国务院关于印发"十三五"推进基本公共服务均等化规划的通知（国发〔2017〕9 号）[EB]. 2017.

[34] 韩增林, 杜鹏, 王利, 等. 区域公共服务设施优化配置方法研究——以大连市甘井子区兴华街道小学配置为例[J]. 地理科学, 2014, 34(7): 803-809.

[35] 孔云峰, 朱艳芳, 王玉璟. 学校分区问题混合元启发算法研究[J]. 地理学报, 2017, 72(2): 256-268.

[36] 黎夏, 叶嘉安. 遗传算法和 GIS 结合进行空间优化决策[J]. 地理学报, 2004, 59(5): 745-753.

[37] 林珲, 施迅. 地理信息科学前沿[M]. 北京: 高等教育出版社, 2017: 393.

[38] 刘宏燕, 陈雯. 中国基础教育资源布局研究述评[J]. 地理科学进展, 2017, 36(5): 557-568.

[39] 刘慧. 区域差异测度方法与评价[J]. 地理研究, 2006(4): 710-718.

[40] 刘萌伟, 黎夏. 基于 Pareto 多目标遗传算法的公共服务设施优化选址研究——以深圳市医院选址为例[J]. 热带地理, 2010, 30(6): 650-655.

[41] 刘玉, 王海起, 侯金亮, 等. 基于多目标遗传算法的空间优化选址方法研究[J]. 地理空间信息, 2018, 16(3): 26-29.

[42] 刘瑜, 姚欣, 龚咏喜, 等. 大数据时代的空间交互分析方法和应用再论[J]. 地理学报, 2020, 75(7): 1523-1538.

[43] 龙瀛, 罗子昕, 茅明睿. 新数据在城市规划与研究中的应用进展[J]. 城市与区域规划研究, 2018, 10(3): 85-103.

[44] 罗蕾, 罗静, 田玲玲, 等. 基于改进区位配置模型的农村就医空间优化布局研究——以湖北省仙桃市为例[J]. 地理科学, 2016, 36(4): 530-539.

[45] 彭永明, 王铮. 农村中小学选址的空间运筹[J]. 地理学报, 2013, 68(10): 1411-1417.

[46] 齐兰兰, 周素红, 闫小培, 等. 医学地理学发展趋势及当前热点[J]. 地理科学进展, 2013, 32(8): 1276-1285.

[47] 宋正娜, 陈雯, 袁丰, 等. 公共设施区位理论及其相关研究述评[J]. 地理科学进展, 2010, 29(12): 1499-1508.

[48] 陶卓霖, 程杨, 戴特奇, 等. 公共服务设施布局优化模型研究进展与展望[J]. 城市规划, 2019, 43(8): 60-68+88.

[49] 武田艳, 占建军, 严韦. 基于改进 PSO 的保障性社区公共服务设施配置空间优化研究[J]. 系统工程理论与实践, 2017, 37(1): 263-272.

[50] 徐高峰, 赵渺希. 上海中心城区公共服务设施社会需求匹配研究[J]. 城市与区域规划研究, 2017, 9(4): 199-212.

[51] 许昕, 赵媛, 张新林, 等. 中国老年地理学研究进展[J]. 地理科学进展, 2018, 37(10): 1416-1429.

[52] 杨林生, 李海蓉, 李永华, 等. 医学地理和环境健康研究的主要领域与进展[J]. 地理科学进展, 2010, 29(1): 31-44.

[53] 张春花, 余婷. 基于均衡发展的城市小学布局研究——以德阳市中心城区为例[J]. 城市与区域规划研究, 2017, 9(4): 213-227.

[54] 张颖, 王铮, 周嵬, 等. 韦伯型设施区位的可计算模型及其应用[J]. 地理学报, 2006(10): 1057-1064.

[欢迎引用]

王法辉, 戴特奇. 公共资源公平配置的规划方法与实践[J]. 城市与区域规划研究, 2020, 12(2): 28-40.

WANG F H, DAI T Q. Spatial optimization and planning practice towards equal access of public services[J]. Journal of Urban and Regional Planning, 2020, 12(2): 28-40.

新数据环境下控规科学编制与实施优化方法探索

王　腾　崔博庶　张云金　茅明睿

Exploration of Scientific Compiling and Optimized Implementation of Regulatory Planning in the New Data Environment

WANG Teng, CUI Boshu, ZHANG Yunjin, MAO Mingrui
(Beijing City Quadrant Technology Co. Ltd., Beijing 100020，China)

Abstract　Regulatory planning is the core of transmission of planning, and it is also the guarantee for planning implementation. However, its scientific nature and implementation effectiveness are often questioned. How to improve the refinement of regulatory planning has become a major issue for regulatory development in the context of urban delicacy governance. As we enter the new data environment, new data and new technology have been applied in urban planning and governance, so they can also play a greater role in scientific compiling and optimized implementation of regulatory planning. Noticing the lack of examination of new data application and research in regulatory planning, this paper explores a series of new methods for new data application, combined with specific cases and based on compiling and implementation procedures of regulatory planning. In the process of its compiling, the new data method can be involved from three perspectives: construction of knowledge map, analysis of relevant status quo and evaluation of regulatory planning scheme. Its implementation mainly involves two aspects: the implementation of timing selection and the monitoring and evaluation of regulatory planning. The application of new data and new technology can boost innovation and development of regulatory planning and is of great reference value for its theory and practical application.

Keywords　new data environment; big data; compiling of regulatory planning; implementation of regulatory planning

作者简介

王腾、崔博庶、张云金、茅明睿，北京城市象限科技有限公司。

摘　要　控制性详细规划是规划上下传导的核心一环，是规划实施的保障，但控规编制科学性与实施效力时常受到质疑，如何提高控规精细化程度成为城市精细化治理背景下控规发展面临的重要问题。随着我们进入新数据环境，新数据和新技术在城市规划与治理中已有较多应用，也可以在控规科学编制与实施优化中发挥更大作用。文章针对控规中新数据应用和研究梳理不足的现状，结合具体案例，按照控规编制与实施的流程探索了一套控规中的新数据应用方法。在控规编制环节，可以通过知识图谱构建、相关现状分析和控规方案评价三个角度进行新数据方法介入；在控规实施中主要包括实施时序选择和控规监测评估两个方面的应用。通过几个环节的新数据和新技术应用，可以促进控规的创新发展，对规划理论和实际应用都有较大参考价值。

关键词　新数据环境；大数据；控规编制；控规实施

控制性详细规划（以下简称"控规"）是实施规划管理的核心层次和最重要依据，也是城市政府积极引导市场、实现建设目标的最直接手段，控规编制成果科学性与实施过程中的刚弹性结合决定着规划管理行为效力和效益。尤其是在近年来从中央到地方都在推进城市精细化治理的背景下，通过控规实现规划管理的精准可控更具时代意义。针对如何在控规编制与实施中实现精细化，已有的大量研究主要是基于 GIS 手段的信息化方法（张恒，2014；钱国栋，2012；李岳，2012）。在新数据环境下，大数据已经成为提高规划科学性的重要手段，但目前控规中大数据研究和实践不多。已有控规大数据研究中，天津规划院利用大数据对控规现状进行调研，属于相对较早的探索（张恒，2015）；长沙市规划信息服务中心以空间中人群活动和人的空间需求角度作为出发点，利用大数据和空间句法的技术手段对控规实施进行分析（王柱、张洪辉，2016）。此外还有一些针对控规中某一控制内容进行的相关研究，如公服设施配置和城市设计引导等（曹靖等，2018；邹亚超、范梦雪，2019）。总之，目前控规中大数据的应用较少且主要集中在少数控制内容，缺乏结合控规体系的全面思考。因此，立足于控规精细化的发展要求和已有研究的不足，本文试图结合具体案例，从控规编制和实施两个方面梳理新数据支撑控规的逻辑与思路，探索利用新数据优化控规编制与实施的方法体系。

1　现有控规问题和新数据应用逻辑

1.1　控规编制与实施的问题

1.1.1　控规编制科学性和前瞻性有待提升

　　控规指标体系是控规的核心内容，指标的确定方法通常包括城市整体强度分区法、人口指标推算法、典型实验法、经济测算法和案例类比法等，虽然含有定量的思维，但实际操作依然大量依赖经验和主观判断。而对于控规所确定指标是否能达到最优效果，往往只能靠时间来判断，控规编制的准确性和科学性让人质疑。而现实的情况是，法定效力 20 年的控规指标经常在城市发展中被调整，这其中固然有资本逐利的压力，但排除管理实施的因素，很大程度上由于控规指标的制定与后来发展不相符合。此外，不同群体的特征和需求千差万别，现有控规指标和规范较为僵化，控规编制方法对经济发展、土地权属及各方利益的均衡性考虑不足，控规编制过程需要更加考虑各方利益。

1.1.2　控规实施动态反馈调整机制有待优化

　　规划实施中面临规划成果与管控的联动问题。部分地区控规编制成果不适应城市发展动态性特征，不同时期、不同地段的建设存在较大的不确定性，控规实施中存在刚性和弹性失衡问题，既未有效保障公众利益，又在一定程度上束缚了市场配置资源的决定性作用的发挥。实际上，即使规划编制不能做到完全科学，但如果规划成果中的部分错误在实施过程中能够被及时发现也可以弥补规划的不足，而现实情况正缺少这种及时反馈机制。如何对已批控规的实施进行评估与主动优化，对新区域控规进行分类、分区编制，是当前控规管理面临的主要挑战。集中优势资源做好公共物品的供给，以政府+社会的合作模式做好半公共物品（非营利）的供给，这是控规未来在空间资源分配秩序中的核心，也是美好城乡的脊梁和核心架构（"空间治理体系下的控制性详细规划改革与创新"学术笔谈会，2019 年）。

1.2 新数据支撑控规的逻辑与思路

根据上文总结，控规精细化可以分为编制科学化和实施动态化。而新数据具有覆盖广泛和实时更新的特点，恰恰切中了控规编制与管理的核心诉求，同时新数据大量产生于微观个体，具有细粒度和以人为本的特点，这也是研究构建的基本立足点和意义所在。

基于此，我们尝试按照从编制到实施的流程，构建控规中新数据和新技术应用体系（图 1）。控规编制中，编制前可以利用城市发展经验数据构建城市知识图谱，作为控规编制的价值判断依据和标准；编制中，结合控规指标体系，利用大数据对控规涉及相关内容进行分析计算；在方案初步编制后，可以对控规方案进行评估比较和优化，通过海量数据快速计算实现控规方案的比对，确定最优控规方案。控规实施中，通过对控规中规定的建设方案进行模拟，确定实施时序，实现最低成本和最佳边际效用；通过大数据实时对城市发展状态和控规内容进行跟踪监测，及时计算控规相关指标，实现控规指标的实时跟踪监测与动态调整。

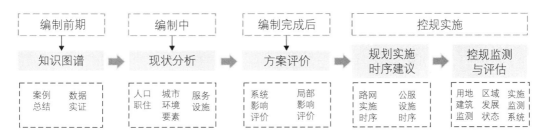

图 1　基于业务流程的控规大数据应用体系

1.3 案例研究区域

方法研究需要选择一个片区作为实证分析对象，所选区域位于亦庄开发区西部（图 2），区域面积 10.8 平方千米，存在较多未建设用地，现状以工业功能为主，其中最著名的企业是北京奔驰。此外，区域内还有较大面积居住区和多所职业技术学校。

2　基于新数据的控规编制优化方法

2.1 控规编制知识图谱构建

在控规本身的编制办法和技术准则之前，规划价值判断实际上是控规进行编制的指导思想，因而确定何为好的控规、何为好的城市属于本源性的工作，本文将这一工作称为控规编制知识图谱构建。

图 2 研究区域在亦庄开发区的区位

城市理论大多都经过经验总结和逻辑推理，然后用来指导城市规划行为。在新数据条件下，我们可以更多依赖数据手段寻找事物背后的数学逻辑，而不仅限于通过经验和先验假设拟合与解释现实。通过新技术手段获取各个城市的基础数据和发展特征，通过数据模型计算总结出城市发展一般规律，或者通过训练数据生成城市发展模型成为可能。比如 RTKL 公司的"城市因何而繁荣"研究选择美国 50 个公认的成功城市区域，融合传统数据与大数据，运用多种工具分析评价，识别出其所普遍具有的 12 个特性，从而为城市设计与开发管理提供帮助。国内方面，吴志强团队的"城市树"研究项目也属于此类研究，其利用智能数据捕捉辅助发掘城市规律，研究的 CityGO 系统可实现城市功能智能配置（吴志强，2018）。

本文以控规空间形态控制知识为例，通过分析生活品质与空间形态相关性作为知识图谱构建示例。研究选择北京、上海、杭州、深圳和成都共 29 个区、343 个街道，利用手机定位等多源数据，计算街道和区两个尺度的职住比、平均通勤距离、设施直线距离和设施密度（代表生活品质），以及建筑密度、容积率、平均层数、路网密度和道路交叉口密度（代表空间形态）。经过相关性分析，发现区和街道两个尺度空间形态指标基本上与职住比成正比，而与平均通勤距离都成反比，即高密度、小尺度街区内的人通勤距离更短（图 3、表 1）。服务设施供给情况也能佐证这一结论，密度越大、尺度越小的街区设施密度越大、最近设施距离越小。更多的服务设施一方面方便了居民的日常消费生活，另一方面提供了大量工作岗位，促进了职住平衡。

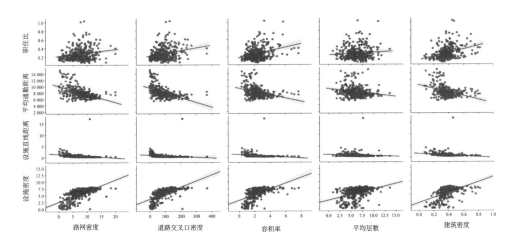

图 3　各指标间相关性散点图与拟合曲线

表 1　街道尺度生活品质与空间形态指标相关系数

变量	职住比	平均通勤距离	设施直线距离	设施密度
路网密度	0.057	−0.472**	−0.183	0.850**
道路交叉口密度	0.141	−0.531**	−0.296	0.812**
容积率	0.136	−0.294	−0.286	0.556**
平均层数	−0.221	−0.164	−0.209	0.291
建筑密度	0.448*	−0.397*	−0.333	0.673**

注：**表示在 0.01 水平（双侧）上显著相关；*表示在 0.05 水平（双侧）上显著相关。

通过知识图谱构建，控制形态与生活品质之间的关系可以被发掘出来：高密度、小尺度街区生活品质更高。以此类推，知识图谱构建可以成为控规编制优化的重要基础环节。

2.2　控规相关现状分析

控规编制过程中需要对现状进行详尽分析，而现状分析通常围绕控规指标体系进行，通过分析指标现状以及与上版控规进行对比（如果有），可以确定控规编制要解决的主要问题和工作方向。而传统计算需要基础数据支撑以及大量调研工作，繁杂且结果并不可靠。通过新数据手段可以从多个角度实现控规内容的计算分析，尤其是利用时空行为轨迹数据进行人口职住分析，利用计算机视觉技术对绿视率、停车和城市设计相关要素进行量化，以及利用 POI 和路径规划进行公服设施研究等方面，新数据优势非常明显（表 2）。下文将重点从这三方面进行分析。

表 2　控规指标体系传统计算与大数据计算方法对比

大类	项目	控规指标	传统计算	大数据计算
人口	1	人口规模与密度	统计数据	手机信令数据进行人口职住测算
用地	2	用地规模	测绘或遥感解译	—
	3	建设规模	测绘或遥感解译	快速高精度遥感识别
	4	用地性质	测绘或遥感解译	基于人口活动强度的用地性质和基于机器学习的航片分类
	5	容积率	统计 GIS 计算	—
	6	建筑面积	统计 GIS 计算	—
	7	建筑密度	统计 GIS 计算	—
	8	建筑高度/层数	统计 GIS 计算	—
	9	绿地率	统计计算或遥感解译	航片解译绿化覆盖率、街景识别绿视率
建筑	10	建筑间距	测绘	—
	11	建筑退道路距离	测绘或 GIS 计算	—
	12	建筑退用地距离	测绘或 GIS 计算	—
道路交通	13	道路等级、宽度	测绘或遥感解译	—
	14	道路用地控制	测绘	—
	15	道路断面控制	测绘	—
	16	社会停车场	统计调查	机器学习识别并计数航拍或街景图片内车辆
	17	配建停车场	统计调查	—
	18	出入口	统计调查	路况拥堵分析
服务设施	19	公共服务设施	统计调查	基于 POI 和路径规划的公服设施覆盖率与达标率
	20	市政公用设施	统计调查	基于 POI 和路径规划的公市政设施覆盖率与达标率
其他	21	建筑形体、色彩、风格	调查与主观判断	机器学习识别城市风貌、色彩和风格等
	22	人防要求	统计调查	基于路径规划的人防可达性
	23	文物保护	统计调查	—

2.2.1　基于时空行为轨迹的人群特征分析

控规编制过程中，结合人群活动规律，通过对多源大数据中个体动态特征的聚合，可揭示出城市内不同尺度人口分布状态和动态活动特征。通过构建人群特征与活动指标体系（图 4），可以为控规提供人口分布和职住通勤等方面现状信息，既能直接应用于人口规模和交通通勤等指标的计算，也是其他指标计算的基础。更进一步，可以深入到研究区域内部探索不同尺度下的人口结构，然后研究动态联系，研究各级区域的交通出行与通勤联系，在此基础上进行城市动态活动与联系综合分析。

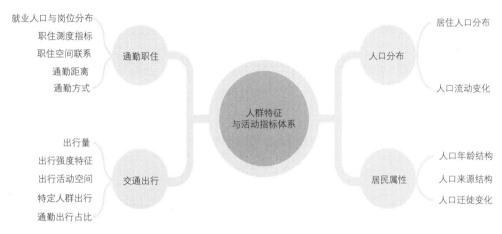

图 4　基于手机信令的人群特征与活动指标体系

以研究区域为例，通过手机信令数据测算可以清楚地得到每个栅格的实有居住人口和就业人口数量及其分布特征，进而作为其他控规指标计算的基础（图 5）。

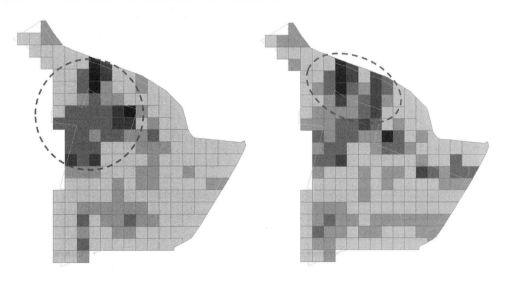

图 5　研究区域栅格尺度居住人口（左）、就业岗位数量（右）

2.2.2　基于计算机视觉的空间要素分析

利用街景图片或其他途径获得的图片，通过计算机视觉技术对图像进行语义分割或者构建自动打分模型，可以便捷快速地实现大范围城市设计要素量化感知评价，实现对难以量化的控规指标的分析。以绿视率为例，由于绿地率难以通过大数据直接计算，同时绿化覆盖率大数据计算方法还不够成熟，可以用绿视率作为计量城市绿化程度的间接指标。在新数据环境下可以通过 API 获取街景图片，基于色彩分割技术，实现快速大范围的绿视率计算。此外，通过对图片进行语义分割和目标检测技术，可以计算出建筑、天空、道路和机动车等各类空间要素的数量及比例，感知整个区域的空间环境，为控规编制中的城市设计引导提供参考。通过精确到点位的绿视率等空间要素指标计算，可以准确把握区域空间要素现状（图 6）。

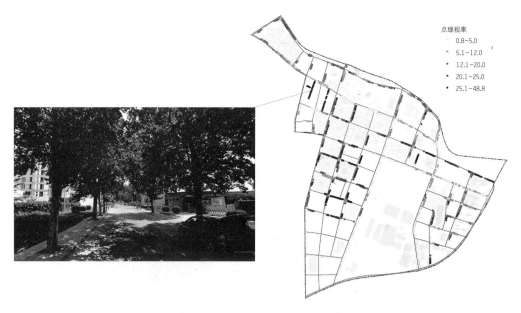

图 6　研究区域绿视率现状及街景示例

2.2.3　基于 POI 与路径规划的服务设施分析

公共服务资源分配和完善是控规编制的重要任务，而这需要进行设施覆盖情况计算。计算公共服务设施覆盖率的传统方法是以设施或小区为中心生成缓冲区，但这种理想方法与人的实际行为并不吻合。基于 POI 和路径规划的生活圈分析，是通过调用互联网地图中路径规划 API，计算得到设施点到居住区实际距离的 OD 矩阵，进而得到人的生活圈范围。该方法得到的结果体现了步行道路可达范围的影响，同时考虑了建筑、地形、不开放的社区等阻隔因素对于步行范围的影响，生成的步行范围与道路可达性紧密相关。

以研究区域为例，将现状设施 POI 与上版控规相比，研究区域内现状服务设施分布总体不足。其中，数量不足或缺失的服务设施有小学、中学、活动中心等，此外，部分设施分布位置与控规也存在较大差异（图 7）。根据居住区规划设计导则构建社区生活圈标准，可以计算每个社区生活圈范围内各类设施有无和距离，可以在公服设施配置的研究中找到各个小区的需求集中区域。与此同时，计算研究区域内每个社区的公服设施配置达标率和生活圈总得分，可以找到达标率较低的小区，比如观海苑和瀛海庄园（图 8、图 9）。

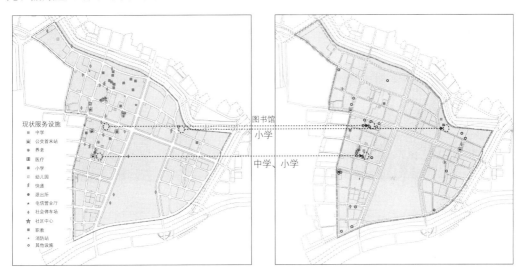

图 7　研究区域与规划现状公服设施分布对比

图 8　社区 15 分钟生活圈得分和服务设施达标率

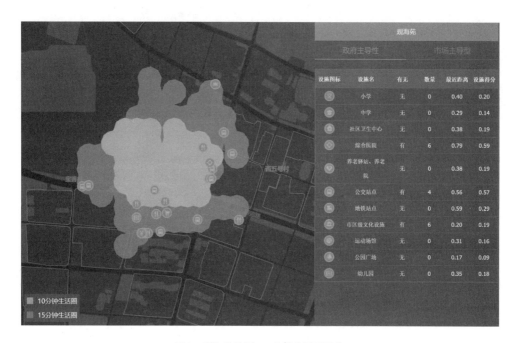

图 9　观海苑社区 15 分钟生活圈示意

2.3　控规方案评价选择

在经过对研究区域控规要素的现状分析后，控规方案会被初步制定。虽然在经过新数据支撑分析后，控规编制方案的科学性会增加，但所编制的控规方案会产生怎样的影响依然具有不确定性。通过建立科学的"预测—反馈"机制，可以对控规影响进行量化评价，进而用来优化方案。控规方案评价涉及控规中各个方面，而控规中不同指标和内容所产生的影响不尽相同，比如公服设施配置要看生活圈达标率和设施配置达标率，地块划分和路网的规定则要看对区域通达性的影响，而容积率、建筑限高和建筑密度等刚性指标则要看全局性影响。我们将评价方法分为系统评价和局部评价两类。

2.3.1　系统影响评价

系统影响评价主要是评价容积率、建筑高度和建筑密度等强制性指标，其对城市空间会产生基础性影响。通过构建模型对城市发展进行情景模拟，而控规中制定的指标是模型的输入，输出的是跟城市发展紧密相关的交通、经济、社会等内容。常见的模型有土地交通模型（LUTI，图 10）和城市发展模型等。

2.3.2　局部影响评价

控规方案局部影响评价是对那些只会影响到某一方面的控规控制内容进行的评价，具体包括三大类。

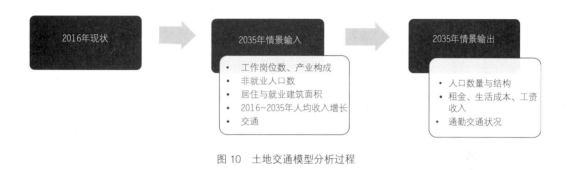

图 10　土地交通模型分析过程

（1）区域建筑高度层数控制：将地块视为一个建筑，对区域日照、风环境和热环境影响进行微观模拟。

（2）公服设施配置：通过对规划方案布置后的生活圈达标率分析进行模拟计算，考察控规中设施配置的合理性，寻找最优设施配置方案。

（3）道路布局：分析区域可达性条件，计算区域路网和开口分布条件下，区域可达影响分析。

其中，公服设施配置和道路布局都是基于互联网导航 API 与 GIS 技术，原理是：路网对于小区的可达性和生活圈会产生范围影响，公服设施对于小区设施配置达标率会产生影响，因而可以通过设施配置达标率和生活圈得分等数据验证控规计算的有效性。

仍以亦庄为例，如果规划路网实施，设施达标率将从 0.672 提高到 0.674，生活圈面积将从平均 2.03 平方千米提升到 2.17 平方千米。可见，规划路网对生活圈范围提升影响较大，但由于设施本身紧缺，所以对于设施达标率提升很有限。下一步我们分析公服配置方案。

研究区域内规划有两所中学，但由于目前还缺少一所，使得大片区域为中学配置紧缺区。假设规划中学按照规划位置实施后，通过模拟分析可以发现中学实施在区域内基本实现了全覆盖（图11）。但同样现状规划不足的养老设施，在规划方案实施后，模拟结果显示仍有较大配置缺口，所以建议对编制的控规方案进行调整，调整或增加养老设施规划选点（图12）。

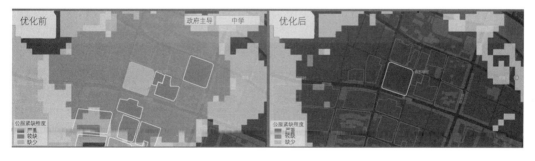

图 11　中学布置落实后对设施达标率的影响

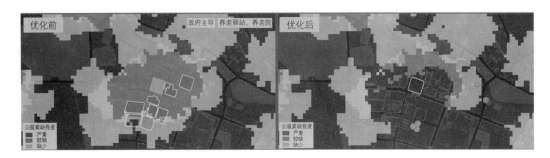

图 12   养老院布置落实后对设施达标率的影响

3   基于新数据的控规实施优化方法

3.1   控规实施时序建议

由于公共资源有限，实际上控规实施需要分批分片进行。而批次建设的选择并没有固定方法，建设时序通常综合考虑土地储备、分年度计划的空间落实和近期建设项目，虽然大体可靠，但往往无法准确预估最终的选择方案会产生何种影响。因而有必要采取新数据和新技术，以量化手段实现相对可靠的实施时序选择方法。新数据手段之所以可靠，首先，新技术快速计算能力可以为方案穷尽枚举提供可能；其次，新数据涉及的数据丰富多样，可以为计算提供素材，比如大量相关数据作为相关影响的分析因子可以对时序选择的影响进行评价。以服务设施建设时序为例，可以对各类设施逐个进行落位分析，确定对于区域全局设施便利度的影响，总体影响最优的个体或群组作为第一实施时序。通过新数据技术和方法可以进行准确定量的判断，提高建设决策的科学性，保证投入最少的公共投资实现最大的收益。

以研究区域内未建道路的修建时序为例，研究区域内及附近可能对区域交通通达性有影响的道路总共 18 条，受影响的小区还包括研究区域外部分小区。将 18 条路分别输入程序中，通过 170 次计算可以算出 18 条道路的最优建设时序。根据计算机分析结果，以提升生活圈服务水平为主要评价标准，我们将所有道路分三批实施：第一批实施的道路都位于研究区域内，8 个小区生活圈得分评价显著增加 16.5%；第二批变化影响范围继续扩大，但由于研究范围内社区较少且居住小区集中分布，增加的小区都在研究范围外；第三批修建的道路对于所有小区都没有明显影响。当然，道路交通也承担着产业经济的重担，如果从某产业发展的角度来看，在本次路网规划实施选择中，第三批路网的建设时序反而会提前（图 13）。

新建道路顺序
—— 第一轮修建
----- 第二轮修建
----- 第三轮修建

附近小区影响
基本无影响
第一轮有影响
第二轮有影响

图 13　不同道路修建时序对附近小区的影响差异

3.2　控规监测与评估

目前已有大量控规监测系统，但实际上主要是被动的控规成果管理系统。真正主动的控规实时监测与定期评估需要新数据和新技术。监测与评估的内容很多，我们根据目前技术发展水平和实际需求，认为新数据在控规实施监测与评估的内容主要包括遥感图像解译用地和建筑、手机数据监测区域发展状态和公服设施配置、交通可达性以及城市设计要素等（图 14）。

3.2.1　基于遥感图像解译的用地建筑监测

遥感图像在城市建成环境监测中应用已久，近几十年来一直是城市违法建设监测和规划内容评估的重要数据基础。而在新技术环境下，利用遥感图像可以实现对用地和建筑等建成环境的精准监测。从数据源来看，目前形成了高分卫星数据+航空影像数据+无人机航拍数据的丰富数据源，各种遥感影像可以进行不同监测应用；从技术上看，基于深度学习和强化学习的计算机视觉技术能够实现高效图像识别与分割；从应用上看，应用方向得到了更大拓展（图 15）。比如，通过计算机视觉对图像精细化分割，可以在用地分类监测的基础上，实现对建筑和树木等物类的单体识别，可以直接通过程序计算建筑密度和绿地率等指标。再如，通过多目标检测技术实现对汽车的计数，可以对区域实时停车供需和交通等进行监测。通过以上两种方式，可以创新控规乃至整个城市规划建设管理的模式。

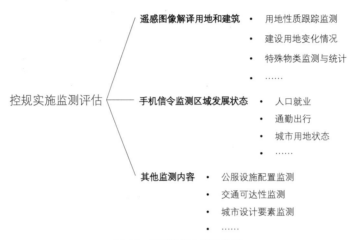

图 14   控规监测与评估体系

图 15   大数据环境下遥感图像数据源、技术和应用

3.2.2   基于手机数据的区域发展状态监测

遥感图像是对物质空间的观测，利用手机数据则可以从人的角度对控规单元所在区域的发展状态进行监测。通过手机等数据，可以实现对人口职住等一系列指标的计算，可以在短时间内实现对区域的计算与监测，发现城市人口、用地等的变动，进而为控规实施措施的制定提供支持。比如，我们用两个不同月份的手机信令数据模拟控规实施过程，可以发现，11月份大兴多个地区人口密度降低，西红门尤其明显，一定程度上疏解整治提升带来的结果。

通过手机信令和定位数据，除了可以研究人口分布和通勤职住特征外，还可以基于对人的活动规律的总结，推演用地状况，直接监测城市用地。比如我们用手机信令数据计算发现亦庄新城就业活动占绝对主导，居住特征的活动较少且主要集中于本次研究区域附近。

3.2.3   控规实施监测系统

控规实施需要一定的反馈机制，但只通过临时界面数据进行计算研究，难以形成长效机制，也不利于对控规进行持续快速有效的监测。基于此，需要构建控规监测与实施评估系统，对指标计算结果进行汇总和综合计算，实现"数据—指标—可视化"的自动更新，定期提供控规实施报告。在构建平台前首先应该进行指标体系构建。虽然控规实施评估与总规体检一脉相承，但控规与总规在具体构建指标体系中方法并不相同。控规的评价尺度相对较小，差异较大，旧城和新城、居住区和产业区、商业区的控制内容与指标要求都不尽相同，因而控规监测与实施评估应建立面向多种对象的评估指标体系。比如，研究区域亦庄作为产业区评价指标体系，就应该与首都核心区有所差异。

4　总结

本文通过理论分析与实证分析相结合，构建了控规编制和实施两个阶段的新数据和新技术应用框架，提出了从控规编制的现状分析、知识图谱构建、方案评价到控规实施的时序建议和监测评估的控规编管技术方法体系。较已有控规新数据应用领域的分散研究，本文首次从整体框架的角度提出了新数据和新技术在控规编制与实施中的应用方法，能为实际控规编制与实施提供应用方法支撑，增强控规成果科学性（表3）。

表3　新数据在控规编制与实施中的主要应用内容

阶段	分类	内容	主要涉及数据与技术
控规编制	现状分析	基于时空行为轨迹的人口职住分析	手机信令
		基于计算机视觉的城市要素分析	街景图片；计算机视觉
		基于POI与路径规划的服务设施分析	POI、路网；路径规划
	知识图谱	基于大数据的城市一般发展规律总结，城市指标的相关与回归计算	城市发展状态的多源数据；回归模型
	方案评价	系统影响评价，如城市发展模型、土地交通模型等	土地、交通、城市发展等数据；系统模型
		局部影响评价，如建筑高度、公服配置、道路和开口	建筑、用地、公服设施、路网；局部环境模型、路径规划
控规实施	时序选择	路网实施时序	POI、路网、互联网导航API；路径规划、迭代算法
		公服设施实施时序	POI、路网、互联网导航API；路径规划、迭代算法
	监测评估	遥感图像解译监测用地和建筑	遥感影像；计算机视觉
		基于手机信令数据的区域发展状态认知	手机信令
		控规实施监测系统	多源数据；数据融合、数据可视化

　　在国土空间规划变革的背景下，总体规划、详细规划和专项规划构成新的国土空间规划体系，控规作为各类规划建设实施的重要依据，将依然发挥重要作用，通过各种技术手段提高控规编制与实施的效果具有重要现实意义。同时，在时代背景下，控规的任务也会随之变化，不再是就开发论管控的纯工具，而承载更多的城市治理和生态保护使命。但不管如何变化，科学化以及公众利益和生态保护等价值观都是城市规划包括控规不变的追求，新数据手段也被证明符合科学化价值标准。当然，如何利用新数据等技术方法推动控规编制与实施创新，将是一个长期实践和探讨的过程。

参考文献

[1]　本刊编辑部. "空间治理体系下的控制性详细规划改革与创新"学术笔谈会[J]. 城市规划学刊, 2019(3): 1-10.

[2]　曹靖, 张敏, 魏宗财, 等. 大数据时代的城市设计工作对策——以合肥国家中德智能制造国际创新园北区为例[J]. 规划师, 2018, 34(7): 53-58.

[3]　李岳. 基于 GIS 数字技术平台的控规数字化编制途径探析[D]. 天津: 天津大学, 2012.

[4]　钱国栋. 城镇控制性详细规划管理信息系统研究与开发[D]. 杭州: 浙江大学, 2012.

[5]　王柱, 张鸿辉. "时空域"视角下的控规实施评估研究——以湖南湘江新区梅溪湖一期控制性详细规划为例[C]// 规划 60 年: 成就与挑战——2016 中国城市规划年会论文集(06 城市设计与详细规划), 2016-09, 中国建筑工业出版社, 2016: 244-259.

[6]　吴志强. 人工智能辅助城市规划[J]. 时代建筑, 2018(1): 6-11.

[7]　张恒, 李刚, 李乐, 等. 构建城市规划现状调查新模式及新方向展望——结合天津市中心城区控规现状调查实践浅议[C]//新常态: 传承与变革——2015 中国城市规划年会论文集(04 城市规划新技术应用), 2015-09, 中国贵州贵阳: 中国建筑工业出版社, 2015: 710-716.

[8]　张恒, 李刚, 孙保磊. GIS 量化分析下的控规编制支持系统研究[C]//中国城市规划学会. 城乡治理与规划改革——2014 中国城市规划年会论文集(04 城市规划新技术应用), 2014-08, 中国建筑工业出版社, 2014: 65-71.

[9]　邹亚超, 范梦雪. 基于数据增强设计的学校空间布局评价方法研究——以成都市幼儿园、中小学布局规划为例[J]. 四川建筑, 2019, 39(4): 4-7.

基于土地利用—交通—能源集成模型的城市交通低碳发展路径：以常州市为例

张润森 张峻屹 吴文超 姜 影

Development Paths for Low-Carbon Urban Transportation Based on an Integrated Model of Land Use-Transport-Energy: A Case Study of Changzhou

ZHANG Runsen[1], ZHANG Junyi[1], WU Wenchao[2], JIANG Ying[3]

(1. Graduate School of Advanced Science and Engineering, Hiroshima University, Hiroshima 7398529, Japan; 2. National Institute for Environmental Studies, Tsukuba 3058506, Japan; 3. Faculty of Infrastructure Engineering, Dalian University of Technology, Dalian 116023, China)

Abstract In coping with the global challenge of climate change, low-carbon city is becoming the focus, and how the transport sector, as one of the major sources of city energy consumption and greenhouse gas emission, manages to best meet city traffic requirements with the minimum energy consumption becomes the primary goal of low-carbon city development. Based on the partial equilibrium model, this paper builds an integrated land use-transport-energy model, including spatial locations, travel behaviors, and energy technology choices, to depict the mid and long term transport energy consumption and emission paths on the urban scale. Taking Changzhou as an example, this paper conducts numerical computation and simulates four scenarios to evaluate energy efficiency

摘 要 低碳城市逐渐成为人类应对全球气候变化挑战中的聚焦点，而交通部门作为城市能耗及温室气体排放的主要来源之一，如何以最小的交通消耗最大限度地满足城市交通需求成为低碳城市建设的基本目标。文章基于局部均衡模型的框架构建了包含空间选址、交通行为、能源技术选择在内的城市土地利用—交通—能源集成模型，来刻画城市尺度下的中长期交通能耗和排放路径，并以常州市为例进行了数值计算，设置了四类情景来评价不同政策的节能减排潜力。模拟结果显示，速度管制、共享出行、电动汽车三类政策均在一定程度上改变了出行方式和能源技术结构，尤其电动汽车情景中的化石燃料消费将大幅度为电力消费所代替。此外，外生政策冲击带来的影响在空间上也有所差异，速度管制和电动汽车情景下的中心城区为碳排放强度下降的主要区域，而共享出行情景中的郊区和外围区域则拥有较高的减排潜力。该集成模型通过模拟家庭和企业主体的各种决策行为，来反映城市系统中土地利用、交通和能源系统之间的相互作用关系，不仅可以为低碳城市发展的政策评价提供工具支撑，也有助于丰富能源—经济—环境（3E）模型体系的完善，推动国内城市模型与能源模型一体化的发展和应用。

关键词 集成模型；交通能耗；碳排放；政策情景；数值模拟

作者简介
张润森（通讯作者）、张峻屹，广岛大学先进理工系科学研究科；
吴文超，日本国立环境研究所；
姜影，大连理工大学建设工程学部。

potential of different policies. Results show that policies on speed regulation, shared travel service, and electric vehicle all to some extent have changed trip modes and energy technology structures. In particular, fossil fuel consumption in the scenario of electric vehicle would be replaced by a large margin by electricity consumption. Moreover, the impacts of exogenous policy shocks vary spatially across zones. In speed regulation and electric vehicle scenarios, decline of carbon emission intensity is mainly shown in the central city area, while in shared mobility scenario suburban and peripheral areas shows higher emission reduction capacity. This integrated model represents the interaction of land-use, transport, and energy system by simulating various decision behaviors of families and enterprises. It can not only provide a tool for policy evaluation of low-carbon urban development but also contribute to the improvement of the Energy-Economy-Environment (3E) Model and promote the integration of urban model and energy model and its application.

Keywords integrated model; transport energy consumption; carbon emission; policy scenario; numerical simulation

1 引言

过去的一个世纪以来，伴随着能源消耗的人类活动致使全球气候系统正发生着前所未有的急剧变化。城市是高能耗和高碳排放的集中地，2013 年全球城市贡献了 64% 的能源消耗和 70% 的温室气体排放（顾朝林等，2009a；IEA，2016）。同时，低能耗和低碳排放也是社会经济转型过程中中国城市发展的必要选择（顾朝林等，2009b）。交通部门是城市中温室气体排放增长最快的部门，且其增长速度呈现持续上升趋势（IEA，2009；Creutzig et al.，2015）。随着中国城市化和工业化进程的加快，私人小汽车拥有量将面临大幅增长，这将极大推动交通部门的能源消费，加大节能减排的难度（Ou et al.，2010；Gambhir et al.，2015）。因此，为了促进我国加快能源转型和温室气体减排，实现清洁低碳可持续发展目标，亟须识别城市交通的能源消费和排放路径，提出相应的减排政策与措施。

随着减缓气候变化和温室气体排放成为全球环境变化研究的热点，能源—经济—环境（Energy-Economy-Environment，3E）系统综合评价模型提供了一个对能源生产和消费过程中温室气体排放进行有效测算的工具支撑，并发展了"自下而上"（bottom-up）型、"自上而下"（top-down）型及混合型三类 3E 模型（魏一鸣等，2005）。"自下而上"模型是基于工程视角的系统优化模型，典型的有 MARKAL，MESSAGE，AIM/Enduse 等，以寻求费用最小的混合技术为目标，满足特定的能源服务需求，适合于能源供需预测以及能源技术选择策略研究（Gritsevskyi et al.，2000；Naughten，2003；Akashi et al.，2012）。"自上而下"模型则以源于瓦尔拉斯一般均衡理论的可计算一般均衡模型为代表，适用于能源宏观经济分析和能源政策的制定（Fujimori et al.，2014）。国内外不少 3E 模型对交通部门能源消费和温室气体排放进行了研究，在全球或者国家尺度分析了影响交通部门能源消费的因素并对未来的排放路径进行了预测（Girod et al.，2013；Edelenbosch et al.，

2017；Zhang et al.，2018a）。3E 模型虽然擅长描绘全球和国家尺度的能源—经济—环境系统并分析减排策略对气候变化的影响，对于交通部门的刻画往往基于国家层面交通出行需求总量和宏观经济指标的统计关系，而无法构建交通系统对于城市发展、空间选址和土地利用等子系统的响应，也无法模拟城市政策对交通能耗和排放影响的空间差异。

城市空间是一个复杂的非线性系统，城市交通与土地利用之间的互动反馈关系成为城市规划和交通工程领域的研究热点（郑思齐等，2010）。从 1964 年的 Lowry 模型开始，陆续涌现出如 ITLUP，MEPLAN，TRANUS，MUSSA，NYMTC-LUM，UrbanSim 等一系列的土地利用—交通相互作用模型（Alonso，1964；Hunt et al.，2005；Kakaraparthi et al.，2010），为模拟城市空间格局演化和城市政策评价提供了有力工具。相对于 3E 模型而言，城市土地利用—交通相互作用模型能够描绘土地利用与交通的互动机理，并借助 GIS 和 RS 等空间分析技术，揭示城市空间结构的演化趋势，以服务于城市一体化规划与管理。虽然碳排放问题也逐渐开始为土地利用与交通研究所关注（潘海啸，2010；赵荣钦等，2012），但是相对而言简化了能源服务需求、能源技术选择、温室气体及污染物排放等要素在城市系统中的表达。鉴于识别城市交通能耗路径和低碳发展举措的现实需求，本文基于土地利用—交通相互作用的理论框架，耦合能源系统构建城市土地利用—交通—能源集成模型，不仅在一定程度上细化了 3E 模型对于交通能源系统的表达，也可以捕捉城市尺度下交通能源消费和碳排放的中长期路径，并以常州市为例模拟能源需求和温室气体排放对外生政策的响应特征及规律，旨在为中国城市进行低碳发展管理提供研究方法及政策参考。

2 模型构建

2.1 模型框架

本文基于可计算城市经济模型（Ueda et al.，2013；Zhang et al.，2017）的框架，来表达土地利用、交通和能源系统之间的互动关系，遵循消费者效用最大化和生产者利润最大化原则，在资源和预算约束下刻画家庭和企业主体的决策行为，即通过一组具有约束条件的优化方程来描述城市系统的局部均衡状态，对家庭和企业主体的空间选址以及交通行为进行仿真。模型框架如图 1 所示，家庭效用最大化和企业利润最大化决定了人口、劳动力分布以及城市土地利用格局，也决定了交通出行需求的空间格局。同时，交通模型与能源模型计算得出的广义交通费用又反过来影响家庭和企业选址的空间决策，如此循环、相互作用以达到均衡状态。城市土地利用—交通—能源集成模型由家庭选址模型、企业选址模型、交通模型、能源模型、土地利用均衡模型五个部分组成。以下将讨论各个部分的具体实现。

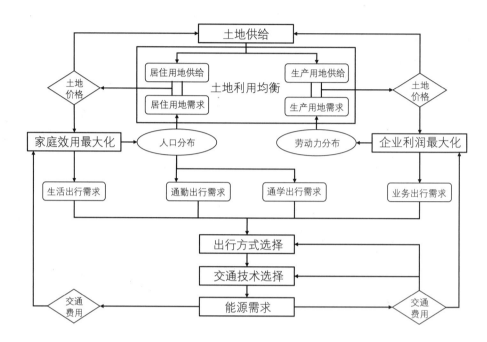

图 1　模型框架

2.2　家庭选址模型

家庭选址模型用于描述家庭主体的居住区位空间决策，计算各个区域的人口数量、居住用地和生活出行需求。家庭主体的空间区位选择由其效用决定，包括商品或者服务、住宅面积以及生活出行需求的消费。可以基于家庭预算约束下的效用最大化推导三类消费品的需求量，家庭效用、预算约束、商品或服务、住宅面积和出行需求的消费量以及间接效用函数如公式（1）～（6）所示。

$$U_i = \max_{Z_i, Q_i^R, F_i^P} \left(\alpha \ln Z_i + \beta \ln Q_i^R + \gamma \ln F_i^P \right) \tag{1}$$

$$\text{s.t.} \quad Z_i + r_i^R Q_i^R + p_i^P F_i^P = w_i T - p_i^C F_i^C - p_i^S F_i^S \tag{2}$$

$$Z_i = \alpha \left(w_i T - p_i^C F_i^C - p_i^S F_i^S \right) \tag{3}$$

$$Q_i^R = \frac{\beta}{r_i^R} \left(w_i T - p_i^C F_i^C - p_i^S F_i^S \right) \tag{4}$$

$$F_i^P = \frac{\gamma}{p_i^P} \left(w_i T - p_i^C F_i^C - p_i^S F_i^S \right) \tag{5}$$

$$V_i = \ln \left(w_i T - p_i^C F_i^C - p_i^S F_i^S \right) - \beta \ln r_i^R - \gamma \ln p_i^P + \alpha \ln \alpha + \beta \ln \beta + \gamma \ln \gamma \tag{6}$$

式（1）～（6）中，U_i 是居住在区域 i 的家庭效用；Z_i，Q_i^R，F_i^P 分别表示商品或服务需求、居住用地需求、生活出行需求；α，β，γ 为权重，且 $\alpha+\beta+\gamma=1$；r_i^R 和 w_i 为区域 i 的居住用地价格和工资率；T 为总可利用时间；P_i^P，P_I^C，P_i^S 分别表示区域 i 的生活、通勤、通学三种不同出行目的的广义交通费用；V_i 为间接效用。

家庭主体通过比较所有区域的间接效用来决定最佳的居住空间区位，本文使用离散选择模型来定义家庭主体在城市空间上的选址概率。

$$P_i^H = \frac{exp\left(\theta^H V_i + e_i^H\right)}{\sum_i exp\left(\theta^H V_i + e_i^H\right)} \tag{7}$$

式（7）中，P_i^H 为家庭主体选择区域 i 的概率；e_i^H 为表征区域固有特性的参数。

2.3 企业选址模型

企业选址模型用于确定生产行为在城市空间上的分布，进而计算各区域的劳动力数量、生产用地和业务出行需求。可以使用土地和交通出行两类投入的柯布道格拉斯生产函数来描述企业的生产行为，假设利润最大化，推导得出生产用地和业务出行需求的要素需求函数。企业主体则通过比较各区域的利润来选择最佳的经济活动区位，与家庭选址模型形式类似，使用基于利润的离散选择模型来定义企业主体的空间选址概率。利润函数、生产函数、要素需求函数、企业选址的离散选择模型如公式（8）～（12）所示。

$$\Pi_i = \max_{Q_i^B, F_i^B}\left(X_i - r_i^B Q_i^B - p_i^B F_i^B\right) \tag{8}$$

$$\text{s.t.} \quad X_i = \eta_i\left(Q_i^B\right)^\delta \left(F_i^B\right)^\mu \tag{9}$$

$$Q_i^B = \left[\frac{1}{\eta_i}\left(\frac{r_i^B}{\delta}\right)^{1-\mu}\left(\frac{\mu}{p_i^B}\right)^{-\mu}\right]^{\frac{1}{\delta+\mu-1}} \tag{10}$$

$$F_i^B = \left[\frac{1}{\eta_i}\left(\frac{p_i^B}{\mu}\right)^{1-\delta}\left(\frac{\delta}{r_i^B}\right)^{-\delta}\right]^{\frac{1}{\delta+\mu-1}} \tag{11}$$

$$P_i^B = \frac{exp\left(\theta^B \Pi_i + e_i^B\right)}{\sum_i exp\left(\theta^B \Pi_i + e_i^B\right)} \tag{12}$$

式（8）～（12）中，Π_i 和 X_i 为企业的利润及总产出；Q_i^B 和 F_i^B 分别为生产用地和业务出行投入；r_i^B 和 P_i^B 为生产用地价格和业务出行的广义交通费用；η，δ，μ 为生产函数系数；P_i^B 为企业主体选择区域 i 的概率；e_i^B 为表征区域固有特性的参数。

2.4 交通模型

交通模型涉及各区域交通量的生成、方式划分以及交通能源技术选择。本文考虑通勤、通学、业务、生活四类交通出行目的。生活和业务出行交通量可以通过公式（5）和（11）中的人均出行需求与区域人口计算得出，而通勤与通学出行需求则不是构成效用函数或生产函数的要素，可以直接由人均通勤与通学出行需求及区域人口数确定。其中，人均出行需求由出行调查数据外生给定，各区域 i 的人口数量则由模型内生确定。设 NE 和 NP 为城市空间的总人口和总劳动力，四类出行目的的交通需求量 TD 可以表达为人口或劳动力空间分布量与人均出行需求的函数。

$$TD_i^B = NE \times P_i^B \times F_i^B \tag{13}$$

$$TD_i^P = NP \times P_i^H \times F_i^P \tag{14}$$

$$TD_i^C = NP \times P_i^H \times F_i^C \tag{15}$$

$$TD_i^S = NP \times P_i^H \times F_i^S \tag{16}$$

交通出行方式包括步行、自行车、摩托车、私人小汽车、公共交通，对于摩托车、私人小汽车、公共交通三类机动车出行方式，出行者还面临着在不同交通能源技术类型譬如燃油车和电动车之间的选择。与空间选址模型相似，可以使用离散选择模型来根据广义交通费用计算出行方式划分和技术选择的概率。家庭效用函数和企业生产函数中的广义交通费用可以根据公式（21）中的出行方式划分概率与交通成本求出，反映了空间选址行为、交通行为以及能源技术选择的耦合和相互影响。

$$S_{i,p,m}^{MODE} = \frac{exp\left(\theta_p C_{i,m}^{MODE} + \varepsilon_{i,p,m}\right)}{\sum_m exp\left(\theta_p C_{i,m}^{MODE} + \varepsilon_{i,p,m}\right)} \tag{17}$$

$$S_{i,p,m,t}^{TECH} = \frac{exp\left(\theta_{p,m} C_{i,m,t}^{TECH} + \varepsilon_{i,p,m,t}\right)}{\sum_t exp\left(\theta_{p,m} C_{i,m,t}^{TECH} + \varepsilon_{i,p,m,t}\right)} \tag{18}$$

$$C_{i,p,m,t}^{TECH} = c_{i,m,t}^{device} + c_{i,m,t}^{fuel} + c_{i,m,t}^{time} \tag{19}$$

$$C_{i,p,m}^{MODE} = \sum_t S_{i,p,m,t}^{TECH} C_{i,p,m,t}^{TECH} \tag{20}$$

$$p_{i,p} = \sum_m S_{i,p,m}^{MODE} C_{i,p,m}^{MODE} \tag{21}$$

式（17）～（21）中，$S_{i,p,m}^{MODE}$ 为区域 i、出行目的 p、出行方式 m 的选择概率；$S_{i,p,m,t}^{TECH}$ 为出行方式 m 对应相应技术类型 t 的选择概率；$C_{i,p,m}^{MODE}$ 和 $C_{i,p,m,t}^{TECH}$ 分别为出行方式 m 和技术类型 t 的广义交通费用；广义交通费用由车辆设备费用 $c_{i,m,t}^{device}$、能源费用 $c_{i,m,t}^{fuel}$、时间费用 $c_{i,m,t}^{time}$ 构成；$p_{i,p}$ 为不同出行目的的广义交通费用。

2.5 能源模型

本文采用德国道路交通研究协会的交通能耗方程（Tscharaktschiew et al., 2010）来计算交通出行的能源消费量，不同出行方式和交通能源技术类型的能耗量可以表达为出行时间的非线性方程，各交通工具的出行时间则基于摩托车、私人小汽车、公共交通的速度算出。出行者选择出行方式 m、技术 t 在单位距离上的能耗量 E 如式（22）：

$$E_{i,m,t} = \frac{e_{i,m,t}\left[e_1 + e_2\left(\dfrac{1}{t_{i,m,t}}\right) + e_3 t_{i,m,t}\right]}{f_{i,m}} \tag{22}$$

式（22）中，$e_{i,m,t}$ 为校准不同交通工具和技术类型能耗量的外生参数；e_1、e_2、e_3 为用来评价交通能耗量的给定参数；$t_{i,m,t}$ 为出行时间；$f_{i,m}$ 为交通工具的载荷系数。公式（19）中的能源费用可以使用外生设定的能源价格和公式（22）中的能耗量计算得出。

2.6　土地利用均衡模型

将上述的空间选址和交通行为等纳入到一个土地利用均衡的框架之中，使得城市空间下土地供需达到一个均衡状态，家庭和企业主体的消费、生产、空间选址决策、交通出行等均在每个区域空间上被内生决定，且同时决定了每个区域的土地价格、人口与劳动力分布、土地利用格局、交通分布、出行方式划分、能源技术选择以及能耗量。假设在区域 i 存在一个土地市场，在土地供给者利润最大化情况下的土地供给量可以表达为：

$$y_i^R = \left(1 - \frac{\sigma_i^R}{r_i^R}\right) Y_i^R \tag{23}$$

$$y_i^B = \left(1 - \frac{\sigma_i^B}{r_i^B}\right) Y_i^B \tag{24}$$

式（23）和（24）中，y_i^R 和 y_i^B 为居住用地和生产用地的供给量；Y_i^R 和 Y_i^B 为可以利用土地面积；σ_i^R 和 σ_i^B 为校准参数。基于此，各区域的土地利用供需平衡条件如下：

$$NP \times P_i^H \times Q_i^R = y_i^R \tag{25}$$

$$NE \times P_i^B \times Q_i^B = y_i^B \tag{26}$$

该模型尝试表达土地利用、交通和能源的相互作用过程，交通系统通过广义交通费用影响空间选址即土地利用格局，而土地利用通过社会经济活动分布反过来影响交通系统。此外，交通系统同时还受到能源技术类型的影响，三者循环作用以达到平衡状态。均衡状态的数学表达可以定义为求解一个非线性方程组，在内生变量和方程数目庞大的情况下，可以使用数值计算方法求得均衡解。

3　数值模拟

3.1　研究区域与数据

本文以江苏常州市为案例区域。常州市地处长江三角洲沿海经济开发区，位于江苏省南部，沪宁线中段，北邻长江，南接太湖。作为我国经济基础最好、生产力最为发达的长三角城市群的典型城市之一，随着常州市近年来城市化进程的加快，交通枢纽型城市地位的提升，以及小汽车拥有率水平的显著提高，城市交通系统对能源需求的增长迅速。同时，交通部门对化石燃料的高度依赖也带来了温室气体排放、环境污染和资源消耗加剧等问题，给区域社会经济与环境的健康发展带来了严峻的挑战。本文按照 2008 年常州市居民个人出行综合调查所覆盖的核心城区范围，将常州市主要建成区划分为六个地带，依次为核心地带、中心地带、高速环地带、新龙新港地带、武南地带以及外围乡镇地带，六个地带又进一步分为 438 个区域。

模型以 2008 年作为基准年进行参数估计和标定，基于 438 个区域的人口、劳动力、经济、土地利用、交通出行等实证数据来校准模型参数，使得标定后的模型能够对基准年进行再现，即基准年各区域的选址概率、用地需求、交通出行需求、方式划分等模拟结果与实际数据相吻合。438 个区域的社会经济与交通出行数据来自常州市 2008 年居民个人出行调查，土地利用数据则主要来源于 2008 年常州市土地利用现状图。家庭主体效用函数和企业主体生产函数中的参数通过计量经济方法估计，空间选址、出行方式划分和能源技术选择的离散选择模型使用极大似然法估计，其他参数如空间选址的固有特性等则通过校准方法标定，关于参数设定方法和模型校准过程详见常州市城市经济模型研究（Zhang et al., 2017）。公式（22）中的能源模型参数根据相关研究进行设定（Tscharaktschiew et al., 2010）。此外，模型的外生变量还包括城市总人口、总劳动力等，可以根据常州市的社会经济统计数据进行设定；与交通技术选择相关的外生变量如车辆设备费用、能源费价格、速度与出行时间等则根据全球交通能源模型（Zhang et al., 2018b）中的数据进行设定。

3.2　情景设定

为了描绘 2008～2050 年的中长期交通能耗和排放路径以及未来低碳城市发展的可能性，本文在 2008 年基准年模拟的基础上，设置了四类不同的情景，来模拟外生政策冲击所带来的一系列时空变化。①基准情景：以城市既有的经济发展、人口增长、城市化进程以及能源技术进步为驱动因素，不采取任何外生政策和应对措施，保持城市发展惯性的情景。②速度管制情景：在基准情景的基础上，考虑城市对小汽车采取限速以及进一步优化公共交通系统，小汽车和公共交通的速度至 2050 年分别下降和提升 20%。③共享出行情景：在基准情景的基础上，考虑共享出行模式的推广，使得到 2050 年小汽车的平均载客率增长一倍。④电动汽车情景：在基准情景的基础上，以纯电驱动为新能源汽车发展和汽车工业转型的主要战略取向，根据国家新能源汽车产业发展规划的总体目标，纯电动汽车的市场占有率至 2050 年达到 50%。关于未来年份的外生变量和参数设定，人口和经济数据根据共享社会经济路径(Shared Socioeconomic Pathways, SSPs)中 2009～2050 年的预测值进行设定(Fricko et al., 2017)，土地利用数据依据常州市土地利用总体规划目标设定各模拟年份的可利用建设用地面积，三类交通政策情景中小汽车和公共交通的速度、小汽车载荷系数以及电动汽车占有率则依据基准年的数值和 2050 年的目标值对 2008～2050 年的各年份进行线性内插得出。

3.3 结果分析

3.3.1 2050 年基准情景预测

利用该城市集成模型可以预测 2050 年的人口、经济活动、交通出行以及能耗的空间格局。常州市 2050 年人口分布预测情况如图 2a 所示，2050 年的大部分人口依然分布于核心和中心地带的主城区，因为主城区的被开发程度较高，聚集了大量的人口和经济活动；同样，图 2b 中的交通出行需求量的空间格局也与人口分布一致，反映出中心主城区具有较高的交通出行密度。图 2c 和 2d 反映了城市交通出行方式分担率的空间格局。公共交通分担率高于 60%的区域基本都位于核心和中心地带，而小汽车分担率表现出相反的空间分布，主城区的小汽车分担率低于郊区和外围乡镇地带的分担率。形成出行方式的"中心—外围"空间规律的原因在于，中心主城区完备的公共交通系统引致了较高的公共交通出行，而郊区的长距离出行则更加依赖于小汽车。由于人口与出行需求密度的空间分布差异，图 2e 和 2f 中的交通能源消费量和碳排放量密度也呈现出相似的"中心—外围"空间规律，中心城区的能耗和排放密度明显高于其他周围地区。

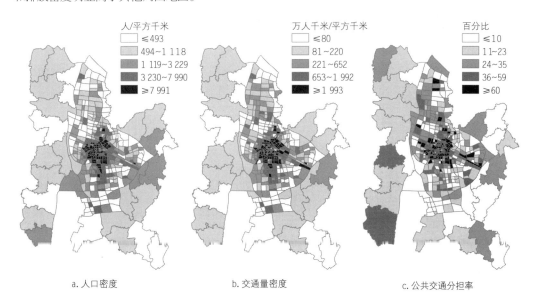

人/平方千米
≤493
494~1 118
1 119~3 229
3 230~7 990
≥7 991

万人千米/平方千米
≤80
81~220
221~652
653~1 992
≥1 993

百分比
≤10
11~23
24~35
36~59
≥60

a. 人口密度　　　　　　　　　b. 交通量密度　　　　　　　　c. 公共交通分担率

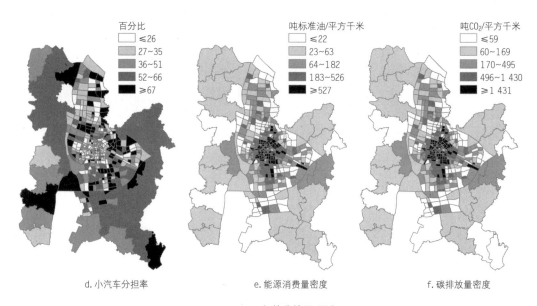

d. 小汽车分担率　　　　　　　e. 能源消费量密度　　　　　　　f. 碳排放量密度

图2　2050年基准情景预测

注：图中的边界为交通综合调查中所设定的438个交通小区的调查边界。

3.3.2　交通能耗的中长期路径

常州市2008~2050年的交通出行需求如图3所示。在基准情景中，由于经济发展、城市化和人口变化，交通出行总需求从2008年的31亿人千米上升至2050年的55亿人千米，且在不采取任何外生政策的基准情景中，小汽车出行占最大比重。交通出行需求受人口增长、经济发展、土地利用、出行方式、技术进步等因子驱动，由于基准情景中的出行方式和交通技术在没有外生政策冲击的情况下没有显著变化，交通需求的变化则主要受到未来人口及经济增长路径的影响。根据SSPs中的预测值，常州市未来人口变化呈现先升后降的趋势，因此，交通需求也表现出相似的

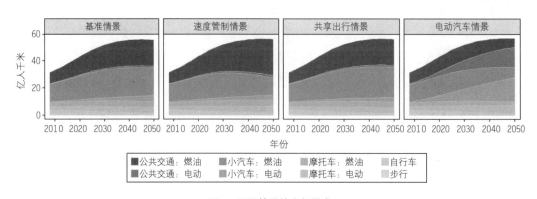

图3　不同情景的出行需求

变化路径。从能源技术类型上来看，由于技术发展带来的电池成本和车辆成本的下降以及能源价格的比较优势，电动汽车占小汽车出行需求的比例到2050年上升至18%。速度管制情景则显著改变了出行方式的结构，公共交通的出行需求量在2050年由基准情景中的21亿人千米增长至29亿人千米，而小汽车的出行需求量则由基准情景中的25亿人千米降至16亿人千米。共享出行情景中的小汽车出行量略有上升，原因在于共享出行模式的推广在一定程度上降低了小汽车出行的交通成本。电动汽车情景则存在显著的交通能源技术结构变化，电动车技术在三种机动化出行模式中均有显著的增加。

　　交通能耗量和结构在不同情景也表现出显著差异（图4）。基准情景中交通总能耗从2008年的9万吨标准油增长至2050年的16万吨标准油，且燃油车占压倒性的比例。速度管制情景中的公交能耗略有上升而小汽车能耗略有下降，原因在于速度管制使得更多人利用公共交通来代替小汽车出行。共享出行通过降低人均出行的能源强度来使得能耗量下降，2050年的小汽车能耗从基准情景的11万吨标准油降至6万吨标准油。由于电动汽车情景带来的技术进步，能耗结构发生了极大变化，电动汽车情景中的电力需求代替化石燃料使用而逐渐增加。四类情景中的交通能源需求均呈现先升后降的特点，与交通出行需求的变化趋势一致，也主要受到常州市未来人口增长路径的影响，且速度管制、共享出行以及电动汽车政策的施行会加速交通能源需求更快地进入到下降阶段。

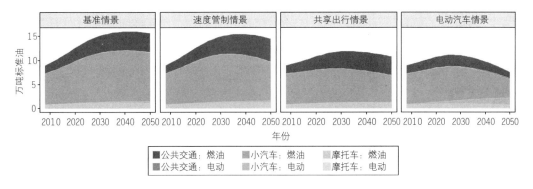

图4　不同情景的交通能源消费需求

　　城市中长期交通排放路径如图5a所示。基准情景中，碳排放总量从2008年的25万吨增加至2050年的42万吨。速度管制情景可以在一定程度上降低碳排放量，2050年从基准情景的42万吨降低至39万吨。共享出行情景中，碳排放变化路径更加缓和，由于共享出行模式的推广，2008~2030年缓慢增加，2030~2050年碳排放量有所下降。电动汽车情景表现出最为显著的碳减排潜力，2050年降低至16万吨，甚至低于2008基准年的排放值，可以看出，电动汽车政策可以将碳排放与出行需求增长进行脱钩。图5b反映了2050年六个地带不同情景下的碳排放强度，用来衡量单位交通出行需求下的碳排放量。不同情景的碳排放强度在六个地带均表现出与碳排放路径相同的变化规律。然而同一情景下，碳排放强度在不同地带表现出一定的空间差异。在基准情景、速度管制情景、电动汽车情景中，中心城区的碳排放强度低于其他地带，然而共享出行情景表现出相反的空间差异，反映出共享出行模式有利于郊区碳排放强度的下降。

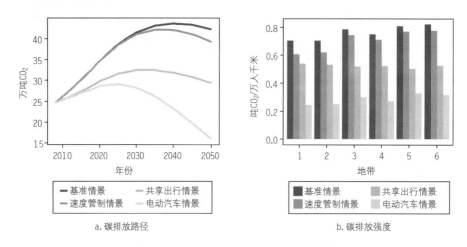

图 5　不同情景的碳排放路径以及碳排放强度

3.3.3　政策冲击和影响的空间差异

不同情景中 2050 年人口以及碳排放强度相对基准情景变化率的空间分布格局如图 6 所示。图 6a～6c 分别是相对于基准情景，速度管制情景、共享出行情景、电动汽车情景中每个区域的人口变化百分比。速度管制情景中，越来越多的人口趋向于核心和中心地带，郊区和外围乡镇的人口则有所减少。共享出行情景则表现出相反的人口分布趋势，核心地带、中心地带、高速环地带和新龙新港地带的人口均有所减少，而人口流向武南地带和外围乡镇地带。电动汽车情景显示与共享出行情景相似的人口变化格局，且高速环地带的人口流出比核心和中心地带更加显著。图 6d～6f 分别是相对于基准情景，速度管制情景、共享出行情景、电动汽车情景中每个区域的碳排放强度变化百分比。速度管制带来的碳排放强度降低主要发生在中心城区，郊区和外围乡镇区域的碳排放强度甚至还有所上升。与速度管制情景中碳排放强度变化的显著空间差异相比，共享出行情景和电动汽车情景中的碳排放强度在所有区域均有所下降。电动汽车情景中的中心地带和北部的新龙新港地带具有较为显著的减排潜力，而中心地带的碳排放强度下降比例在共享出行情景中则最不显著，反映了不同政策设定在空间上具有不同的冲击和影响。

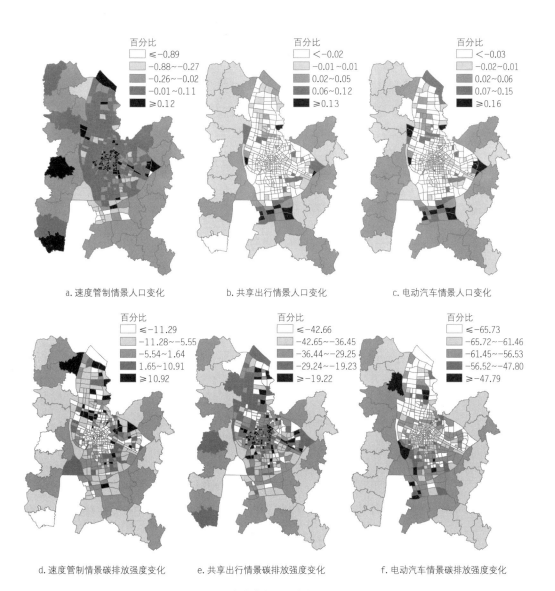

a. 速度管制情景人口变化　　　　b. 共享出行情景人口变化　　　　c. 电动汽车情景人口变化

d. 速度管制情景碳排放强度变化　　e. 共享出行情景碳排放强度变化　　f. 电动汽车情景碳排放强度变化

图 6　政策冲击和影响的空间差异

注：图中的边界为交通综合调查中所设定的 438 个交通小区的调查边界。

4 讨论与结论

4.1 模型的对比与启示

3E 模型在能源及气候变化领域有着广泛的应用，但是对交通部门的研究主要从国家或全球层面将交通运输需求定义为人口和经济指标的函数，使用指数函数、Logistic 或 Gompertz 生长曲线等统计方法来描述交通需求与社会经济要素之间的定量关系（Kyle et al.，2011；Peng et al.，2018；Zhang et al.，2018a），采用集计模型的思路预测交通能耗路径以及减排潜力。由于其仅从人口和经济发展方面来预测交通量变化，并在一定程度上简化了交通出行的目的和方式等要素，难以从城市各主体的角度揭示影响能源消费的因子，无法表达交通系统对空间选址及土地利用的相互作用机制。虽然 3E 模型擅长于在全球和国家尺度上探讨能源政策与减排措施，但是很难适用于城市尺度，也无法进行能耗和碳排放的时空格局模拟。

耦合能源系统的城市集成模型以土地利用—交通相互作用为出发点，从行为主体的视角估算交通出行需求，不仅考虑不同的出行目的、出行方式和能源技术类型，也将交通出行与空间选址决策和土地利用均衡连接起来模拟交通能耗的路径及空间演化过程，一定意义上对宏观尺度的 3E 模型进行了补充，提供了细化 3E 模型中交通部门的表达手段、构建思路和参数标定方法。因此，本文的政策模拟和评价可以得到宏观 3E 模型无法分析的结果，譬如尽管中心城区的交通能耗和碳排放密度远高于其他地区，但是其碳排放强度值则较低，且在速度管制和电动汽车的政策冲击下会持续降低。此外，不同政策所引起的人口、劳动力、土地利用等社会经济指标在各区域的变化差异也无法通过传统模型计算得出。

城市交通需求的日益增加和降低交通能耗之间的矛盾，成为制约我国城市可持续发展的主要"瓶颈"，城市交通系统的节能减排已成为规划和建设低碳城市的重要方向，而作为长三角都市圈的中心城市之一，在经济的蓬勃发展、城市化以及工业化进程加快的背景下，常州市也面临着交通出行需求持续上升，交通能耗和排放不断增加，温室气体排放和城市环境污染加剧的严峻挑战，因此，常州市的案例研究给中国低碳城市规划与发展提供了综合视野和有益借鉴。本文在考虑土地利用—交通—能源相互作用的基础之上进行情景模拟的研究，结果显示，新能源汽车可以在能源技术革新的基础上显著降低交通工具对化石燃料的依赖，是实现绿色交通和低碳城市发展目标的最优化途径。此外，交通政策的实施效果存在显著的空间分异特征，且会造成人口分布与土地利用的空间变化，因此，在制定和评估低碳城市规划与方案时需要关注交通政策对城市空间结构演进的影响。

土地利用与交通相互作用模型由于较好地描述了城市空间的发展规律和演化机制，可以在其理论框架下开发城市集成模型，成为城市规划和政策评价的重要支持工具。本文提出的模型框架，一方面为城市集成仿真模型的开发提供理论基础；另一方面提供了可以广泛应用于其他城市的数值模拟平台，根据不同的案例设置空间分区和相关参数，基于案例城市人口、社会经济、土地利用以及交通出行等方面在基准年的数据，进行模型校准实现集成模型的收敛，使得模型可以较好地拟合现实数据并进行情景预测和政策评价。本文将能源系统纳入土地利用—交通相互作用的研究框架中，对加强跨学科、跨专业的交叉融合与协作具有重要意义。一方面，作为一种典型的定量研究方法，城市模型是城市规划、交通规划、地理学、区域经济学等学科对复杂城市系统量化分析和模拟的重要技术手段，将其与能源及气候变化领域相结合，有助于城市与区域规划学科的内涵深化和外延扩展；另一方面，也为城市模型融入能源研究和气候变化学科形成新的方法论提供了有益的尝试，城市与区域规划学科可以为识别低碳发展路径和探索气候变化减缓策略提供定量分析方法与建模技术。

4.2 模型的限制与改进

虽然相对于传统的 3E 模型而言，城市集成模型刻画了家庭和企业主体的消费、生产、空间选址、交通等行为，但是囿于可获得数据的限制简化了参数标定，假设家庭和企业主体具有同质性，并没有对其按照行业、教育水平、生产类型等进行分类，一定程度上降低了模型对现实城市系统的还原和拟合优度。家庭主体空间选址决策的效用函数中考虑了商品、居住用地以及交通服务的消费，而实际上居住区位的选择涉及更多的影响要素，譬如舒适度、区域自然环境等，因此，在效用函数中纳入更多的因子是模型改进的方向之一。此外，生产函数也未涉及资本投入等其他生产要素。本文所构建的集成模型为仅考虑土地市场的局部均衡模型，虽然纳入商品市场和劳动力市场的一般均衡模型也是构建城市集成模型的选项之一，当空间分区分辨率增高的同时，采用一般均衡模型进行建模不仅面临着收集数据的难题，模型校准的难度也将大大增加。由于城市集成模型由大量非线性方程组构成，除了少数的模型参数使用计量经济方法估计以外，大部分参数是通过模型校准标定出来的，一定程度上缺少统计意义，因此，模型未来的改进方向还包括如何与大数据分析和机器学习结合，对传统计量经济方法无法估计的参数进行标定。

能源技术类型在本文的案例分析中进行了简化，尽管本文的模型框架可以设定多种能源技术类型，但由于很难获取常州市 438 个分区的技术数据，所以只考虑了燃油车和电动车两类能源技术类型，而实际上可以基于欧洲汽车废气排放标准对车辆技术进行更细致的划分，以及考虑混合动力汽车、插电式混合动力汽车、燃料电池汽车等，并考虑多种能源类型，譬如氢燃料、天然气、生物能源等。虽然面临着数据获取的难题，能源技术的细化可以更好地预测未来的能耗路径以及政策冲击对能源结构的影响。总体而言，该集成模型尝试融合城市规划、交通规划以及能源与气候变化的跨学科研究，着重于表达城市子系统的相互作用关系，对于某一个方面的刻画可能相对不足，这也是传统 3E 综合系统模型存在的问题，未来有必要吸收更多的来自城市规划、交通工程、能源系统工程等学科的理论和方法，在变量选择和参数标定方面不断完善模型，丰富并推动国内低碳城市建模技术的发展及应用。

致谢

本文受日本 JSPS 科研费（若手研究，Assessing the contribution of transport electrification to climate change mitigation: an integrated modeling methodology，19K20507）资助；此外，常州市规划局和日本中央复建工程咨询株式会社对模型开发提供了数据支持，特此鸣谢。

参考文献

[1] AKASHI O, HANAOKA T. Technological feasibility and costs of achieving a 50% reduction of global GHG emissions by 2050: mid-and long-term perspectives[J]. Sustainability Science, 2012, 7(2): 139-156.

[2] ALONSO W. Location and land use [M]. Cambridge, Harvard University Press, 1964.

[3] CREUTZIG F, JOCHEM P, EDELENBOSCH O Y, et al. Transport: a roadblock to climate change mitigation?[J] Science, 2015, 350(6263): 911-912.

[4] EDELENBOSCH O Y, MCCOLLUM D L, VAN VUUREN D P, et al. Decomposing passenger transport futures: comparing results of global integrated assessment models[J]. Transportation Research Part D: Transport and Environment, 2017, 55: 281-293.

[5] FRICKO O, HAVLIK P, ROGELJ J, et al. The marker quantification of the shared socioeconomic pathway 2: a middle-of-the-road scenario for the 21st century[J]. Global Environmental Change, 2017, 42: 251-267.

[6] FUJIMORI S, MASUI T, MATSUOKA Y. Development of a global computable general equilibrium model coupled with detailed energy end-use technology[J]. Applied Energy, 2014, 128: 296-306.

[7] GAMBHIR A, TSE L K C, TONG D, et al. Reducing China's road transport sector CO_2 emissions to 2050: technologies, costs and decomposition analysis[J]. Applied Energy, 2015, 157: 905-917.

[8] GIROD B, VAN VUUREN D P, GRAHN M, et al. Climate impact of transportation: a model comparison[J]. Climatic Change, 2013, 118: 595-608.

[9] GRITSEVSKYI A, NAKICENOVI N. Modeling uncertainty of induced technological change[J]. Energy Policy, 2000, 28(13): 907-921.

[10] HUNT J D, KRIGER D S, MILLER E J. Current operational urban land-use-transport modelling frameworks: a review [J]. Transport Reviews, 2005, 25(3): 329-376.

[11] INTERNATIONAL ENERGY AGENCY (IEA). Transport, energy and CO_2: moving toward sustainability[M]. Paris: International Energy Agency, 2009.

[12] INTERNATIONAL ENERGY AGENCY (IEA). Energy technology perspectives 2016-towards sustainable urban energy systems[R]. Paris: International Energy Agency, 2016.

[13] KAKARAPARTHI S K, KOCKELMAN K M. Application of UrbanSim to the Austin, Texas, region: integrated-model forecasts for the year 2030[J]. Journal of Urban Planning and Development, 2010, 137(3): 238-247.

[14] KYLE P, KIM S H. Long-term implications of alternative light-duty vehicle technologies for global greenhouse gas emissions and primary energy demands[J]. Energy Policy, 2011, 39(5): 3012-3024.

[15] NAUGHTEN B. Economic assessment of combined cycle gas turbines in Australia: some effects of

microeconomic reform and technological change[J]. Energy Policy, 2003, 31(3): 225-245.

[16] OU X, ZHANG X, CHANG S. Scenario analysis on alternative fuel/vehicle for China's future road transport: life-cycle energy demand and GHG emissions[J]. Energy Policy, 2010, 38(8): 3943-3956.

[17] PENG T D, OU X M, YUAN Z Y, et al. Development and application of China provincial road transport energy demand and GHG emissions analysis model[J]. Applied Energy, 2018, 222: 313-328.

[18] TSCHARAKTSCHIEW S, HIRTE G. The drawbacks and opportunities of carbon charges in metropolitan areas–a spatial general equilibrium approach[J]. Ecological Economics, 2010, 70: 339-357.

[19] UEDA T, TSUTSUMI M, MUTO S, et al. Unified computable urban economic model [J]. The Annals of Regional Science, 2013, 50(1): 341-362.

[20] ZHANG R, FUJIMORI S, DAI H, et al. Contribution of the transport sector to climate change mitigation: insights from a global passenger transport model coupled with a computable general equilibrium model[J]. Applied Energy, 2018a, 211: 76-88.

[21] ZHANG R, FUJIMORI S, HANAOKA T. The contribution of transport policies to the mitigation potential and cost of 2 ℃ and 1.5 ℃ goals[J]. Environmental Research Letters, 2018b, 13: 054008.

[22] ZHANG R, MATSUSHIMA K, KOBAYASHI K. Computable urban economic model incorporated with economies of scale for urban agglomeration simulation[J]. The Annals of Regional Science, 2017, 59(1): 231-254.

[23] 顾朝林, 谭纵波, 韩春强. 气候变化与低碳城市规划[M]. 南京: 东南大学出版社, 2009a.

[24] 顾朝林, 谭纵波, 刘宛, 等. 气候变化、碳排放与低碳城市规划研究进展[J]. 城市规划学刊, 2009b (3): 38-45.

[25] 潘海啸. 面向低碳的城市空间结构——城市交通与土地使用的新模式[J]. 城市发展研究, 2010, 17(1): 40-45.

[26] 魏一鸣, 吴刚, 刘兰翠, 等. 能源—经济—环境复杂系统建模与应用进展[J]. 管理学报, 2005, 2(2): 159-170.

[27] 赵荣钦, 陈志刚, 黄贤金, 等. 南京大学土地利用碳排放研究进展[J]. 地理科学, 2012, 32(12): 1473-1480.

[28] 郑思齐, 霍燚, 张英杰, 等. 城市空间动态模型的研究进展与应用前景[J]. 城市问题, 2010(9): 25-30.

[欢迎引用]

张润森, 张峻屹, 吴文超, 等. 基于土地利用—交通—能源集成模型的城市交通低碳发展路径：以常州市为例 [J]. 城市与区域规划研究, 2020, 12(2): 57-73.

ZHANG R S, ZHANG J Y, WU W C, et al. Development paths for low-carbon urban transportation based on an integrated model of land use-transport-energy: a case study of Changzhou [J]. Journal of Urban and Regional Planning, 2020, 12(2): 57-73.

面向城市微气候系统的性能驱动多目标数字化设计方法

巫溢涵　詹庆明

A Multi-Objective Performance-Driven Digital Design Approach Towards Urban Microclimate System

WU Yihan，ZHAN Qingming
(School of Urban Design, Wuhan University, Wuhan 430072，China)

Abstract The study proposes a new urban design framework – multi-objective performance-driven digital design, which consists of parametric design model, performance evaluation model, surrogate model, multi-objective optimization model, multivariate sensitivity analysis model, and inverse design model, to generate optimal design alternatives that consider the non-linear and multi-objective nature of urban microclimate systems. The proposed design framework encompasses many innovative functionalities: it applies self-organized generative rules and a performance-driven method to enumerate and evaluate various urban configurations. And it optimizes different microclimate performances of a design plan by taking into account the synergies and trade-offs between them. The design framework's feasibility and validity were examined through a residential block development project that seeks to maximize its air ventilation capacities. Based on the research findings, the study also discusses some research questions relevant to urban microclimate system design, e.g., how to define the system boundary and how to deal with the system uncertainty issues. We believe answering these questions will help the further improvement of our methodology.

Keywords urban microclimate; urban morphology; parametric design; multi-objective optimization; digital urban design approach

摘　要 文章针对城市微气候系统的非线性和多目的性等复杂问题，提出包含参数化设计模型、性能表现评估模型、数值模拟替代模型、多目标优化决策模型、多变量敏感度分析模型和逆向求解模型的性能驱动多目标数字化设计方法。该方法具有自组织规则生成、性能表现驱动、多维设计空间平行求解等多重特征，并且充分考虑了城市微气候系统要素的关联与互动。文章通过利于通风的居住小区规划这一实证分析案例，展示了该技术框架的可行性和有效性；在此基础上提出城市微气候系统边界、微气候系统不确定性等问题，以期对该方法框架进行后续研究和深化。

关键词 城市微气候；城市形态；参数化设计；多目标优化；数字化城市设计方法

1　引言

自 2014 年 9 月国家发展改革委颁布《国家应对气候变化规划（2014～2020 年）》以来（国家发展和改革委员会，2014），与城市微气候相关的设计和研究在国内愈发引起关注。由于高密度建设直接改变了自然下垫面的属性和形态，进而影响了下垫面与大气的热交换模式，城市气候相较自然气候通常呈现出截然不同的特征，由此产生的负面影响包含热岛效应、强风、城市内涝等（Oke et al.，2017）。为适应气候变化，改善城市气候，国家发展改革委和住建部联合出台《城市适应气候变化行动方案》（2016）及《气候适应型城市建设试点工作方案》（2017）指出，要从城市规划布局，基础设施、建筑设计和改造，生态系统等方面

作者简介
巫溢涵、詹庆明（通讯作者），武汉大学城市设计学院。

着手维护和提升城市的微气候功能（国家发展和改革委员会、住房和城乡建设部，2016、2017）。

为回应上述要求，一些研究认为应当厘清城市形态与城市微气候的耦合关系（丁沃沃等，2012；杨俊宴等，2016；Wang et al.，2017），并在此基础上发展富有针对性的规划设计策略。然而，城市微气候分析涉及气象学、物理学等诸多学科，易对城市设计和规划专业背景的研究者形成知识壁垒，而当前城市设计理论对众多微气候特征的把握还有所欠缺，本文主要对以下两个问题进行延伸讨论。其一，下垫面形态和城市微气候指标具有复杂的多对多关系。例如对于建设项目，影响其室外温度的要素一般包含建筑形态、建筑密度、绿化率、植被属性等。而这些形态参数和特征又同时作用于日照时数、空气污染浓度等微气候指标。因此，第一个问题主要涉及如何在多维设计空间[1]中兼顾规划方案的多类微气候绩效。其二，城市微气候系统的初始条件与产出往往不呈线性关系（Oh et al.，2020），类似蝴蝶效应，初始条件的微小改变可能不断放大，最终导致系统输出的大幅震荡。举例来说，在风环境模拟中，建设项目设计参数的微小调整（例如道路走向的变化），将可能造成平均风速等指标的剧烈变化。综上，第二个问题主要围绕微气候系统中的非线性关系与传统规划理念的基本线性假设相违背这一矛盾展开。

面对城市微气候系统的复杂特性，一些学者主张采用自上而下、动态调整的去中心化方法，来回应上文提到的相关性、非线性、多目的性等问题（Shi et al.，2017；Taleb and Musleh，2015）。具体而言，该类方法一般借助元胞自动机（CA）、多智能体模型等生成理论来自行组织和探索城市形态，在此基础上，运用数值模拟工具对多种设计方案实现快速评估，最终在决策工具支持下遴选出符合期望的最优解决方案。

本文基于已有研究，引入替代模型和多参数敏感性分析工具，以分析形态参数与微气候指标之间的互动演变规律，同时将多目标优化工具纳入决策过程，从而建立对城市微气候系统更加全面的认知，最终达到将城市微气候系统设计流程化、数字化和自动化的目的。

2 方法与基本框架

在当前研究基础上，本文提出由性能驱动的多目标数字化设计（performance driven multi-objective digital design）方法，尝试进一步完善面向城市微气候系统的城市设计理论。该方法的主要步骤与特点如下：①使用参数化设计作为城市形态生成的自动找形工具，从而实现规划方案以自下而上的方式进行迭代演化；②利用仿真技术测算城市微气候系统绩效，实现对设计方案的评估；③在样本数据库基础上，使用替代模型对数值模拟结果进行简化，以压缩求解时间，同时利用随机森林算法鲁棒性、自适应与自学习特点对非线性微气候系统进行建模回归；④采用多目标优化算法同时对多个目标进行优化求解，以平衡互相冲突的性能指标；⑤利用多参数敏感性分析工具对设计参数敏感度进行分析，确定对目标贡献度较高的设计参数；⑥在逆向优化求解过程中，再次运用多目标优化工具，同时基于多参数敏感度分析结果，最终得到近似最优解的优化方案（图1）。下文分别对该设计框架步骤作详细介绍。

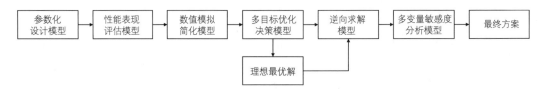

图 1　由性能驱动的多目标数字化设计方法框架

2.1　参数化设计模型（parametric design model）

选取参数化设计方法主要基于以下特征：参数化算法能够依据参数和约束设定在短时间内生成数种方案；参数化设计工具可将多层信息嵌套整合到一个复杂系统中，例如建筑信息系统的低层次模块可被组合到更高层次的单元中。参数化设计研究主要围绕"调研设计案例—建立参数原型—搜索解空间"这一范式展开（孙澄宇等，2017），其核心原则是从现实案例抽象出模型生成规则，如形式句法、元胞自动机、路径最优化算法等，然后利用穷举、进化等算法对方案进行迭代优化。值得学界关注的是，近年来，由人工智能支撑的人机交互设计系统极大推进了参数化设计的发展。例如，小库科技公司借助强化学习、生成对抗网络、卷积神经网络等深度学习算法，利用大量优秀案例，训练机器习得各种方案并可以在任意地块上进行住宅布局（搜狐网，2018）。而孙澄宇和宋小冬（2019）基于马尔科夫过程提出"一轴、二元、四要素"框架，极大改良了考虑日照约束的住区自动布局算法。不同参数化设计方法并无优劣之分，在设计过程中应该因地制宜地进行方法选择。例如，元胞自动机适用于土地利用的规划，而强化学习方法则适用于建筑组团设计。

2.2　性能表现评估模型（performance evaluation model）

性能驱动方法一般在工业产品设计过程中应用较多，其主要目的是在短时间内获取产品的性能期望，形成性能指标—产品参数映射模型，最终通过方案迭代和性能验证得到性能适配的设计方案（郑浩等，2018）。对于建成环境，一般认为现场观测是检验其微气候性能的最佳方法。然而在实践中，一方面先验环境并不一定存在；另一方面，即便可使用缩尺模型（例如风洞试验）对设计方案的微气候指标进行测试，但因其成本较高，往往也只能对个别特征方案进行验证。因此，多数研究常选择数值模拟工具对各类评估指标进行运算，以达到在设计前期阶段对设计方案进行优化干预的目的。

在建立性能表现评估模型的过程中，一是需要注意对数值模拟工具进行可靠性检查，且在参数设定上须与当地真实气候环境相符；二是需要审慎选择微气候评价指标，例如参考相关经验研究或评价准则。

2.3　数值模拟替代模型（surrogate model）

数值模拟工具虽然能在许多工程试验中替代传统的实地测量和缩尺模型，但随着数值模拟工具算法日趋复杂化,其计算成本也逐渐增加。例如,使用大涡模型对建筑群进行风环境模拟,单个工况模拟耗时一般就达数个小时,若有数个方案需要进行模拟,所需时间成本至少以数日计算。在此背景下,一些研究提出使用相对简单的回归模型来替代复杂的数值模拟工具,如多元线性回归、指数模型,抑或更复杂的机器学习回归模型,如支持向量机回归、随机森林回归等。传统回归方法在实际问题中,一般适用于自变量较少的低维度模拟问题。例如杜等(Du et al.,2019)使用响应函数曲面这一工具,来替代复杂的计算流体力学(CFD)工具对单体建筑风环境进行模拟。由于该类问题所涉及的自变量较少,设计空间较小,因此往往能在局部找到拟合度较高的替代模型。但对于自变量较多的高维问题来讲,简单的回归模型易造成过拟合、共线性等问题,另外,使用简单模型进行回归,预测模型上可能得到很高的拟合度,但在测试模型上拟合度较差,影响模型泛化能力,在本质上无法将模型同真实数值模拟工具进行替换。因此近年来诸多研究鼓励采用分类型回归模型对数字模拟结果进行拟合,例如安德烈斯等(Andrés et al.,2012)提出利用支持向量机进行气动布局的构型优化,而罗宾森等(Robinson et al.,2017)则建议使用神经网络回归来刻画建筑能耗和建筑形态参数的非线性特征。

2.4 多目标优化决策模型(multi-objective optimization model)

多目标优化决策在工程、经济等领域应用较多,属于一种多准则决策工具,一般包含设计变量、约束条件、目标函数三类重要决策参数(Jilla,2002)。多目标优化求解在规划决策中具有普适意义,因为大多数规划问题都涉及数个存在冲突的目标。在多目标优化问题中,当一个子目标的改善不导致其他子目标的恶化时,所得到的理想解被称为帕累托最优解,也即非支配解。因此,帕累托最优解通常代表资源分配的最理想状态。

传统的多目标优化方法包含权重法、约束法等方法,其本质是将多个优化目标转化为单一目标进行求解,但是由于目标增多会急剧加大求解的支配复杂度,因而此类方法一般适用于目标较少的问题(Jilla,2002)。近年来,受到遗传学和生态学等研究影响,智能优化算法包括进化算法、粒子群算法等逐渐在多目标优化领域得到普及。智能优化算法在算法设计上更注重在许多个目标背景下的全局求解能力,且能兼顾解的收敛性和多样化的分布,因此有益于平衡决策过程中诸多不同的诉求与偏好(Sülflow et al.,2007)。

2.5 多变量敏感度分析模型(multivariate sensitivity analysis model)

多变量敏感度分析主要用于检验和描述设计变量与目标之间的关系。在设计优化迭代过程中,确定设计变量对目标值的贡献度非常重要,因为对于特定目标来说,调整较为敏感的设计参数往往可以极大改善目标质量。同时,了解设计变量与目标的变化关系也有助于设计人员在设计前期阶段大致判断变量与目标演化的趋势,例如王伟文(Wang et al.,2017)在建筑群体通风模拟实验中发现,群体建筑的高宽比与场地平均风速比呈现出指数关系,当高宽比小于 2 时,建筑群平均风速急剧下降;而高宽比大于 4 时，平均风速下降趋于平缓。

2.6　逆向求解模型　（inverse design model）

　　虽然可以通过多目标优化过程得到优化解，但多数情况下，要将优化解落在具体方案上具有很高难度，主要原因是替代模型的建立往往涉及许多复合自变量，如建筑密度、建筑平均高度等，该类参数可显著提高替代模型的预测准确度，但却无法指向精准的城市形态。故而在方案设计的最后阶段，需对方案进行逆向求解，使得方案的各项复合参数尽量逼近优化解所指向的参数目标，最后得到近似最优解。在这一过程中，可基于敏感度分析结果赋予对响应变量影响度高的参数更高的权重，同时根据函数关系临界点与拐点设定参数变动上下限，使得最终方案更加接近最优解。

3　案例分析

　　本文以顾及风环境各项指标的居住小区规划为例，对性能驱动的多目标数字化设计方法予以进一步说明。由于案例的提出主要为验证该方法框架的有效性，因此，对建筑形态、街区肌理等生成规则进行了必要简化，同时也对优化目标数量进行了一定限制。

　　首先，在住区形体生成规则上，确定规划约束和形态约束条件。其中，规划约束包括建筑退后、建筑横向间距、日照间距、容积率、建筑密度，另外，研究还假设住区中央设有两个湖泊作为主要景观设施，建筑在湖泊周围需进行一定退让；而形态约束则包括建筑面宽、进深等，实验假设住区中包括低、中、高三种建筑形态，三类建筑分别对应不同高度限制，且具备可调整的边界。作为单目标限制条件，在实验中规定小区的容积率最高为 1.0，并在此基础上运用遗传算法对方案进行优化迭代，最终一共生成 400 种方案。

　　其次，在设计方案完成后，使用 CFD 模拟软件 PHOENICS 中的标准 k-ε 模型对 400 个住区原型进行模拟。研究假设风环境条件为夏季正南风向，风速轮廓为对数轮廓线，且 10 米高处平均风速为 4 米/秒，上风向粗糙度为 0.03 米。

　　实验之前，对于行列式布局的群体建筑的风环境模拟，引用德国汉堡大学的 CEDVAL B1-1 风洞模拟数据对 PHOENICS 软件中 k-ε 模型的模拟精度进行了检验（CEDVAL，1998）。最终，在计算完成后，实验人员基于 MATLAB 平台编写程序，对 400 种住区方案的平均风速、建筑表面平均风压差、风速离散度、小区外静风区面积、项目开发利润五个参数进行计算，具体参数解释如表 1 所示。

　　在风环境模拟中，住区的设计参数[②]与模拟指标之间明显呈现非线性关系，因此，若要得到每个住区的真实风环境反馈，就需要对住区模型进行详尽的 CFD 模拟。然而，在现实中，由于设计空间的高维度导致设计方案有无数种可能，意味着使用穷举法导致规划问题变得不可解，因此，在工程中常采用较为简单的替换模型对复杂模拟过程进行简化（Barton and Meckesheimer，2006）。由于群体建筑

表 1　方案性能指标及其解释

指标	指标定义	计算方法
平均风速	指给定评估区域内所有风速值不为 0 的网格点的风速的平均值	$\bar{V} = \frac{1}{n}\sum_{i=1}^{n} V_i$ (1) 其中，$\bar{V}$ 为区域内的平均风速，V_i 为区域内测试点 i 处 1.5 米高度处风速，n 为区域内测试点数量
建筑表面平均风压差	指所有建筑物迎风面风压与背风面风压差值的平均值	$\bar{P} = \frac{1}{m}\sum_{i=1}^{m} PW_i - PL_i$ (2) 其中，$\bar{P}$ 为所有建筑表面平均风压差，PW_i 为第 i 栋建筑迎风面风压，PL_i 为第 i 栋建筑背风面风压，m 为区域内建筑数量
风速离散度	指地块内的风速分布的差异程度。离散度越小，说明地块风速分布越均匀；离散度越大，说明极端风环境和形成涡流的可能性越大。本文中风速离散度由基尼系数表示	$\sigma = \frac{1}{n}\left(n+1-2\left(\frac{\sum_{i=1}^{n}(n+1-i)v_i}{\sum_{i=1}^{n}v_i} \right) \right)$ (3) 其中，n 代表风速数据点个数，v_i 代表排序后的风速
小区外静风区面积	将风速小于 1 米/秒的区域定义为静风区，小区外静风区面积反映了小区内建筑对周边风环境的影响	$A_O = A_T - A_I$ (4) 其中，A_O 表示区域外静风区面积，A_T 表示总静风区面积，A_I 表示区域内静风区面积
项目开发利润	假设低、中、高层住宅建筑的开发利润分别为每平方米 2 800、1 900 和 1 700 元，加总计算项目总开发利润	$p = 2\,800A_L + 1\,900A_M + 1\,700A_H$ (5) 其中，p 为项目利润，A_L、A_M、A_H 分别代表低、中、高层建筑总面积

风环境的复杂性和特殊性，笔者在实验中采用了泛化能力较为突出的随机森林模型对各项风模拟指标进行回归，并利用蒙特卡罗（Monte Carlo）交叉验证法对各类回归模型平均测试误差进行评测，结果如表 2 所示。从平均百分比误差（MAPE）与均方根误差（RMSE）两项指标[③]来看，基于建筑形态参数的随机森林回归模型对于平均风速、风速离散度两项指标拟合度较高，说明随机森林模型对于该类指标进行回归时泛化能力较好；而随机森林回归对于平均风压差、小区外静风区面积两项指标拟合结果稍弱，宜重新进行自变量筛选以提高模型拟合能力。

表 2　基于建筑形态参数的各项风模拟指标随机森林回归模型平均测试误差

	平均风速	建筑表面平均风压差	风速离散度	小区外静风区面积
MAPE	0.086	0.244	0.032	0.347
RMSE	0.197	0.065	0.070	449.0

下一步，根据替代模型建立多目标优化的目标函数。例如，对于平均风速这一指标，设 X 为建筑形态设计变量（建筑密度、迎风面积密度、建筑数量、建筑平均高度等），表示为 $\left(X^{(1)},\cdots,X^{(d)}\right)$，$Y$ 为平均风速，Θ 为一随机变量，$A_n(X,\Theta)$ 表示对设计变量 $X=\left(X^{(1)},\cdots,X^{(d)}\right)$ 定义域的一个随机分割，求出设计变量落在这个分割中的因变量的平均值，即为该回归树的输出。那么第 N 棵回归树的输出可表示为：

$$r_N(X,\Theta) = \frac{\sum_{i=1}^{n} Y_i 1_{\left[X_i \in A_N(X,\Theta)\right]}}{\sum_{i=1}^{n} 1_{\left[X_i \in A_N(X,\Theta)\right]}} 1_{E_N(X,\Theta)} \tag{6}$$

其中，$1_{\left[X_i \in A_n(X,\Theta)\right]}$ 为指示函数，属于集合 $A_n(X,\Theta)$ 的输出 1，否则输出 0。而 $E_n(X,\Theta)$ 表示为：$E_n(X,\Theta) = \left[\sum_{i=1}^{n} 1_{\left[X_i \in A_n(X,\Theta)\right]} \neq 0\right]$，即保证每次随机分割不会导致没有训练集样本落在这个分割中。

有了每个回归树的输出，随机森林的输出即为回归树的平均，即可由式（7）得到平均风速与所有设计变量之间的函数关系：

$$\overline{r}_N(X) = E_\Theta\left[r_N(X,\Theta)\right] = E_\Theta\left[\frac{\sum_{i=1}^{n} Y_i 1_{\left[X_i \in A_N(X,\Theta)\right]}}{\sum_{i=1}^{n} 1_{\left[X_i \in A_N(X,\Theta)\right]}} 1_{E_N(X,\Theta)}\right] \tag{7}$$

在建立性能指标与设计参数函数关系基础上，可以建立由五个目标共同组成的目标函数，其名义函数形式表达如下：

$$Maximize：\quad f(\boldsymbol{S}) = \left(f_1(\boldsymbol{S}), f_2(\boldsymbol{S}), -f_3(\boldsymbol{S}), -f_4(\boldsymbol{S}), f_5(\boldsymbol{S})\right) \tag{8}$$

其中，$\boldsymbol{S}$ 指设计方案，$f_1(S)$，$f_2(S)$，$f_3(S)$，$f_4(S)$，$f_5(S)$ 分别表示建筑形态参数与平均风速、建筑表面平均风压差、风场离散度、小区外静风区面积以及项目开发利润的函数关系式，函数前的负号表示该指标越小越好。

建立目标函数后，使用NSGA-Ⅲ这一智能优化算法对多目标优化问题进行求解。NSGA-Ⅲ算法采用参考点法改进了 NSGA-Ⅱ中的拥挤度计算问题，使得算法在处理多目标优化问题时，得到的解在非支配层上分布更为均匀，模型收敛性更好，同时不造成计算量的过多增加（Ishibuchi et al., 2016）。在多目标优化过程中得到的帕累托最优解一般为多个而非单个解，其结果如图 2 所示。

得到帕累托最优解后，在多变量分析这一步骤中，采用多变量自适应回归样条（multivariate adaptive regression splines，MARS）对参变量与评价目标的关系进行解析。自适应回归样条方法是一种适用于处理高维问题的回归方法，主要使用样条函数的张量积建立基函数对样本进行拟合（Friedman and Roosen, 1995）。作为具有非线性和非参数双重特征的回归方法，MARS 不仅可在回归建立过程中基于广义交叉检验（generalized cross-validation）筛选对于某一指标而言重要程度较高的设计参数，也可用于获取自变量与响应量函数关系的拐点。以场地平均风速这一指标为例，使用 MARS 方法对其进行

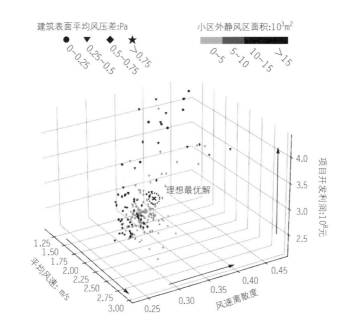

a. 帕累托最优解在五维目标空间中的表示

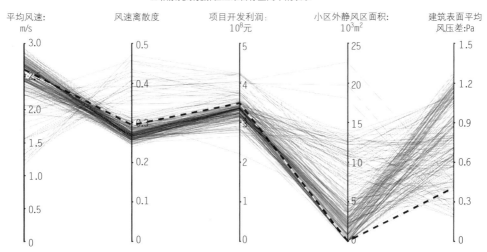

b. 帕累托最优解在折线图上的表示

图 2 帕累托最优解之间的权衡关系

回归（图 3），结果显示，迎风面积密度、建筑高度标准差这两项指标对场地平均风速影响最为突出。其中，当迎风面积密度建筑小于 0.144、建筑高度标准差小于 18.48 米时，两项与场地平均风速呈正反馈关系，反之则为负反馈关系。其他对各项风环境指标影响程度较高的形态参数如表 3 所示。

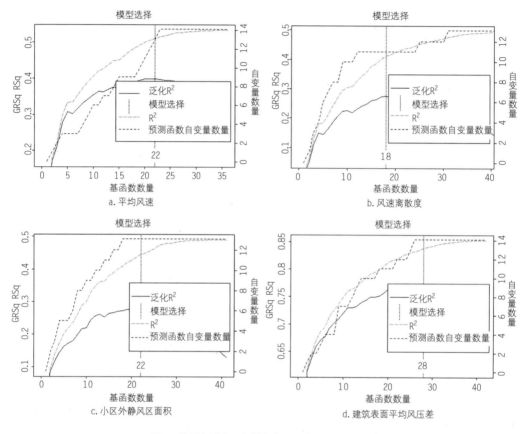

图 3　基于自适应回归样条的风环境指标预测模型

表 3　对各项风环境指标影响程度较高的形态参数总结

指标	平均风速	风速离散度	建筑表面平均风压差	小区外静风区面积
对指标影响最大的形态参数	迎风面积密度、建筑高度标准差	迎风面积密度、建筑密度	建筑总数量、平均建筑高度	低层建筑面宽、孔隙度

　　在实验最后一步中，根据选定的最优解进行方案的逆向求解。逆向求解过程等同于一个多目标优化过程，其本质是在街区形态迭代生成过程中尽量让各设计参数贴近最优解所规定的参数解集。研究应用主观决策方法选取一利润较高、各项风环境指标较为适中的方案作为最优解，在容积率为 1.0、上下偏差不超过 0.005 的约束条件下，寻找近似最优解，并对找到的近似最优方案进行 CFD 模拟（图 4），进而证实方案优越性，其与理想最优解的比对结果如表 4 所示。由表 4 可知，近似最优解在几项指标上与理想最优解差别不大，其中建筑表面平均风压差甚至略好于理想最优解，说明该技术路线在实践

中具有可行性与有效性。

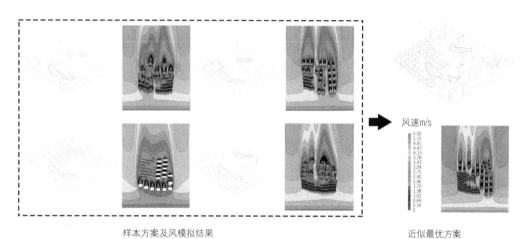

样本方案及风模拟结果　　　　　　　　近似最优方案

图 4　由样本方案到近似最优方案的推导过程

表 4　理想最优解与近似最优解的风环境指标和项目开发利润指标对比

	平均风速 （m/s）	风速离散度	项目开发利润 （元）	小区外静风区面积 （m²）	建筑表面平均风压差 （Pa）
理想最优解	2.589	0.297	349 045 716.3	105.213	0.411
近似最优解	2.398	0.318	346 002 600.0	1 826.500	0.419
百分比误差	7.96%	6.60%	0.88%	94.25%	1.91%

4　城市微气候系统设计相关问题讨论

以上案例虽然验证了本文所提出的技术路线可行性，但仍有以下问题值得进一步延伸讨论。

4.1　城市微气候系统设计的工程简化问题

在住区风环境模拟的案例中，研究进行了适当的工程简化，例如将建筑简化为体块，忽略了地形、植被等因子对风环境的影响等。此外，囿于计算成本的限制，实验只对有限形态参数与微气候指标进行了分析。然而，由于本文提出的理论框架具有很强的延展性，在后续研究中有望将更多更复杂的城市物理环境参数与气候指标（如人体热舒适度、污染浓度）纳入模拟范围。

4.2　城市微气候系统的边界设定问题

城市微气候系统的本质是开放、动态、嵌套的巨系统，这意味着在研究中很难界定微气候系统的边界。例如，研究住宅小区内的污染分布时，很难将其与周边的用地类型、交通流量切割开来看待，而街区的污染又与整个区域的污染情况相联系。也就是说，微气候系统实质上由无数子系统构成，子系统之间依靠层次、递进、嵌套等规则相互作用。这要求设计者在进行气候适应性规划时，有时要跳脱出管理边界的限制，从全局、宏观的统筹视角来思考局部气候与区域气候的关系，防止在设计中顾此失彼。

4.3　城市微气候系统的不确定性问题

城市微气候系统设计还必须考虑气候变化的不确定性，这种不确定性可能涵盖极端气候、污染危机等风险要素。因此，一些研究指出，需在顶层设计层面充分考虑建成环境应对气候风险的抗干扰能力，争取主动侦测和预防风险，或者在风险发生时通过系统"自治性"努力维护或恢复系统自身的平衡状态（仇保兴，2018；黄悦，2015）。例如，在高层建筑设计方案中考虑强风条件对建筑周边行人高度风环境的影响，在设计参数上留有一定的富余度，以确保在极端气候条件下地面风速不会陡然增大，对行人安全造成威胁。

5　结语

本文主要探讨了由性能驱动的多目标数字化设计方法在解决城市微气候系统设计问题上的有效性。为响应城市微气候系统的非线性、多层次性、多目的性等特征，该设计框架利用参数化与机器学习工具学习和模拟系统生成的内在逻辑，并对生成可能性进行限制，从而建立了将抽象概念在约束条件下转化为实体方案的拟人化设计路径。在此基础上，仿照规划过程中的多利益相关方参与过程，对方案各方面绩效进行评估，并利用多目标优化拣选方案，以协调和平衡不同主体、系统单元之间冲突的利益关系。因此，该框架也体现出新城市科学背景下自下而上的规划设计理念，为规划方法的"自治性"提供了另一种实践范式。然而，本文提出的设计方法仍存在一定局限性：该方法体系偏向于操作逻辑较为显性、绩效指标较为明确的城市微气候设计项目，同时未对微气候系统边界、微气候系统不确定性等问题做过多探讨，后续研究将继续根据以上问题对方法体系做进一步改进和完善。

致谢

本文受国家自然科学基金项目（编号：51878515，51378399，41331175，52078389）资助。

注释

① 设计空间维数由设计变量个数定义，例如对于单体建筑，其面宽、进深、高度共同构成三维设计空间。

② 建筑形态设计参数包含建筑密度，迎风面积密度，建筑平均高度，建筑高度标准差，建筑数量，孔隙度，低、中、高层建筑的进深、面宽、高度、数量、水平间距、日照间距等，在此由于篇幅所限不一一赘述。

③ 均方根误差（RMSE）一般用于衡量预测集中观测值与真实值的偏差。平均百分比误差（MAPE）不仅考虑预测值与真实值的误差，还计算误差与真实值之间的比例。其中，均方根误差可由公式

$$RMSE = \sqrt{\frac{1}{N}\sum_{t=1}^{N}\left(\text{observed}_t - \text{predicted}_t\right)^2}$$ 计算得到，而平均百分比误差可由公式

$$MAPE = \sum_{t=1}^{n}\left|\frac{\text{observed}_t - \text{predicted}_t}{\text{observed}_t}\right| \times \frac{1}{n}$$ 计算得出。

参考文献

[1] ANDRÉS E, SALCEDO-SANZ S, MONGE F, et al. Efficient aerodynamic design through evolutionary programming and support vector regression algorithms[J]. Expert Systems with Applications, 2012, 39(12): 10700-10708.

[2] BARTON R R, MECHESHEIMER M. Metamodel-based simulation optimization[J]. Handbooks in Operations Research and Management Science, 2006, 13: 535-574.

[3] Compilation of experimental data for validation of microscale dispersion models(CEDVAL)[EB/OL]. 1998-01[2019-06-21]. https://mi-pub.cen.uni-hamburg.de/index.php?id=433.

[4] DU Y, MAK C M, LI Y. A multi-stage optimization of pedestrian level wind environment and thermal comfort with lift-up design in ideal urban canyons[J]. Sustainable Cities and Society, 2019: 46.

[5] FRIEDMAN J H, ROOSEN C B. An introduction to multivariate adaptive regression splines[J]. Statistical Methods in Medical Research, 1995, 4(3): 197-217.

[6] ISHIBUCHI H, IMADA R, SETOGUCHI Y, et al. Performance comparison of NSGA-Ⅱ and NSGA-Ⅲ on various many-objective test problems[C]//2016 IEEE Congress on Evolutionary Computation (CEC). IEEE, 2016: 3045-3052.

[7] JILLA C D. A multiobjective, multidisciplinary design optimization methodology for the conceptual design of distributed satellite systems[D]. Massachusetts Institute of Technology, 2002.

[8] OH J W, NGARAMBE J, DUHIRWE P N, et al. Using deep-learning to forecast the magnitude and characteristics of urban heat island in Seoul Korea[J]. Scientific Reports, 2020, 10(1): 1-13.

[9] OKE T R, MILLS G, CHRISTEN A, et al. Urban climates[M]. Cambridge University Press, 2017.

[10] ROBINSON C, DILKINA B, HUBBS J, et al. Machine learning approaches for estimating commercial building energy consumption[J]. Applied Energy, 2017, 208: 889-904.

[11] SHI Z, FONSECA J A, SCHLUETER A. A review of simulation-based urban form generation and optimization for energy-driven urban design[J]. Building and Environment, 2017, 121: 119-129.

[12] SÜLFLOW A, DRECHSLER N, DRECHSLER R. Robust multi-objective optimization in high dimensional

spaces[C]//International conference on evolutionary multi-criterion optimization. Springer, Berlin, Heidelberg, 2007: 715-726.

[13] TALEB H, MUSLEH M A. Applying urban parametric design optimisation processes to a hot climate: case study of the UAE[J]. Sustainable Cities and Society, 2015, 14: 236-253.

[14] WANG W, NG E, YUAN C, et al. Large-eddy simulations of ventilation for thermal comfort – a parametric study of generic urban configurations with perpendicular approaching winds[J]. Urban Climate, 2017, 20: 202-227.

[15] 丁沃沃, 胡友培, 窦平平. 城市形态与城市微气候的关联性研究[J]. 建筑学报, 2012(7): 16-21.

[16] 国家发展和改革委员会. 国家应对气候变化规划(2014-2020)［EB/OL］. (2014-09-19)[2019-12-01]. http://www.sdpc.gov.cn/zcfb/zcfbtz/201411/W020141104584717807138.pdf.

[17] 国家发展和改革委员会,住房和城乡建设部.关于印发城市适应气候变化方案的通知［EB/OL］. (2016-02-04) [2019-12-01]. http://www.ndrc.gov.cn/zcfb/zcfbtz/201602/t20160216_774721.html.

[18] 国家发展和改革委员会, 住房和城乡建设部. 关于印发气候适应型城市建设试点工作的通知［EB/OL］. (2017-02-21)［2019-12-01］. http://www.ndrc.gov.cn/zcfb/zcfbtz/201702/t20170224_839212.html.

[19] 黄悦. 基于鲁棒优化的城市水污染控制系统结构设计和技术选择[D]. 北京: 清华大学, 2015.

[20] 李瑞奇, 黄弘, 周睿. 基于韧性曲线的城市安全韧性建模[J/OL]. 清华大学学报(自然科学版): 1-8[2019-11-01]. https://doi.org/10.16511/j.cnki.qhdxxb.2019.21.039.

[21] 仇保兴. 基于复杂适应理论的韧性城市设计原则[J]. 现代城市, 2018, 13(3): 1-6.

[22] 搜狐网. 新晋独角兽公司小库科技——以 AI 之力赋能建筑行业[EB/OL]. (2018-10-15)［2019-10-29］. https://www.sohu.com/a/259631175_667714.

[23] 孙澄宇, 罗启明, 宋小冬, 等. 面向实践的城市三维模型自动生成方法——以北海市强度分区规划为例[J]. 建筑学报, 2017(8): 77-81.

[24] 孙澄宇, 宋小冬. 深度强化学习: 高层建筑群自动布局新途径[J]. 城市规划学刊, 2019(4): 102-108.

[25] 杨俊宴, 张涛, 傅秀章. 城市中心风环境与空间形态耦合机理及优化设计[M]. 南京: 东南大学出版社, 2016.

[26] 郑浩, 冯毅雄, 高一聪, 等. 基于性能演化的复杂产品概念设计求解过程研究[J]. 机械工程学报, 2018(9): 214-223.

［欢迎引用］

巫溢涵, 詹庆明. 面向城市微气候系统的性能驱动多目标数字化设计方法[J]. 城市与区域规划研究, 2020, 12(2): 74-86.

WU Y H, ZHAN Q M. A multi-objective performance-driven digital design approach towards urban microclimate system [J]. Journal of Urban and Regional Planning, 2020, 12(2): 74-86.

结合大数据的居民通勤仿真研究：

一个智能体模型的规划应用尝试

吴　昊　刘凌波　彭正洪　余　洋

Simulation of Residents Commuting Using Big Data: An Agent-Based Modeling for Urban Planning Application

WU Hao, LIU Lingbo, PENG Zhenghong, YU Yang
(School of Urban Design, Wuhan University, Wuhan 430072, China)

Abstract With the application of all kinds of big data, especially data related to location services, it is increasingly possible to fairly accurately obtain spatial-temporal characteristics of urban residents' behaviours, which is conducive to exploring the interaction between residents' travel and urban spatial environment and can provide decision basis for optimization of urban space. Model simulation is a powerful means to explore the operation mechanism of urban space: the agent-based model is thought to have great advantages in studying such a complex macrosystem as a city. Taking the Baishazhou area of Wuhan, a local area of a mega city in China, as a case study, this paper constructs a spatial context for the model to operate using the existing urban road network and by dividing the area into space units, and then generates an OD matrix of travels at different time slots using the mobile phone call detailed records of a month, and then importing them to the model to simulate residents' travel. By the present rules of congestion, the agent-based model can effectively simulate traffic conditions of each traffic intersection. When used in the evaluation of road optimization schemes, the model can clearly reflect the role of optimization measures in reducing congestion. This study can provide a useful attempt for the application of agent-based models based on big data in urban planning.

Keywords big data; agent-based model; residents' commuting behavior; urban planning; traffic congestion

作者简介

吴昊、刘凌波（通讯作者）、彭正洪、余洋，
武汉大学城市设计学院。

摘　要 随着各类大数据尤其是位置服务相关数据的应用，相对精准地获取城市居民时空行为特征已越来越成为可能，这有利于发掘居民出行与城市空间环境之间的互动关系，还可进一步为城市空间的优化提供决策依据。模型仿真是挖掘城市空间运行机制的有力手段，其中智能体模型被认为在研究城市这一复杂巨系统时具备较大优势。文章结合手机数据与智能体模型，以武汉市白沙洲片区为例，通过划定的居民出行单元及现状城市路网构建了模型运行的空间地理环境，然后基于一个月的手机用户通话详单数据构建分时出行的 OD 矩阵，导入模型进行居民通勤仿真。根据预设的行为规则，该智能体模型能较好地模拟各交通路口的交通状况，当将其用于道路优化方案的评估时，可较明显地体现优化措施在缓解拥堵上的作用。文章可为结合大数据的智能体模型在城市规划中的应用提供一个有益的尝试。

关键词 大数据；智能体模型；居民通勤行为；城市规划；交通拥堵

1　研究背景

近些年，各类城市空间大数据包括 GPS、智能卡、手机数据等位置服务（Location-Based Service，LBS）数据的应用，使得从微观视角准确描述城市居民出行已成为可能（Song et al., 2010）。这些居民的时空活动数据可被用于城市地理制图（Ratti et al., 2006）、流行病传染途

径分析（Bengtsson et al., 2011；Wesolowski et al., 2012）、实时城市监控（Calabrese et al., 2011）等，还可用于城市空间特征识别（Novak et al., 2013；Kung et al., 2014；Tu et al., 2017）以及城市活力测度（Yue et al., 2017）。通勤与城市交通领域也是其重要的应用场景之一，包括通勤区与通勤距离的识别（Doyle et al., 2014；Pei et al., 2014）以及通勤 OD 矩阵的获取等（Alexander et al., 2015；Iqbal et al., 2014）。这些结果经过与统计数据或实测数据对比具有较高的准确性，证明了手机这类大数据在城市研究中的有效性。但总体而言，这些研究仍处于通过数据描述城市现象的阶段，只有较少研究更进一步，通过大数据来发掘居民出行与城市运行机制之间的关联，将其用于城市空间优化的预测与评价（Çolak et al., 2016；Yao et al., 2018）。

在获取较为精确的居民时空行为数据后，模型仿真是挖掘城市空间运行机制与规则关联的有力手段，其中智能体模型被认为是模拟复杂系统最为有效的技术之一，在研究城市这一复杂巨系统时具备较大优势（Nguyen et al., 2012）。智能体模型的分布式特征使其能反映不同类型个体的行为差异，也具备多尺度的时空动态特征表达能力，在城市研究中有着较为广泛的应用场景。例如用来模拟城市交通流及居民行为（Doniec et al., 2008），包括居民出行交通方式选择（Ciari et al., 2008）以及拼车模型（Knapen et al., 2012），还有研究将其应用于公交线路的优化布局（Dimitrov et al., 2016；Kaddoura et al., 2015）以及城市复合交通系统的运行模拟（Liu et al., 2017）、评价城际高速铁路线路对生态环境的影响等（Lu and Hsu, 2017）。与城市规划联系最为紧密的应用，包括土地利用及城市发展模拟这一类，如研究城市形态、交通能耗、环境在城市发展下的互动关系（龙瀛等，2011）、土地利用交通一体化（赵丽元，2011）以及多方博弈下的公服设施选址模拟（马妍等，2016）等。从发展趋势来看，虽然模拟的复杂程度逐步提升，但大部分仍建立在调查数据的基础上，这些数据不仅昂贵耗时，还存在采样偏差的问题，因而大数据被认为是一种更好的数据源（Bellemans et al., 2012）。

手机数据对比传统调研有着更高的样本覆盖率、采集时效以及更细致的时间切分（Calabrese et al., 2014），而智能体模型是研究城市空间的有效工具，前期发展的主要桎梏在于数据的缺乏，如今在智慧城市的发展背景下有着巨大潜力（Batty et al., 2012），结合两者将有希望实现真实城市地理空间环境与居民出行特征下的模拟。综上所述，研究选择城市居民通勤与交通拥堵的关系为切入点。随着城市规模的扩张以及机动车保有量的增长，交通拥堵已成为越来越严重的城市问题，而潮汐式的城市居民通勤交通被认为是交通拥堵的主要成因之一（Vickrey, 1969；Zhou et al., 2014），根据高德发布的中国主要城市交通报告，有 81% 的城市在通勤高峰期遭受交通困扰（高德地图，2018）。交通拥堵不仅带来能源浪费、环境污染，还被认为对城市居民健康有着较大影响，因此，改善城市交通拥堵也是当前城市空间优化的重要目标之一。研究目标是尝试基于模型量化研究居民通勤，进而回溯分析拥堵成因，提取城市空间与居民间互动机制中的深层信息，对不同的城市空间优化做出预测与评估。

2　技术方法

2.1　手机数据处理

　　手机数据可分为话单数据与信令数据，手机话单数据来源于用户通话或收发信息时与通信基站联系的记录，属于用户主动连接产生的数据；信令数据来源于基站与手机之间的定期信号联系，属于被动产生的数据（Bachir et al.，2019）。本次研究采用的为手机话单数据，由于各种用户的生活工作习惯不一，获取到的通信行为也是一种时间分布不均匀的数据，但通常而言大部分通勤人群在出行上具备一定的时空规律性，在基于一个月的数据来综合统计后，可一定程度上弥补由于非匀质化时间分布所导致的轨迹精度问题。目前主流的用户位置识别方法主要是利用手机通话过程中基站的切换这一空间变换性质，认为在特定时段内出现的最高频率的基站点为这一时段内的空间定位点（张维，2015）。无论哪种手机数据，其用户的空间定位与通信基站的空间分布直接相关，通常而言，城市中心城区的基站分布密度远大于远城区，在中心城区的定位精度可达到 100～300 米。

　　手机话单数据的处理主要通过 Hadoop 框架结合 ArcGIS 平台实现。原始数据为案例城市约 700 万用户的一个月的话单数据（表 1），分工作日、非工作日的 24 个时段进行通话基站的频次统计，进而得到每个用户 ID 在每个时段归属的最高通话频次基站编号（基站 ID），视为其当时所在的空间定位依据（表 2）。数据中去掉了无效数据以及月通话频次少于 3 次的数据，精简后约为 380 万有效用户 ID。经此处理以后每个用户就获得了工作日 24 小时的基站归属，但此时还无法与城市空间相关联，因此还需在 ArcGIS 中依托研究的空间单元划将单元编号赋予基站 ID，进而得到不同基站所属的空间单元位置。在确定了用户各时段所归属的空间单元以后，即可进行分时段的空间移动统计，进而获取各用地单元不同时段所出发的具有不同目的地的居民数量，即为研究区域的居民出行 OD 矩阵，作为代入模型的基础数据。

表 1　手机话单数据样例

用户 ID	通话时间	基站 ID
2700000094870	2016-03-09-9.11.49.000000	287305843
2700000127588	2016-03-09-9.15.24.000000	5760859194
2700000131734	2016-03-09-9.15.18.000000	2872636812

表 2　用户分时归属基站统计样例

用户 ID	7 点基站 ID	8 点基站 ID	9 点基站 ID	10 点基站 ID	11 点基站 ID
2700000094870	2897825643	2870117513	2870117513	2870140338	2897825643
2700000127588	2871865415	2871865415	2871865415	2871865415	2871865415
2700000131734	2870124605	2870125269	2893463025	2893410062	2893463025

2.2　智能体模型

与智能体（agent）相关的概念包括智能体模型（agent-based Model）、智能体建模（agent-based modelling）以及多智能体系统（multi-agent system）。本文采用的主要是智能体模型这一概念，通常而言，一个智能体模型中包含多类智能体，例如会移动的居民智能体以及不会产生位移的城市道路智能体等，这也构成一个多智能体系统。各类智能体会按预设的行为规则运行且彼此之间会产生交互，最终产生从单体到全局的动态变化，城市中人与人、人与空间的互动类似于这样的过程，因此，智能体模型被认为是理解城市运行机制的最佳工具之一（Levy et al., 2016）。本次模型主要在 Repast S 平台上完成，其外部环境设置以及智能体移动设定等都参考了开源模型 RepastCity（Malleson, 2012）。由于研究主要考虑的是居民出行这一单一行为，因此，对城市环境的建模可以简化成出行空间单元地块（即出发地与目的地）以及城市道路。模型的基本运行原理为：

（1）系统生成各类智能体，其中居民智能体在各出行单元中根据统计出的分时 OD 矩阵生成，生成后具备 OD 标识、出发时间与路径算法、速度获取等预设的行为规则；

（2）居民智能体在预设的出行时间段从一个空间单元（出发地）去往另一个空间单元（目的地），然后独立计算各自出行路径（采用 Dijkstra 算法）；

（3）居民在道路上运行的时候，会由于拥堵规则这一交互行为降低自身移动速度（表 3）。

表 3　居民智能体行为规则

组成部分	解释与定义	行为规则
标识	每个居民智能体的独有代码	居民智能体按照预设的出发时间、出发地点出发去往各自的工作地，其状态有两类，即是否抵达目的地，如已抵达目的地，则行为终止；如未抵达目的地，则有两种可能，第一种在居住地，等待出发；第二种在路上，按预设参数基于拥堵状况进行速度参数调整。最终以所有居民智能体抵达所有工作地为模型停止的条件
状态	在居住地（未出发）； 在道路上（未抵达目的地，依据环境状况按预设参数选择行进速度）； 在工作地（已抵达目的地）	
知识	出发地及目的地 ID； 出发时间； 状态对应的行进速度； 去往目的地的最短路径	
交互	可获取道路拥堵信息	

3　研究实例

本文选择武汉市白沙洲区域作为通勤模拟的研究对象，主要基于这样几点考虑：首先，白沙洲区域是武汉市新兴的以居住功能为主的片区，在此片区中研究通勤行为对交通的影响更具现实意义；其次，该区域还处于建设发展中，有利于持续对其进行观察研究来判断各类规划方案的仿真结果与现实之间的差异，提出的优化改善举措也可能具备实施价值；最后，该区域存在一条关键的城市级别主干路白沙洲大道，整体布局沿此道路呈带状分布，且与周边区域联动频繁，车辆交通存在明显的汇聚效应，便于验证模型的有效性。

3.1 数据获取及处理

在手机原始数据处理完成以后，一个重要步骤是根据用地空间单元来进行居民的居住地及工作地分时归属统计。在用地空间单元的生成上结合航拍图以及矢量电子地图、基于现状道路对地块进行切割。以手机数据这样巨大的数据集为对象时分分时统计的时段量、地块数量会对统计总量有着几何倍数的影响，因此，除了研究区域以外的城市空间用地划分将尽量进行简化，减少空间单元的总数量。最终生成 36 个空间单元（图 1），基于这些空间单元进行工作日早高峰通勤时段的四个小时的统计。其中 1~27 号地块为核心研究对象，主要获取该区域中居民通勤时间出行的特征数据，其余地块不做精细划分无法获取其准确出行路径，因此仅作为出行目标区域而不作为出发地。

a. 原始地块划分及路网

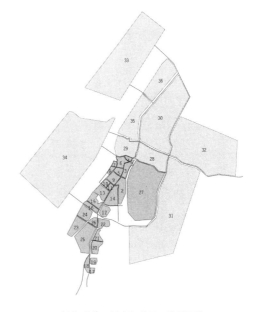

b. 简化后的用地空间单元及路网环境

图 1　城市空间单元分割图

选择每周周一至周五作为统计居民通勤行为的时间区间，获取了居民通勤出行的时间特征库。正常的通勤行为中，早高峰出行方向为从居住地去往工作地，晚高峰则相反。在空间单元划分中为了降低数据量级而简化了工作地的用地划分，因此，本次模拟中只考虑早高峰的情况，即早 6 点至 9 点这四个时段中的居民出行行为。分别依托手机用户在 6、7、8、9 点四个时段的基站所在地块编号及 11 点所在的地块编号，经统计生成居民分时分地块出行数量及 OD 矩阵（表 4）。统计出的 26 个地块在这四个时段的出行人口为 9.2 万人，详细的分布情况见图 2。

表 4　分时分地块居民出行统计样表

出发地块编号	目标地块编号	6 点出发数量	7 点出发数量	8 点出发数量	9 点出发数量
1	3	20	10	10	0
1	4	20	20	20	0
1	9	10	0	0	0

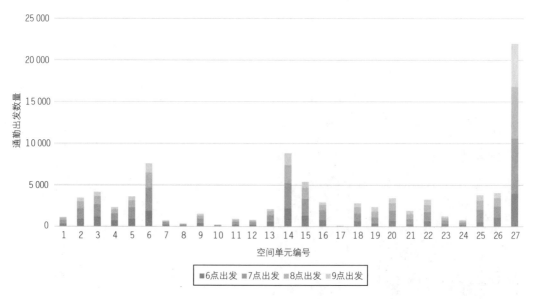

图 2　各空间单元分时段出行通勤人数

3.2　模型假设与参数设置

就模型中的居民智能体产生及其行为，提出假设如下。

第一，模型中假定每个居民出行都视为一辆私人小汽车，其初始行进速度为机动车行驶速度。

第二，每个模拟地块都会生成特定数量的居民智能体，该数量为统计初始值加上运营商占比、用户机动车出行比率进行换算后取值。

第三，交通拥堵的产生基于同一路段存在特定数量的居民智能体，并且拥堵产生后居民行进速度会由于拥堵状况的级别不同而变化。

第四，居民出行会选择通往目的地的最近路径，并且在抵达目的地过程中不会发生路径改变。

针对研究区域的城市居民通勤出行模型中主要的参数变量有三处。

第一处参数设置为源于分时 OD 出行矩阵的各地块居民通勤出行数据以及所对应的智能体出行数量设置。智能体数量设置要考虑两点：第一是由于研究区域属于城市三环线附近，假定私家车有着较高的出行占比，综合用户所属通信公司的用户占比，按照转换系数 1 : 1 设置；第二是模型仿真中的智能体数量与统计出的居民出行数量之间的比例。预实验中模型运行速度随着智能体模拟数量的提升而大幅降低，但仿真结果的精度并不随着智能体数量的增加而增加，因此，为提升模拟效率最终生成的智能体数量按比例进行了缩减，同时等比调整道路的交通承载力（即拥堵参数），最终生成的居民智能体数量为 1 : 10，即一个智能体代表 10 个出行居民。

第二处参数设置为道路车速设置。考虑到该区域存在城市快速路以及城市干路等多个级别，对运行于道路之上的智能体进行了速度的差异化划分。在本次研究中道路车速共分为两个级别，其中快速路正常速度设置为 50 千米/小时，城市干路设为 30 千米/小时，对应读取的速度参数分别为 13.9 米/秒以及 8.3 米/秒，这也使得居民智能体的移动速度与实际时间单位产生关联，即每个运行周期（模拟中为 1tick）等于现实时间的 1 秒。

第三处参数设置为道路拥堵设置。本模型中未对道路进行详细的车道划分，也不考虑车辆的重叠问题，而是通过瞬时的智能体密度来判定交通拥堵状态。车流密度能够直观反映道路上的拥堵程度，道路占有率也常作为交通状态分析的一种量化指标（韦伟，2017）。研究根据部分学者的方法（陈玉思等，2016）采用的参数为：严重拥堵道路占有率为 0.5～1，较拥堵为 0.3～0.5，其余为畅通。最终选择的道路交叉口缓冲区半径为 100 米，推算出 200 米路段上车辆数为 300 时速度衰减为标准时速的 0.2倍，车辆数为 150～290 时衰减为 0.5 倍，车辆数量为 90～150 时衰减为 0.8 倍，90 以下为正常时速。

3.3 模型仿真与结果

截取模型运行的几个时间节点的实时图像，如图 3 所示。对道路交叉口进行编号，获取每个运行周期中道路交叉口的智能体数量，以准确定位其交通拥堵产生时间段及拥堵级别，道路交叉口编码如图 4a 所示。

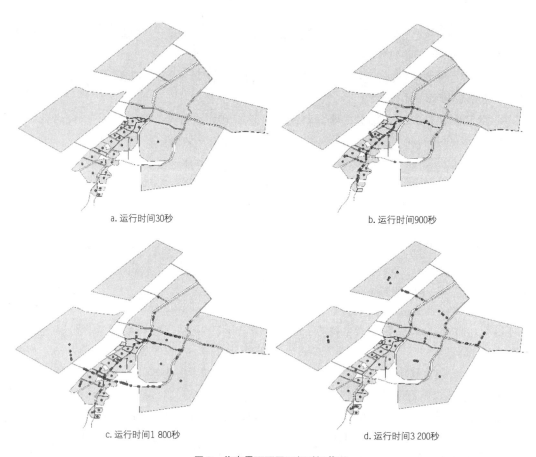

a. 运行时间30秒　　　　　　　　　b. 运行时间900秒

c. 运行时间1 800秒　　　　　　　　d. 运行时间3 200秒

图 3　仿真界面不同运行时间截图

　　最终以 360 秒为周期对研究区域内各道路交叉口进行通行车辆数统计，提取其中车流量较高的道路交叉口，得到图 5。综合分时出发的所有路口智能体数量变化可得知，即使四个时段的通勤居民总数量、各地块的居民出行数量及 OD 存在差异，但生成的四时段折线图总体保持一致，这代表每个时段的居民通勤特征基本相似。细分到各道路交叉口来看，产生拥堵最为明显的路口为 10 号路口，即白沙洲大道与三环线的道路交叉口，其余较为明显的路口包括 6 号、9 号、37 号路口等。

　　结合可视化界面中各路口的拥堵产生过程，再结合各地块分时段出发的居民数量（表 4），即可回溯各路口的拥堵成因。白沙洲大道沿线交通流量包括两部分：邻近 10 号路口（青菱立交）的区域由去往 27 号地块（南湖片区）以及 31 号地块（光谷片区）的通勤构成，而邻近 37 号路口（梅家山立交）的则主要由去往 31 号地块及 30 号地块的通勤构成，也因此对两个立交桥附近的道路交叉口造成较大的影响。此外，整个片区的过江交通仍然以去往 34 号地块为主，因此交通压力集中在跨江大桥（白沙洲大桥）沿线。

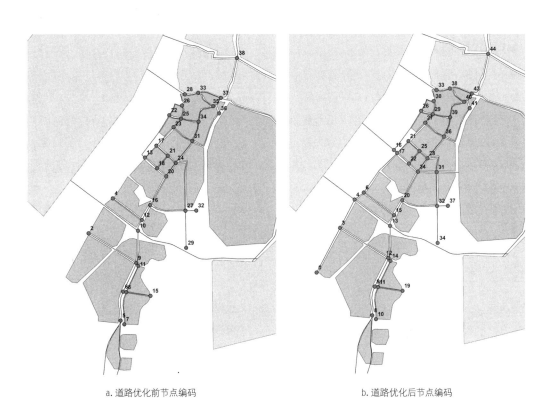

a. 道路优化前节点编码　　　　　　　　　　　　b. 道路优化后节点编码

图 4　道路交叉口编码

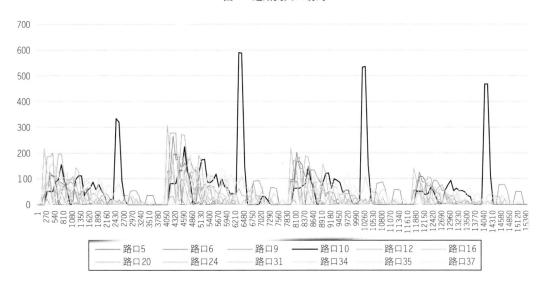

图 5　各交通路口智能体数量变化

4　讨论与结论

4.1　仿真结果的简单验证

高德地图等网络电子地图提供商不仅能提供导航信息，还加入了交通路况预测这一功能，基于各自采集到的历史道路交通路况数据，推断每条道路在每天各时段可能的拥堵情况。由于路况预测是基于历史数据所生成，因此可视作是基于过去历年各条道路最高概率会出现的道路交通状况，也可用来验证本次模型仿真的结果。为对模拟的结果进行一定验证，本次研究基于高德地图提取了研究对象白沙洲区域 7 点、8 点、9 点、10 点四个时间节点的交通路况。选择的对比数据分别为各通勤出发时段的末端，即 6 点出发对应 7 点的高德路况数据，依此类推。高德的交通路况预测仅反映城市主干路及以上级别的路况特征，而不涉及次干路及支路，不同颜色代表从拥堵严重到通行顺畅。对比实验结果，高德路况预测图有两点可在一定程度上进行验证：

其一，高德地图中 8 点的交通状况最差，这与手机数据统计得到的结果以及模型仿真的结果一致，即 7 点到 8 点时段出发的通勤人流最多，也产生了最高的拥堵车辆数量；

其二，与模型中的道路交叉口编码对比，青菱立交对应各个路口都属于汽车交通流量与拥堵量较高的路口。

因此，高德路况预测与本次实验结果在基本特征上保持了一致性。

此外，就手机数据在判别人群出行特征的有效性方面，研究也从另一个侧面进行了校核，根据居民出行的 OD 统计得到全武汉市内的单程平均通勤距离为 8.2 千米，平均通行时长为 31.5 分钟。其与百度地图出品的中国城市交通报告（2018 年度第三季度）相比略微偏低。考虑到百度地图主要采集使用百度产品的用户数据，由于短程出行居民较少使用地图服务，因此去除用户中日常平均通勤距离小于 1 千米的群体，再进行统计时发现与百度提供的结果类似，说明数据具有较高的准确性。具体对比如表 5 所示。

表 5　手机数据获取通勤特征与百度数据的对比

指标	行政区单程平均通勤距离（千米）	行政区单程平均通勤时间（分钟）
中国城市交通报告	8.4	39.6
本文结果	8.2	31.5
除去步行本文结果	8.5	34.5

4.2　道路优化方案的模型仿真评价

为了测试模型对不同方案的模拟结果，结合对拥堵成因的分析，根据武汉市城市总体规划对研究区域的道路进行了优化，增加滨江的南北向道路以及从本区域通往南湖片区的道路（图 4b），对优化前后的道路通行状况进行了对比。此次仿真中考虑的基础条件是该区域的人口不变，同时各自的居住地以及工作地也不发生变化，采用的数据是 7 点出发的通勤人口最多的时段。对比前后两种方案的仿真结果（图 6），可以看到优化后的方案明显好于优化前的方案：首先，道路路口的交通压力被分散到多个路口，而不是跟优化前方案一样主要集中于一个路口；其次，总体上交通拥堵的持续时间有所缩短，即使出现拥堵也能较快缓解。这里设定路口堆积通行智能体数量 100 为界定拥堵的阈值，对路口进行定量比较：道路优化后产生过严重拥堵的路口为 12 个，总拥堵时长（即行车数量大于 100 时的持续时间）合计 42 分钟，优化前方案拥堵路口为 15 个，总拥堵时长则达到 112.5 分钟，这证明优化后的道路方案在交通拥堵上有了较大改善。

4.3 讨论与结论

在既有的一些研究中，虽然也逐步应用大数据来进行居民出行 OD 矩阵的生成并在真实的城市路网中进行道路压力预测，但仍存在以下问题：其一，研究对象多半为整个城市的宏观尺度，往往忽略道路通行能力这一指标，而这一指标对交通拥堵缓解有着重要作用；其二，将所有通勤人口视作同时出发而忽略了不同时段的差异性，在中微观尺度的交通状况预测上会存在较大误差。在本次研究中，分时统计的居民出行 OD 矩阵在一定程度上体现了不同时段的交通拥堵情况的不同，也考虑到了不同等级的道路所具备的交通拥堵疏导能力，可为城市居民的通勤研究提供更多观察视角。

由于研究还处于进展阶段，仍存在有待完善的地方：其一，手机话单数据在记录城市居民行为轨迹上属于一种相对较为稀疏的数据，难以通过统计分析得出居民出行的交通方式（速度），因此不能直接获取通勤车辆与手机用户之间的真实转换参数，也未设置公交车、轨道等细分交通形式；其二，在模型的构建上，未对道路进行车道及流向划分，在拥堵设置上也仅考虑获取特定范围的车辆密度而忽略车辆重叠问题，这些与真实的交通环境都有所出入，导致仿真结果不能在更为精细的层级进行过程推演；其三，由于并未对研究区域做实地的问卷调研也缺乏相关数据来交叉比对，仿真的结果仅能提供一定参考，在真实场景数据的校核上仍存在不足。以上这几点也是后续研究中需要加以完善的。

以人为本是城市规划中贯穿始终的核心原则之一，而随着我国城镇化建设的主要目标从增量用地转向存量用地，可以预期在已有的城市建成区上规划与建设也会越来越审慎。在这样的大背景下，通过科学的手段去对城市空间的优化措施进行评估，预测不同方案可能带来的人与城市空间环境的交互影响，将是以实用为导向的城市规划技术演进方向之一。这个模型仿真的实验，也实践了一个相对完整的从数据采集分析、关键信息提取到导入模型仿真模拟、方案评估的技术流程，为城市规划中的大数据与仿真模型融合应用提供了一个尝试。在各类城市空间大数据越来越丰富的今天，城市规划与研究者遇到的问题可能越来越多的将是数据如何用而并非数据从哪里来，从这个角度来说，智能体模型将是一个较好的契合点，联系城市空间与人、分析城市的现在与预测未来。

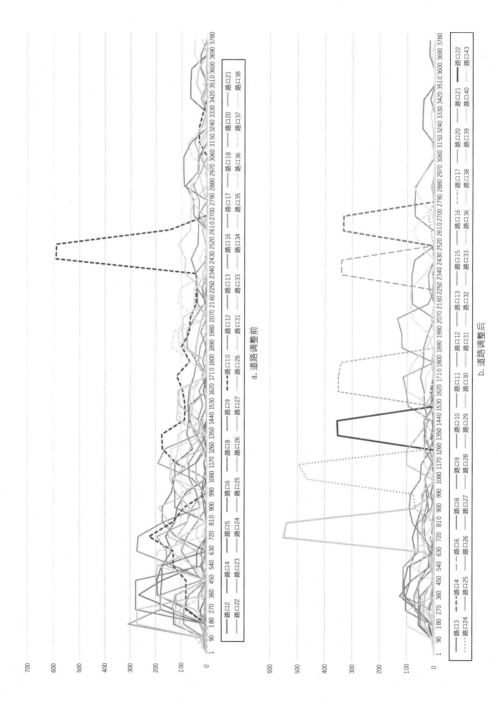

图 6 道路方案优化前后路口状况变化对比

致谢

本文受国家自然科学基金项目（52078390，51978535）及教育部人文社科基金项目（19YJCZH187）支持。

参考文献

[1] ALEXANDER L, JIANG S, MURGA M, et al. Origin-destination trips by purpose and time of day inferred from mobile phone data[J]. Transportation Research Part C: Emerging Technologies, 2015, 58: 240-250.

[2] BACHIR D, KHODABANDELOU G, GAUTHIER V, et al. Inferring dynamic origin-destination flows by transport mode using mobile phone data[J]. Transportation Research Part C: Emerging Technologies, 2019.

[3] BATTY M, AXHAUSEN K W, GIANNOTTI F, et al. Smart cities of the future[J]. The European Physical Journal Special Topics, 2012, 214(1): 481-518.

[4] BELLEMANS T, BOTHE S, CHO S, et al. An agent-based model to evaluate carpooling at large manufacturing plants [J]. Procedia Comput Science, 2012, 10: 1221-1227.

[5] BENGTSSON L, LU X, THORSON A, et al. Improved response to disasters and outbreaks by tracking population movements with mobile phone network data: a post-earthquake geospatial study in Haiti[J]. PloS Medicine, 2011, 8(8): 8.

[6] CALABRESE F, COLONNA M, LOVISOLO P, et al. Real-time urban monitoring using cell phones: a case study in Rome[J]. IEEE Transactions on Intelligent Transportation Systems, 2011, 12(1): 141-151.

[7] CALABRESE F, FERRARI L, BLONDEL V D. Urban sensing using mobile phone network data: a survey of research[J]. ACM Computing Surveys, 2014, 47(2): 1-20.

[8] CIARI F, BALMER M, KAY E, et al. A new mode choice model for a multi-agent transport simulation[J]. The 8th Swiss Transport Research Conference, 2008: 15-17.

[9] ÇOLAK S, LIMA A, GONZÁLEZ M C. Understanding congested travel in urban areas[J]. Nature Communications, 2016, 7(1): 769-771.

[10] DIMITROV S, CEDER A, CHOWDHURY S, et al. Modeling the interaction between buses, passengers and cars on a bus route using a multi-agent system[J]. Transportation Planning & Technology, 2016, 40(5): 592-610.

[11] DONIEC A, MANDIAU R, PIECHOWIAK S, et al. A behavioral multi-agent model for road traffic simulation[J]. Engineering Applications of Artificial Intelligence, 2008, 21(8): 1443-1454.

[12] DOYLE J, FARRELL R, MLIOONE S, et al. Population mobility dynamics estimated from mobile telephony data[J]. Journal of Urban Technology, 2014, 21(2): 109-132.

[13] IQBAL M S, CHOUDHURY C F, Wang P, et al. Development of origin-destination matrices using mobile phone call data[J]. Transportation Research Part C, 2014, 40(1): 63-74.

[14] KADDOURA I, KICKHÖFER B, NEUMANN A, et al. Optimal public transport pricing: towards an agent-based marginal social cost approach[J]. Journal of Transport Economics & Policy, 2015, 49(2): 200-218.

[15] KNAPEN L, KEREN D, YASAR A U H, et al. Analysis of the co-routing problem in agent-based carpooling simulation[J]. Procedia Computer Science, 2012, 10(1): 821-826.

[16] KUNG K S, GRECO K, SOBOLEVSKY S, et al. Exploring universal patterns in human home-work commuting

from mobile phone data[J]. Plos One, 2014, 9(6): e96180.

[17] LEVY S, MARTENS K, HEIJDEN R V D. Agent-based models and self-organisation: addressing common criticisms and the role of agent-based modelling in urban planning[J]. Town Planning Review, 2016, 87(3): 321-338.

[18] LIU J, KARA M, KOCKELMAN, et al. Tracking a system of shared autonomous vehicles across the Austin, Texas network using agent-based simulation[J]. Transportation, 2017, 44: 1-18.

[19] LU M, HSU S C. Spatial agent-based model for environmental assessment of passenger transportation[J]. Journal of Urban Planning & Development, 2017, 143(4): 04-17016-1-11.

[20] MALLESON N. Extending RepastCity [DB/OL]. 2012, https: //code. google. com/p/repastcity/ wiki/Extending RepastCity3.

[21] MALLESON N. RepastCity – a demo virtual city[DB/OL]. 2012, https://code.google.com/p/repastcity/wiki/RepastCity3.

[22] MALLESON N. RepastCity – model structure[DB/OL]. 2012, https://code.google.com/p/repastcity/wiki/RC3ModelStructure.

[23] NGUYEN Q T, BOUJU A, ESTRAILLIER P. Multi-agent architecture with space-time components for the simulation of urban transportation systems[J]. Procedia Social & Behavioral Sciences, 2012, 54(4): 365-374.

[24] NOVAK J, AHAS R, AASA A, et al. Application of mobile phone location data in mapping of commuting patterns and functional regionalization: a pilot study of Estonia[J]. Journal of Maps, 2013, 9(1): 10-15.

[25] PEI T, SOBOLEVSKY S, RATTI C, et al. A new insight into land use classification based on aggregated mobile phone data[J]. International Journal of Geographical Information Science, 2014, 28(9-10): 1988-2007.

[26] RATTI C, FRENCHMAN D, PULSELLI R M, et al. Mobile landscapes: using location data from cell phones for urban analysis[J]. Environment & Planning B: Planning & Design, 2006, 33(5): 727-748.

[27] SONG C M, KOREN T, WANG P, et al. Modelling the scaling properties of human mobility[J]. Nature Physics, 2010, 6(10): 818-823.

[28] TU W, CAO J Z, YUE Y, et al. Coupling mobile phone and social media data: a new approach to understanding urban functions and diurnal patterns[J]. International Journal of Geographical Information Science, 2017, 31(4): 1-28.

[29] VICKREY W S. Congestion theory and transport investment[J]. American Economic Review, 1969, 59(2): 251-260.

[30] WESOLOWSKI A, EAGLE N, TATEM A J, et al. Quantifying the impact of human mobility on malaria[J]. Science, 2012, 338(6104): 267-270.

[31] YAO Y, HONG Y, WU D, et al. Estimating the effects of "community opening" policy on alleviating traffic congestion in large Chinese cities by integrating ant colony optimization and complex network analyses[J]. Computers, Environment and Urban Systems, 2018, 70(July): 163-174.

[32] YUE Y, ZHUANG Y, YEH A G O, et al. Measurements of POI-based mixed use and their relationships with neighbourhood vibrancy[J]. International Journal of Geographical Information Systems, 2017, 31(4): 658-675.

[33] ZHOU J, MURPHY M, LONG Y. Commuting efficiency in the Beijing metropolitan area: an exploration

combining smartcard and travel survey data[J]. Journal of Transport Geography, 2014, 41(41): 175-183.

[34] 陈玉思, 蔡坚勇, 王良鸿, 等. 基于区域密度的交通拥堵判别方法[J]. 计算机系统应用, 2016, 25(6): 171-174.

[35] 高德地图. 2017 年度中国主要城市交通分析报告 [DB/OL]. 2018, http://cn-hangzhou.oss-pub.aliyun-inc. com/download-report/download/yearly_report/2017/.

[36] 龙瀛, 罗子昕, 茅明睿. 新数据在城市规划与研究中的应用进展[J]. 城市与区域规划研究, 2018, 10(3): 85-103.

[37] 龙瀛, 毛其智, 杨东峰, 等. 城市形态、交通能耗和环境影响集成的多智能体模型[J]. 地理学报, 2011, 66(8): 1033-1044.

[38] 马妍, 沈振江, 王珺玥. 多智能体模拟在规划师知识构建及空间规划决策支持中的应用——以日本地方城市老年人日护理中心空间战略规划为例[J]. 现代城市研究, 2016(11): 28-38.

[39] 韦伟. 基于实测数据的道路交通状态特征及拥堵传播规律分析方法[D]. 北京: 北京交通大学, 2017.

[40] 张维. 基于手机定位数据的城市居民出行特征提取方法研究[D]. 南京: 东南大学, 2015.

[41] 赵丽元. 基于 GIS 的土地利用交通一体化微观仿真研究[D]. 成都: 西南交通大学, 2011.

[42] 周麟, 田莉, 梁鹤年, 等. 基于复杂适应性系统"涌现"的"城市人"理论拓展[J]. 城市与区域规划研究, 2018, 10(4): 126-137.

[欢迎引用]

吴昊, 刘凌波, 彭正洪, 等. 结合大数据的居民通勤仿真研究: 一个智能体模型的规划应用尝试[J]. 城市与区域规划研究, 2020, 12(2): 87-101.

WU H, LIU L B, PENG Z H, et al. Simulation of residents commuting using big data: an agent-based modeling for urban planning application[J]. Journal of Urban and Regional Planning, 2020, 12(2): 87-101.

多样性视角下城市基本公服设施空间配置特征研究：

以武汉市为例

刘合林　郑天铭　王　珺　谭雅文

Research on the Characteristics of Spatial Arrangement of Basic Urban Public Service Facilities from a Diversity Perspective：A Case Study of Wuhan

LIU Helin[1], ZHENG Tianming[1], WANG Jun[2], TAN Yawen[3]

(1. School of Architecture and Urban Planning, Huazhong University of Science and Technology, Wuhan 430074, China; 2. School of Architecture, Georgia Institute of Technology, Atlanta 30314, USA; 3. School of Urban Design, Wuhan University, Wuhan 430072, China)

Abstract　Spatial arrangement of basic urban public service facilities is an important part of urban planning practice. Compared with the supply quantity of basic public service facilities, the distance decay of their service ability and diversity of their users have received little attention, both in theoretical study and practice. Under the principle of balanced allocation, this paper holds that spatial allocation should take into account both quantity and diversity of basic public service facilities within a service unit. Taking Wuhan City as an example, this paper, based on the data of POI and WeChat Yichuxing, examines the spatial arrangement characteristics of its basic urban public service facilities by GIS analysis and the diversity index modes. It concludes that the spatial arrangement of its basic public service facilities shows a typical core-periphery pattern in terms of quantity and an inconsistency of supply and demand; there is a low level of diversity: within the 3rd Ring Road of

作者简介
刘合林、郑天铭，华中科技大学建筑与城市规划学院；
王珺，佐治亚理工学院建筑学院；
谭雅文，武汉大学城市设计学院。

摘　要　城市基本公服设施配置是城市规划实践的重要内容之一。已有的理论研究和实践多注重基本公服设施的数量供给探讨，对其服务能力的距离衰减特征和服务对象的社会群体多元特征重视不足。在考虑均衡配置原则的指导下，文章认为其空间配置应当注重服务单元内的基本公服设施的数量供给与多样性供给。以武汉市为例，文章基于POI和微信宜出行数据，利用GIS技术和多样性指数模型测度其空间配置特征，发现其在数量特征上呈现典型的核心—边缘格局，存在供给和需求的失配问题；在多样性特征上总体水平较低，三环线内呈现核心—边缘格局特征，三环线外表现出断层配置的问题，且部分边缘地段的城市居民只享有单一的基本公共服务设施

关键词　基本公服设施；空间配置；数量特征；多样性特征；武汉市

1　引言

　　自十六届六中全会以来，基本公共服务设施（以下简称"基本公服设施"）的配置问题备受社会关注。十九大报告更是明确将该问题作为政府工作的重难点。一般而言，城市基本公服设施由城市政府提供，以满足一定区域内城市居民的基本需求（孙德芳、沈山，2012）。基于上述背景并考虑到我国的人居环境品质提升要求，基本公服设施的配置问题值得开展更加科学、深入的探究。

　　基本公服设施供给的空间公平性历来是基本公服设施

Wuhan a core-periphery pattern is seen, outside the 3rd Ring Road a lack of allocation is shown, and urban residents in some marginal areas only have access to singular basic public service facilities.

Keywords basic urban public service facilities; spatial arrangement; quantitative characteristics; diversity characteristics; Wuhan City

配置问题的研究重点（林康等，2009），其原则是要满足服务区内基本公服设施需求和供给的平衡。平衡的准则在西方的学术研究中尤为体现在效率与公平的协调上（Teitz，1968；Broady，1974；方远平、闫小培，2008；高军波、苏华，2010），受此影响，国内大量学者以基本公服设施的数量配置作为切入点探讨其空间公平性。就区域尺度而言，郑文升等（2015）利用差异系数和基尼系数等方法，发现我国城市间的基础医疗设施存在不公平配置问题，但配置的公平性水平总体上表现出逐渐提高的趋势。在市域尺度上，高军波等（2011）利用综合公平指数模型，发现广州市城市公服设施配置呈核心—边缘特征；张慧江等（2020）基于地理国情数据的研究表明，贵阳市公服设施配置存在城乡对立的特征。就城市内部而言，湛东升等（2020）基于政府官方数据，采用公服设施的服务半径和服务圈层加权叠加的方法，发现北京市公服设施"一心五片"的空间集聚格局。岑君毅等（2019）则利用POI挖掘广州市基础教育设施的空间格局，发现其呈现多中心的空间结构。

上述研究均以基本公服设施在空间上的数量配置特征为视角开展研究，并为基本公服设施的规划实践提供指导与建议。另有一批学者采取了与此种思路不同的研究方法，认为需要强调基本公服设施的配置应该充分考虑到具体服务区域的服务对象，即城市居民的具体情况。例如，朱华华等（2008）将区域人口均等与区域公服面积均等作为划分研究区域单元的依据，提出对现有设施可以采取保留、删除或新增来实现其均等配置。黎晓玲等（2015）以赣州市为例，通过对比城乡常住人口与医疗设施的配置规模，提出了基于常住人口分布特征的城乡医疗设施配置优化策略。然而，该类研究在本质上仍是从基本公服设施的数量角度来研究其配置合理性问题，但其出发点是将人口数量的空间分布情况与基本公服设施配置数量的空间分布情况进行有效匹配，进而形成基本公服设施配置的规划指导原则。

因此，可以认为，上述对基本公服设施空间配置的研究仍然重视数量适配，而对城市居民在城市基本公服设施需求上表现出的多样性和动态性考虑不足（张敏，2017）。换言之，城市基本公服设施空间配置，一方面，需要正视基本公服设施的种类多样性，而不是将各种基本公服设施量化为同一的某个维度；另一方面，需要充分考虑到城市人口的时空变动过程和由此引起的基本公服设施需求的多样性及其动态性，从而有的放矢地适时更新基本公服设施数量和种类。此外，还需要重视基本公服设施的服务能效存在空间衰减问题，因此需要关注一定服务单元内的居民个体的社会生活特征（王茜等，2018；洪学婷等，2016）。例如，对某一社区生活圈而言，其中的居民如果能够在距离社区较近的便利店解决日常生活所需，则不会选择付出更高的通勤成本而选择生活圈外更大型的基本公服设施所提供的服务。此外，如果在某一社区生活圈内仅有某一种类型的基本公服设施（例如体育活动设施）而没有其他基本公服设施（例如医疗设施），即使数量供给足够亦不能满足居民实际需求。因此，在关注基本公服设施数量的空间配置之外，还应该关注其多样性，并将基本公服设施的数量配置和多样性配置与其服务人口的空间分布进行有效匹配。

依据配置方式的不同，基本公服设施可分为服务半径依赖型与网络系统依赖型（张京祥等，2012）。其中，后者为交通道路和给排水等依赖管道运输提供服务的设施，其在政府供给方式和居民使用方式方面上与服务半径依赖型设施存在极大差异，难以综合叠加讨论（张京祥等，2012；黎婧等，2017）。因此，本文重点关注服务半径依赖型基本公服设施，其一般提供教育、文化、体育、娱乐等服务功能。如前文所述，不同的基本公服设施类型在空间上的分布多处于动态变化状态，受调查文件和各类官网等传统数据来源的限制（黎婧等，2017；高军波等，2011），传统的研究方法难以及时跟踪这种动态变化态势，而大样本数据（例如 POI 数据）为解决此类问题提供了可能（顾江等，2017）。同时，此前研究往往以统计年鉴中的常住人口为依据实现对基本公服设施的供需测度，其精度尤其是空间精度非常有限。因此，本文拟以服务半径依赖型基本公服设施为研究对象，基于 POI 数据和微信宜出行数据展开研究。

综上所述，基本公服设施的数量分布受到研究学者的广泛关注，而多样性维度受到的关注较少且相关研究的空间精度受限明显。因此，本文认为应当统筹数量分布和多样性分布的研究，并将其与人口分布进行对比分析，挖掘城市基本公服设施的空间配置特征，以指导城市规划和建设。为此，本文以服务半径依赖型基本公共服务设施为研究对象，以武汉市人口与基本公服设施高度集中区为研究范围（国家发展改革委，2018；谢慧敏，2017），基于 GIS 平台利用大样本 POI 数据对研究范围内基本公服设施的数量分布格局和多样性分布格局特征进行识别并提出相关规划建议。

2 研究思路与方法

2.1 研究思路

本文研究思路如图 1 所示。根据前文所提出的空间配置研究重点，本文从两个维度展开研究。一是数量特征维度。本文首先统计武汉市中心各区的基本公服设施数量；其次，根据《武汉市 15 分钟社区生活圈实施行动指引》及相关规划与规定，确定各类基本公服设施的服务权重（顾江等，2017）；然后，基于 1 千米网格，采用核密度分析法可视化基本公服设施数量和对应人均基本公服设施数量的空间分布；最后，通过比对各个网格的设施数量和人均设施数量，得到存在供需矛盾的网格区域（即有人口而无设施网格）。二是多样性特征维度。本文利用多样性指数（香农—威纳指数）分析研究区域内基本公服设施的多样性及其分布特征，识别基本公服设施空间配置最为多样的地段。综合上述分析结果，采取叠加分析的方法识别既具有良好数量供给又具备良好多样性的基本公服设施配置空间。

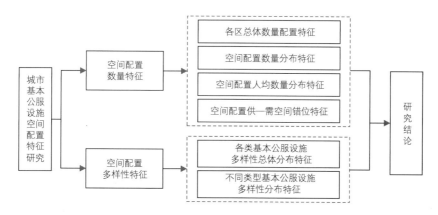

图 1 多样性视角下城市基本公服设施空间配置特征研究思路

2.2 多样性指数

为识别基本公服设施的空间多样性特征，本文选取香农—威纳指数作为多样性指数的测度方法。该方法的实质是测度一定单元内功能的混合程度（张学雷等，2014；满洲等，2018）。在此基础上，通过对用地多样性指数进行反距离插值，分析研究区域内基本公服设施和各类型基本公服设施内部的空间多样性特征。其计算公式为：

$$H = -\sum P_i \ln P_i$$

式中，H 是多样性指数，其值域为 $[0, \ln N]$，N 在本文中指代基本公服设施种类数；P_i 代表第 i

种类型的 POI 数据占一个渔网网格内所有类型 POI 数据的比例量。H 趋近于 0 时，代表该单元内的基本公服设施种类单一，多样性低。H 取值越大，代表该单元内的基本公服设施种类越丰富，多样性越高。

3 研究范围与数据来源

3.1 研究范围

本文的研究范围包含武汉市江岸区、江汉区、硚口区、汉阳区、武昌区、洪山区和青山区共七个市辖区，辖区面积达 965.75 平方千米。武汉市的城市常住人口基本集聚于该区域。因此，为满足居民生活需求，其基本公服设施配置同样集中于此。

3.2 数据来源

根据《"十三五"推进基本公共服务均等化规划》、基本公共服务设施的相关定义与研究（徐秀玉，2020；徐高峰等，2018）以及《武汉市 15 分钟社区生活圈实施行动指引》，本文将城市基本公服设施分为城市公园、文化服务、教育服务、商业服务、体育服务、交通服务、医疗服务和娱乐服务八个类别，各类设施包含的具体内容如表 1 所示。各类基本公服设施的 POI 数据通过百度 API 扒取获得（顾江等，2017），经数据处理形成基本公服设施数据库。同时，本文利用微信城市服务中的宜出行平台提供的相对人口数据（由微信后台根据微信软件使用定位统计），认定研究区域内连续一周内日22 时的人口中位数为常住人口（申犁帆等，2019）。

表 1 城市基本公服设施分类

城市公园	文化服务	教育服务	商业服务	体育服务	交通服务	医疗服务	娱乐服务
公园	博物馆	小学	便利店	健身中心	公交车站	药店	娱乐场所
城市广场	美术馆	中学	超级市场	篮球场馆	地铁站	诊所	影剧院
	图书馆	职业技术	商场	台球厅		专科医院	休闲场所
	文化宫	成人教育		游泳馆		综合医院	
				羽毛球馆			
				足球场			

4 基本公服设施空间配置数量特征

4.1 各区总体数量配置特征

由图 2 可知，洪山区辖区范围内的基本公服设施总量最多，青山区最少，且除文化服务设施外，其余不同类型的基本公服设施数量的极大值均出现在洪山区，其主要缘于洪山区的辖区范围远大于其余城区。此外，汉阳区配置的基本公服设施总量为七个城区中的中位数。以汉阳区为划分参照标准，洪山区、武昌区、江岸区配置的基本公服设施总量较多，江汉区、硚口区和青山区配置的基本公服设施总量较少。

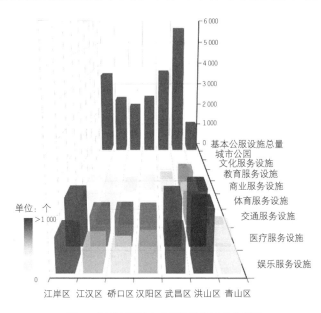

图 2　各区不同基本公服设施数量总体情况

4.2 空间配置数量分布特征

正如前文所述，为平衡不同公服设施的等级差异，本文根据服务半径加权统计各类基本公服设施数量，以武汉市所定义的社区生活圈范围作为核密度分析的衰减限制，基于 GIS 平台得到图 3。借鉴何建华等（2017）认定的武汉市核心识别成果，本文发现武汉市基本公共服务设施的空间配置呈现显著的核心—边缘格局特征。城市中心的基本公服设施配置数量最多，其中汉街一带和武广一带的集聚程度最高；城市边缘地区的基本公服设施配置数量低甚至无配置，其中天兴乡、八吉府街和左岭街的配置集聚程度最低。同时，研究区域内基本公服设施配置的极核多集中在地标性地段，即对居民日常生活具有较大影响力的区域，例如武广一带、江汉路、街道口和光谷广场等地。

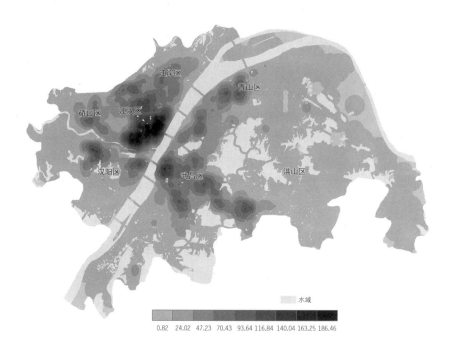

图 3　基本公服设施配置数量分布特征示意

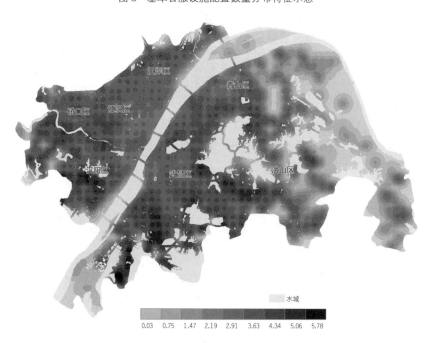

图 4　基本公服设施配置人均数量分布特征示意

4.3　空间配置人均数量分布特征

　　由于人均公服设施的绝对数量过小，故本文对人均数量采取对数函数变换并对其空间分布进行可视化，结果如图 4 所示，颜色越深代表人均数量越低，越浅代表人均数量越高。因此，武汉市基本公服设施人均数量的分布情况在三环线以内也呈现出由核心向边缘递减的核心—边缘结构特征。具体来说，武广一带、江汉路商圈和汉街一带等城市核心地段的人均基本公服设施数量高于三环线的内侧地段的人均基本公服设施数量。同时，在可视化过程中，当某一网格的人均基本公服设施数量显著不同于相邻网格时，该网格的人均基本公服设施数量将采取不同颜色与大小的"点"来表示。可以发现，武汉市三环线以内出现较多割裂且独立的点，这些点集表明其所属网格的人均基本公服设施数量较低。此外，上述点集以江汉区内分布最少，可以认为江汉区人均基本公服设施数量在空间分布上较为均质。

4.4　空间配置数量的空间适配特征

　　为检验研究区域是否存在基本公服设施配置的空间错位现象，本文以有无基本公服设施与有无人口为基本原则来可视化两者的空间匹配情况（图 5）。就全部类型的基本公服设施总体而言，一是无

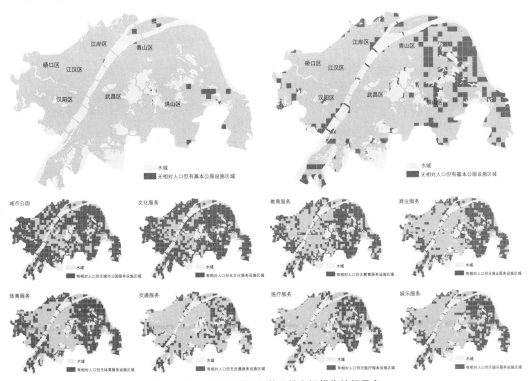

图 5　基本公服设施配置数量的空间错位特征示意

相对人口却配置有基本公服设施的区域较少，仅江岸区、洪山区和青山区存在，通过卫星图观察，上述区域基本为武汉市乡村地区；二是有相对人口却无基本公服设施配置的区域较多，多数分布于研究区域的边缘带，在各区中的具体街道分布如表 2 所示。

表 2　各区基本公服设施数量配置的空间错位街道和集聚地段统计

	江岸区	江汉区	硚口区	青山区	武昌区	汉阳区	洪山区
空间错位涉及街道	丹水池街道 谌家矶街道 后湖街道 塔子湖街道	汉兴街道	葛家街道	红卫路街道 厂前街道 武东街道	白沙洲街道	鹦鹉街道 洲头街道 永丰街道 江堤街道	天兴乡 八吉府街道 左岭街道 九峰街 狮子山街道 关东街道 洪山街道 清潭湖办事处 青菱街道 张家湾街道 白玉山街道 北湖管委会
空间错位集聚地段	滠口新城地铁站东侧和汉黄路周边	张公堤路周边	张家湖周边	郭家大湾周边和武钢港务公司周边	鹦鹉洲长江大桥南部	国博大道立交桥周边和龙阳湖西南部	北湖大桥周边、武鄂高速沿线、严西湖周边和青菱街道四环线周边

在分类型的基本公服设施配置空间错位分析中，可以发现，城市公园和文化服务设施配置的空间错位网格数量较多，交通服务设施、医疗服务设施、商业服务设施和娱乐服务设施的空间错位网格数量较少。综合总体的基本公服设施和分类型的基本公服设施的空间配置错位结果，可以看到，江汉区和武昌区的空间错位网格最少。其中，江汉区基本公服设施配置较好的街道主要为民族街道、民权街道、新华街道和常青街道，武昌区基本公服设施配置较好的街道为水果湖街道、中南路街道、粮道街、中华路街道、黄鹤楼街道和首义路街道。

5 基本公服设施空间配置的多样性特征

5.1 各类基本公服设施空间配置多样性的总体分布特征

由前文可知，理论上，研究区域基本公服设施的空间多样性指数的值域为[0，2.08]。分析结果显示，区域内基本公服设施多样性指数的平均值为 0.65，方差为 0.33，这表明基本公服设施空间多样性的分布具有明显差异。结合图 6 可以发现，基本公服设施配置多样性在武汉市三环内总体上呈现核心—边缘格局特征，即中心高、边缘低的特点，其中汉街一带基本公服设施配置的多样性峰值区面积最大。而在三环外，与人均基本设施数量相似，亦存在孤立的低值点夹杂其中，这说明位于该区域的人群无法在该区域享有较为多样的基本公服设施，其可能前往以周边区域为圆心划定的 15 分钟生活圈的区域内解决多样性需求问题。但是，该区域还存在大范围的白色区域，这表明居住在该区域的人群既不能在本区域内享有多样性的基本公服设施，也很难在就近的 15 分钟生活圈内找到多样性的基本公服设施。

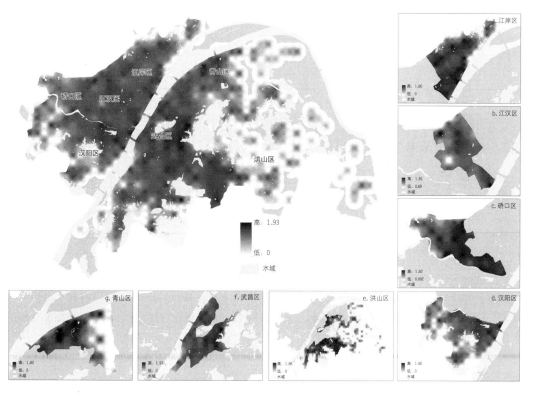

图 6　各类基本公服设施空间多样性特征示意

而就各区的多样性数值分布而言，多样性指数的最大值出现在武昌区，最小值出现在江岸区、青山区、武昌区、汉阳区和洪山区，且在各区中均呈现越趋近于武汉市核心区域多样性高值区越大的趋势，各区基本公服设施空间配备多样性的具体峰值区如表3所示。综合图6和表3，江汉区的多样性指数均值达到1.37，为各区平均多样性指数的最大值，标准差较小，说明江汉区内部基本公服设施的多样性分异程度不大，且多属于多样性指数高值区。

表3　各区基本公服设施多样性分析统计

多样性指数	江岸区	江汉区	硚口区	青山区	武昌区	汉阳区	洪山区
最大值	1.80	1.81	1.60	1.80	1.93	1.80	1.85
最小值	0.00	0.69	0.02	0.00	0.00	0.00	0.00
平均值	1.03	1.37	1.17	0.74	1.01	0.78	0.43
标准差	0.46	0.14	0.26	0.55	0.57	0.51	0.52
峰值出现区域	江岸区政府、汉口花园和市民之家周边	武汉市人民中学、常青公园和汉口火车站周边	湖北警官学院南校区和宗关站至汉西一路站	武钢三中和印象购物城周边	梨园地铁站和中南医院周边	国棉社区、钟家村和武汉博物馆周边	沙湖公园、光谷广场和街道口周边

5.2　不同类型基本公服设施空间配置多样性特征

各区不同类型基本公服设施的多样性值域、平均值、最大值及峰值集聚最大区域如表4所示。可以看到，在武汉市各区中，医疗服务设施的多样性要优于其他类型基本公服设施的多样性。同时，就城市公园设施和交通服务设施而言，各区均存在具有极高多样性的网格，这些网格中配置有相近较高数量的公园与城市广场、公交站与地铁站。此外，就商业服务设施而言，可以发现除硚口区外其他各城区商业服务设施多样性最大值均极为接近多样性的最大值1.10，这表明如表4中所列的各个地段中均配置有相对均衡的便利店、超市和商场。综合不同类型基本公服设施多样性在各区中的空间可视化结果，可以发现，在各区中均分布着较大的低多样性分布区，其中以城市公园和文化服务设施的低多样性分布区面积最大，而商业服务设施、交通服务设施、医疗服务设施和娱乐服务设施的低多样性分布区面积则相对较小。

表4　各区不同类型基本公服设施多样性分析统计

		城市公园	文化服务	教育服务	商业服务	体育服务	交通服务	医疗服务	娱乐服务
	值域	[0,0.69]	[0,1.39]	[0,1.39]	[0,1.10]	[0,1.79]	[0,0.69]	[0,1.39]	[0,1.10]
江岸区	平均值	0.05	0.08	0.27	0.35	0.23	0.19	0.76	0.25
	最大值	0.69*	1.10	1.26	1.09*	1.33	0.69*	1.36	0.90
	峰值集聚最大区域	汉口江滩三峡石广场周边	武汉横渡长江博物馆周边	武汉市第三十中学周边	家乐福武汉建设店周边	名仕台球花桥店周边	兴业路地铁站周边	新明中医门诊周边	御江苑周边
江汉区	平均值	0.07*	0.14*	0.51*	0.60*	0.45*	0.28*	1.05*	0.39*
	最大值	0.69*	0.96	1.29	1.09*	1.61*	0.69*	1.37	1.01
	峰值集聚最大区域	中山公园周边	武汉博物馆周边	武汉市第一中学周边	中百罗森自治街店周边	网吧住宿台球周边	中山公园地铁站至友谊路地铁站地段	武汉阿波罗医院周边	武汉京剧院周边
硚口区	平均值	0.02	0.12	0.24	0.36	0.30	0.20	0.90	0.26
	最大值	0.69*	1.10	1.32	1.04	1.04	0.64	1.37	1.10*
	峰值集聚最大区域	硚口公园周边	硚口区图书馆周边	武汉市第二十九中学周边	中百超市荣华店周边	天梨豪园游泳池周边	武胜路地铁站周边	武汉蓝天医院周边	古田街老年活动中心周边
汉阳区	平均值	0.01	0.05	0.10	0.18	0.11	0.12	0.48	0.15
	最大值	0.69*	1.04	1.38*	1.09*	1.56	0.69*	1.38*	0.99
	峰值集聚最大区域	月湖风景区周边	武汉桥文化博物馆周边	钟家村小学周边	汉南21世纪购物中心周边	汉阳江滩足球场周边	马鹦路地铁站周边	十里铺地铁站周边	中影国际影城永旺店周边
武昌区	平均值	0.05	0.12	0.31	0.34	0.31	0.18	0.64	0.31
	最大值	0.69*	1.33*	1.27	1.09*	1.37	0.69*	1.37	1.05
	峰值集聚最大区域	首义广场周边	武昌区博物馆和湖北省博物馆周边	首义路小学周边	中百超市金沙路店周边	伯恩斯健身游泳会所周边	洪山广场地铁站周边	湖北省中医院周边	湖北省林业厅老干部活动中心周边
青山区	平均值	0.02	0.06	0.18	0.22	0.12	0.04	0.48	0.16
	最大值	0.09*	1.10	1.38*	1.09*	1.52	0.69*	1.38*	1.10*
	峰值集聚最大区域	钢都花园周边	武钢博物馆周边	武钢第四中学周边	中百超市建四店周边	武汉市普仁医院周边	和平大道罗家路公交站周边	青山区妇幼保健院周边	武钢第三中学周边

		城市公园	文化服务	教育服务	商业服务	体育服务	交通服务	医疗服务	娱乐服务
	值域	[0,0.69]	[0,1.39]	[0,1.39]	[0,1.10]	[0,1.79]	[0,0.69]	[0,1.39]	[0,1.10]
洪山区	平均值	0.08	0.01	0.05	0.09	0.12	0.04	0.22	0.08
	最大值	0.69*	1.33*	1.37	1.09*	1.21	0.69*	1.37	1.01
	峰值集聚最大区域	光谷步行街沿路	虎泉自助图书馆周边	广埠屯小学周边	光谷步行街沿路	武汉理工大学周边	省农科院周边	保民康大药房周边	君宜王朝大饭店周边

注：*表示该类基本公服设施多样性的最大数值。

6 结论与讨论

为创建宜居的城市生活环境，城市基本公服设施的空间配置既要注重数量供给，也要注重类型供给，并且将数量和类型与其所服务的人口进行有效匹配。由于城市不同地段的人口无论在数量还是在结构上都处于动态变化，因此，城市基本公服设施的空间配置需要在数量上和类型上进行有针对性的动态更新，基于高空间粒度的城市基本公服设施的空间配置特征分析尤为重要。据此，本文根据武汉市的规划政策文件将城市基本公服设施分成八类，利用POI和微信宜出行平台的高精度大样本数据，基于GIS平台对基本公服设施配置的空间数量特征和多样性特征进行识别分析，得到以下两点基本结论。第一，就数量特征而言，其呈现典型的核心—边缘格局，从人口与设施的匹配角度来看，表现出以具有相对人口而未配置基本公服设施为主的空间错配现象。在该现象中，城市公园设施和文化服务设施的空间错配面积最大。第二，在多样性特征方面，基本公服设施在三环线内呈现核心—边缘格局，即中心多样性较高而三环线内侧多样性较低的特点，在三环线外则出现了多样性配置的断层现象，并且这一区域内存在大量城市居民难以享有多样化的基本公共设施服务的地段，有部分地段的多样化配置设置甚至缺失。

如前文所述，城市基本公服设施的多样性配置，其目的在于满足城市居民多样的即时性需求和计划性需求。然而，各类基本公服设施在规模与数量上均具有先天的内在差异，因此，本文依据武汉市政府发布的相关规划文件和服务半径标准，并根据距离衰减原理实现对不同类型的基本公服设施服务效能的叠加处理，从某种程度上而言，解决了过往研究中对基本公服设施数量机械叠加统计所带来的不足。值得注意的是，本文利用1千米网格这种空间分析精度来识别和定位城市基本公服设施的空间错配地段（如具体街道），一定程度上为基本公服设施的空间配置优化提供了更具针对性的规划依据。此外，本文还特别识别出了在基本公服设施人均数量和多样性上均处于上四分位的地段，即20个研究区域内既具有良好人均数量供给，又具有良好多样性的具体地段（表5），为武汉市城市更新中的基本公服设施配置提供了一个参照。

表 5　研究区域内具备良好数量供给和多样性的地段

具体地段名称	人均基本公服设施数量	多样性指数	所属行政区
江岸区教育局周边	0.075	1.80	江岸区
台北一路喷泉公园公交站周边	0.072	1.47	江岸区
徐州新村地铁站周边	0.068	1.51	江岸区
汉为体育江滩篮球公园周边	0.064	1.63	江岸区
武汉市图书馆周边	0.051	1.48	江岸区
北京路中山大道公交站周边	0.067	1.51	江汉区
龙王庙周边	0.065	1.81	江汉区
泛海国际居住区樱海园周边	0.058	1.54	江汉区
循礼门地铁站周边	0.056	1.55	江汉区
金家墩小区周边	0.048	1.57	江汉区
晴川大道晴川阁公交站周边	0.144	1.74	汉阳区
月湖靠近琴台地铁站一侧周边	0.084	1.48	汉阳区
汉阳大道钟家村公交站周边	0.071	1.69	汉阳区
春晓路蔷薇路公交站周边	0.051	1.56	汉阳区
东湖风景区靠近省博一侧周边	0.071	1.72	武昌区
紫阳公园周边	0.058	1.54	武昌区
湖北省政府采购中心周边	0.054	1.74	武昌区
惠明路省委公交站周边	0.049	1.59	武昌区
临江大道秦园路周边	0.049	1.53	武昌区
青山公园周边	0.104	1.58	青山区

　　此外，本文的研究可以在如下两个方面开展进一步的创新研究。首先，本文对于研究单元内部使用人群的社会经济特性的考虑不足。本文的理论假设是基于空间公平的角度来分析基本公服设施的空间配置问题，这一假设默认了分析网格单元之间在人口社会经济属性上的同质性。因此，为了进一步反映这种差异性，可以利用手机信息等大数据分析识别各单元内的人口社会经济属性，从而分辨出不同人群的不同需求及其与单元内基本公服设施类型的匹配程度。其次，本文采用的核密度分析方法以圆形缓冲区来考虑距离衰减影响，且由于武汉市对较多基本公服设施的服务半径并未界定，本文采用武汉市确立的 15 分钟生活圈的建设标准进行衰减范围划定，这在描述距离衰减的实际作用时可能存在一定误差。依据本文分析结果，笔者认为在未来的城市基本公服设施配置中，城市可以采用占地面积较小的小型基本公服设施开展针灸式的改善工作（陈筝等，2018）。例如在医疗服务设施的配置中，

由于其具有良好的等级规模互补配置，即医院+诊所+药店的配置方式，使其在数量和多样性上均表现优良，这为其他类型的基本公服设施的配置方式提供了新的思路。

致谢

本文受湖北省技术创新专项基金（2017ADC073）、城市规划智能决策关键支持技术基金（D1218006）资助。

参考文献

[1] BROADY M. Social justice and the city[J]. Journal of Social Policy, 1974, 3(4): 372-374.

[2] TEITZ M B. Toward a theory of urban public facility location[J]. Papers of the Regional Science Association, 1968, 21(1): 35-51.

[3] 岑君毅, 李郇, 余炜楷. 广州城市基础教育设施空间分布特征与规划供给机制研究[J]. 规划师, 2019, 35(24): 5-12.

[4] 陈筝, 张毓恒, 刘颂, 等. 面向健康服务的城市绿色空间游憩资源管理: 美国公园处方签计划启示[J]. 城市与区域规划研究, 2018, 10(4): 100-116.

[5] 方远平, 闫小培. 西方城市公共服务设施区位研究进展[J]. 城市问题, 2008(9): 87-91.

[6] 高军波, 苏华. 西方城市公共服务设施供给研究进展及对我国启示[J]. 热带地理, 2010, 30(1): 8-12+29.

[7] 高军波, 余斌, 江海燕. 城市公共服务设施空间分布分异调查——以广州市为例[J]. 城市问题, 2011(8): 55-61.

[8] 高军波, 周春山, 王义民, 等. 转型时期广州城市公共服务设施空间分析[J]. 地理研究, 2011, 30(3): 424-436.

[9] 顾江, 张晓宇, 萧俊瑶. 基于实时交通出行数据的居民生活便利性评价——以武汉主城区为例[J]. 城市与区域规划研究, 2017, 9(4): 156-174.

[10] 国家发展改革委. 国家发展改革委关于支持武汉建设国家中心城市的复函[EB/OL]. (2018-07-30)[2016-12-14]. http://www.ndrc.gov.cn/zcfb/zcfbtz/201701/t20170125_836739.html.

[11] 何建华, 高雅, 李纯. 武汉市多中心发展格局演变研究[J]. 国土与自然资源研究, 2017(6): 1-7.

[12] 洪学婷, 张宏梅. 国外环境责任行为研究进展及对中国的启示[J]. 地理科学进展, 2016, 35(12): 1459-1471.

[13] 黎婕, 冯长春. 北京城市公共服务设施空间分布均衡性研究[J]. 地域研究与开发, 2017, 36(3): 71-77.

[14] 黎晓玲, 谢霏雰, 李志刚. 基于常住人口的城乡基本公共服务均等化研究——以江西赣州医疗服务设施为例[J]. 规划师, 2015, 31(S1): 123-131.

[15] 林康, 陆玉麒, 刘俊, 等. 基于可达性角度的公共产品空间公平性的定量评价方法——以江苏省仪征市为例[J]. 地理研究, 2009, 28(1): 215-224+278.

[16] 满洲, 赵荣钦, 袁盈超, 等. 城市居住区周边土地混合度对居民通勤交通碳排放的影响——以南京市江宁区典型居住区为例[J]. 人文地理, 2018, 33(1): 70-75.

[17] 申犁帆, 张纯, 李赫, 等. 城市轨道交通通勤与职住平衡状况的关系研究——基于大数据方法的北京实证分析[J]. 地理科学进展, 2019, 38(6): 791-806.

[18] 孙德芳, 沈山. 国内外公共服务设施配置研究进展[J]. 城市问题, 2012(9): 27-33.

[19] 王茜, 何川秀玥, 翁敏. 基于圈层模型的15分钟社区健身圈均等化建设测度与分析[J]. 城市与区域规划研究, 2018, 10(4): 73-82.

[20] 谢慧敏. 以四大功能为支撑 加快建成国家中心城市[N]. 湖北日报, 2017-01-26(001).

[21] 徐高峰, 赵渺希. 上海中心城区公共服务设施社会需求匹配研究[J]. 城市与区域规划研究, 2017, 9(4): 199-212.

[22] 徐秀玉. 广州市基本公共休闲服务水平空间格局演变及影响因素[J/OL]. 资源开发与市场, 1-10[2020-10-07]. http://kns.cnki.net/kcms/detail/51.1448.N.20200826.1700.010.html.

[23] 湛东升, 张文忠, 张娟锋, 等. 北京市公共服务设施集聚中心识别分析[J]. 地理研究, 2020, 39(3): 554-569.

[24] 张慧江, 李战军, 赵勇. 基于地理国情数据综合分析贵阳市公共服务空间格局[J]. 地理空间信息, 2020, 18(6): 44-47＋6.

[25] 张京祥, 葛志兵, 罗震东, 等. 城乡基本公共服务设施布局均等化研究——以常州市教育设施为例[J]. 城市规划, 2012, 36(2): 9-15.

[26] 张敏. 全球城市公共服务设施的公平供给和规划配置方法研究——以纽约、伦敦、东京为例[J]. 国际城市规划, 2017, 32(6): 69-76.

[27] 张学雷, 屈永慧, 任圆圆, 等. 土壤、土地利用多样性及其与相关景观指数的关联分析[J]. 生态环境学报, 2014, 23(6): 923-931.

[28] 郑文升, 蒋华雄, 艾红如, 等. 中国基础医疗卫生资源供给水平的区域差异[J]. 地理研究, 2015, 11: 2049-2060.

[29] 朱华华, 闫浩文, 李玉龙. 基于Voronoi图的公共服务设施布局优化方法[J]. 测绘科学, 2008(2): 72-74.

[欢迎引用]

刘合林, 郑天铭, 王珺, 等. 多样性视角下城市基本公服设施空间配置特征研究: 以武汉市为例[J]. 城市与区域规划研究, 2020, 12(2): 102-117.

LIU H L, ZHENG T M, WANG J, et al. Research on the characteristics of spatial arrangement of basic urban public service facilities from a diversity perspective: a case study of Wuhan [J]. Journal of Urban and Regional Planning, 2020, 12(2): 102-117.

三维街道界面密度分析：

基于行人视角的街道界面三维评价指标探索

牛　强　杨　超　汤　曦　王　盼　陈静仪

3D Street Interface Density Analysis: An Exploration of 3D Street Interface Evaluation Index Based on Pedestrian Perspective

NIU Qiang[1], YANG Chao[2], TANG Xi[3], WANG Pan[1], CHEN Jingyi[1]
(1. School of Urban Design, Wuhan University, Wuhan 430072, China; 2. Guangzhou Urban Planning & Design Survey Research Institute, Guangzhou 510030, China; 3. a+p Consultants, Suzhou 215000, China)

Abstract　Currently quantitative control of street interface is mainly based on traditional two-dimensional(2D) indicators such as interface density and line-up rate, but this paper uses the projection principle to simulate the street interface shape in the eye of pedestrians and thus puts forward a three-dimensional(3D) interface density index. This indicator measures the enclosure of street interface by calculating the proportion of projected area of the street interface from the perspective of pedestrians. In order to verify its validity, based on four well-known domestic pedestrian streets, a comparative study is conducted with traditional 2D indicators and finds that although these streets enjoy similar 2D interface density, the 3D interface density presents remarked differences, suggesting that it can reflect more accurately the impact of street interface on perception of the street facade in terms of vertical shape change, street width and building setback distance. Furthermore, through VR experiments, this paper examines the correlation of 2D and 3D interface density with pedestrians' sense of enclosure, finding that the latter is more consistent since it can measure

作者简介
牛强、王盼、陈静仪，武汉大学城市设计学院；
杨超，广州市城市规划勘测设计研究院；
汤曦，北京中新佳联国际规划设计与咨询公司。

摘　要　当前街道界面的量化控制主要基于界面密度、贴线率等传统二维指标，而本文利用投影原理模拟行人眼中的街道界面形状，从而提出三维界面密度指标。该指标通过计算行人视野内街道界面投影面积的占比，来衡量街道界面的围合性。为了验证该指标的效度，文章基于四条国内著名步行街，与传统二维指标进行了对比研究，发现尽管这些街道的二维界面密度比较接近，但三维界面密度却呈现出较大差异，说明它能更为准确地反映出街道界面在竖向上的形态变化、街道宽度以及建筑后退距离对街道立面观感的影响；进而通过 VR 实验调查了二、三维界面密度与行人在街道空间中的围合感的相关性，发现后者更为一致，能够更准确地测度行人在街道中的围合感受。该指标能辅助城市管理者更好地量化控制街道界面，营造出更具活力的街道空间。

关键词　街道界面；行人视角；三维界面密度；围合感

　　街道空间是城市居民进行社会交流的重要场所之一，现代城市居民正常生活已经离不开街道，一条优秀的街道能给城市居民带来更好的生活体验。街道界面的围合是街道空间的形成基础，卡米洛·西特（Camillo Sitte）认为街道作为城市开敞空间，封闭性是其本质，如何运用连续界面形成封闭空间，是街道取得艺术效果的最基本条件（西特，1990）。也如《伟大的街道》中所讲，"我们所讨论的所有伟大街道，无一不是边界清晰"（雅各布斯，2009），街道空间的围合是评判街道空间品质的重要标准。但如今

pedestrian's sense of enclosure more accurately. This indicator can assist city managers to better quantify and control the street interface and create a more vibrant street space.

Keywords street interface; pedestrian perspective; three-dimensional (3D) interface density; sense of enclosure

我国的新建街道空间，往往存在围合性较差的问题。

为了营造街道界面的围合感，学者们提出了一系列基于计算的街道界面量化评价方法。国外研究中，日本建筑师芦原义信在《街道的美学》中提出了影响街道舒适度的高宽比（W/D）（芦原义信，2006），探究街道界面与行人感知间的关联，被普遍接受；美国建筑师威廉·阿特金森（William Atkinson）提出了"街道墙"概念（金广君，1991），用来控制街道的整齐性与连续性；葡萄牙学者奥利维拉（Oliveira）等提出的城市形态量化评价方法中Morpho 的"alignment of buildings"参数，类似国内"贴线率"算法，是新技术下的街道界面的量化指标研究（Oliveira et al.，2013）；丁沃沃等学者提出了一种基于视域分析的街道界面轮廓视觉统计图表法（Visual Statistical Diagram，VSD），该方法可将临街建筑界面的凹凸变化根据可视频率转换成统计图表，从而定量反映出街道的几何和视觉特征（Ding et al.，2011）。国内研究中，石峰和沈磊等学者较早提出"界面密度"指标，即街道一侧建筑物沿街投影面宽与该段街道的长度之比，用来量化街道界面的密集程度（石峰，2005；沈磊、孙洪刚，2007）；周钰等学者则探讨了"贴线率"与"街道墙"（street wall）的渊源，并借鉴心理物理学理论推导出"界面密度"与"贴线率"相结合的街道界面参数量化方法（周钰、赵建波等，2012；周钰、张玉坤等，2012；周钰、王桢，2018）；姜洋等学者在传统指标算法的基础上，提出基于 GIS 测度街道界面的最大切面法（姜洋等，2016）；陈泳等学者则基于步行者视角，通过街道底层界面变量与步行逗留数据的对比，分析沿街建筑底层街道界面的形态特征对街道活动的影响（陈泳、赵杏花，2014）；徐磊青等学者通过虚拟街道空间体验结合问卷调查的方式，以人的视角出发探讨建筑界面及绿视率对街道体验的影响（徐磊青等，2017；徐磊青等，2019）；唐婧娴和戴智妹等学者通过神经网络分割技术识别街景图片，依据图像数据要素客观构成分析和使用者主观评价测度目标街道空间品质（唐婧娴、龙瀛，2017；

戴智妹、华晨，2019）；匡晓明和赵新等学者借鉴国外经验与实例研究，提出规划管理角度下的街道的控制方法和协同机制（匡晓明、徐伟，2012；赵新，2019）。

同时在实践中，国内大部分城市在城市设计和控制性详细规划中加强了街道界面围合度的控制。例如，北京市主要通过建筑退线、建筑贴线和建筑高度细化来控制街道界面（北京市规划委员会，2010）；上海市通过建筑界面控制线和贴线率控制街道界面（上海市规划和国土资源管理局，2016）；深圳市主要通过街墙控制、建筑退线和街墙退线贴线三种方式来控制街道界面（深圳市规划局，2009）。

这些研究和实践对于营造边界清晰、围合感强的街道界面发挥了重要作用。但是，这些街道界面评价方法和控制指标多基于二维水平方向的视角，基于行人视角的三维量化指标研究较为缺乏。由于人在街道空间中拥有三维立体的感知感受，传统二维视角忽略了街道界面在立面上的变化，如传统二维界面密度无法完整地测度沿街建筑高度变化及建筑后退对行人围合感的影响，高宽比虽为竖直方向的量化指标，但其以横向剖面的形式量化控制街道界面，缺乏连续性和整体性。

为此，本文基于行人的视觉感官，提出三维界面密度的概念和计算机算法，并通过四条国内著名步行街的应用，将该指标与传统二维界面密度指标进行对比研究，分析其优势，再借助 VR 实验调查了二、三维界面密度与行人在街道空间中的围合感的相关性，佐证其效度。研究得出的新指标从三维层面上描述了街道界面的疏密程度，较之传统二维界面密度指标，能更准确地测度街道空间围合程度，从而可以协助城市更好地控制街道界面的围合感，营造更具活力的街道空间。

1　三维界面密度及其算法

1.1　三维界面密度定义

目前通常使用的街道界面密度的计算方法为：$De = \sum_{i=1}^{n} W_i / L$，其中，$W_i$ 为第 i 个临街建筑物沿街立面的宽度，L 为研究街道的长度（沈磊、孙洪刚，2007）。该指标实际上是所有临街建筑沿街立面投向水平地面的垂直投影长度之和在街道总长度中的占比。可以看出它相对容易计算，但缺乏对街道界面竖向形态、建筑后退以及街道宽度的考量。

随着大规模三维计算技术的发展，三维分析技术在规划中愈发受到重视（党安荣等，2019；怀特等，2016），对街道界面密度进行三维计算已成为可能。为此，本文定义三维街道界面密度为，行人面向街道界面时其视野范围内的街道建筑立面在视野中的占比（式 1）：

$$De_{3D} = \frac{\sum A_i}{A_v} \times 100\% \tag{1}$$

式中，De_{3D} 为三维街道界面密度；A_i 为行人面向街道界面时其视野范围内第 i 栋临街建筑的沿街立面在行人眼中的投影面积；A_v 为行人眼中的视野面积。

这里需要说明的是，现实生活中行人的视角是全方位的，但为了更客观简洁地量化街道界面形态，方便实施和管理，本文选择面向街道界面的行人视角为主要研究角度；另外，行人视野在竖直方向上的最大仰角一般为60°（Olver et al., 2014），行人只能直接感受此范围内的街道界面，因此超出此仰角的建筑立面不计入计算，同时也据此确定行人视野范围。

1.2 算法推导

对于三维街道界面密度 De_{3D}，由于涉及三维空间，其计算相对复杂，且计算量很大，所以必须利用视觉计算的相关方法（图1）。

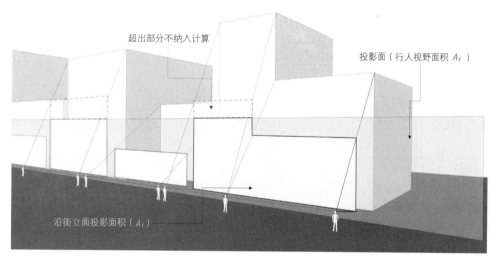

超出部分不纳入计算

投影面（行人视野面积 A_v）

沿街立面投影面积（A_i）

图1 三维界面密度计算方法

首先，对于投影面，由于外界环境是以投影到视网膜上成像的方式被人感知的，而人眼中视网膜成像原理符合几何投影规律，结合实验心理学中的"大小—距离恒定假说"（size-distance invariance hypothesis）（Kilpatrick, 1952），投影面位置的改变不会影响研究的结果，所以，可以利用介于人眼和建筑之间的垂直投影面来计算上述 A_i 及 A_v。

其次，对于建筑立面投影方法，可以转化为对建筑立面外轮廓线的投影，其中重叠部分不重复计算；同时，由于行人会沿街道连续移动，所以投影结果是一系列连续单点视野的拼合。X向采用垂直投向投影面的方法，Z向采用投向人眼的单点投影方法，可以取得和视野拼合相同的结果。

其中，最为关键的算法是建筑立面外轮廓线上特征点在投影面上的投影Z坐标的计算。以图2中建筑顶部特征点 A 的计算为例，其投影坐标 Z_{proj} 的计算方法为：

$$Z_{proj} = \min\left(Z'_{proj},\ Z_{max}\right) \tag{2}$$

$$Z'_{proj} = \frac{Z - h}{(D + d)} \times d + h \tag{3}$$

$$Z_{max} = \tan 60° \times d + h \tag{4}$$

式（2）中，Z'_{proj} 为建筑特征点投影到投影面的高度；Z_{max} 是行人视野在投影面中的最大投影高度；如果 Z'_{proj} 高于 Z_{max}，说明该特征点超出了视野高度范围，只能取最大视野投影高度 Z_{max}。式（3）用于计算建筑特征点的投影高度 Z'_{proj}，其中 Z 为建筑特征点高度；D 为投影面与建筑沿街界面的水平距离；d 为行人与投影面的水平距离；h 为行人眼部高度。式（4）用于计算最大视野投影高度 Z_{max}。

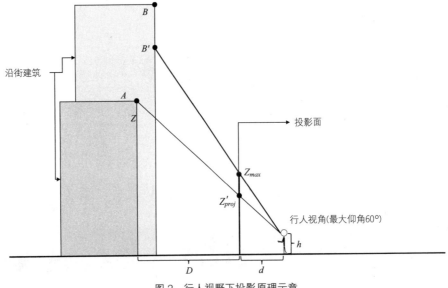

图 2　行人视野下投影原理示意

关于人眼高度 h，根据国家卫计委在 2015 年发布的中国成年男性 167.7 厘米的平均身高和中国成年女性 155.8 厘米的平均身高（肖希等，2018），结合人眼低于身高的生理结构，本文的人眼高度 h 取 150 厘米。

关于人离建筑的距离 $D + d$，建议在步行街中取街道宽度的一半，即人眼位于步行街中间；对于人车混行街道，建议取人行道内离道牙 1 米处或街道树池远离道牙的边缘处，这一般是面对临街建筑观察界面的最大安全位置；行人视野面积（投影面）的值为 Z_{max} 与街道长度的乘积，但其可以在行人和建筑之间的任何位置，这对结果没有影响。

从上述算法可以看出，较之二维界面密度，三维界面密度具有以下三点优势：①加入了对街道立面形态的测度，包括退台和斜面等复杂立面形态；②由于近大远小的投影特性，该指标也能测度建筑退后以及街道宽度对街界面围合感的影响；③该指标只计算行人视野范围内的建筑界面投影，更切合真实体验。

2 与二维指标的街道实例比对分析

为验证三维界面密度的效度，下文将三维界面密度与二维界面密度应用至相同的案例街道，并结合街道实景图片与街道空间仿真模型，比对两者的差异。

2.1 街道实例选取

实例研究选取北京王府井大街、上海南京路、广州北京路和武汉江汉路四条国内著名的步行街。它们都具有很高的人流量和认可度，选取这四条街道研究可以得出较为有代表性的成果。本文主要模拟行人视野中街道界面的形象，因此选取了上述四条街道的步行街部分：王府井大街步行街选取大纱帽胡同至金鱼胡同路段，街道立面风格为现代新中式，平均宽度为 54 米；上海南京路步行街选取福建中路至河南中路路段，街道立面风格为现代式，平均宽度为 32 米；广州北京路选取文明路至中山四路路段，具有较浓郁的岭南文化特色，平均宽度为 22 米；武汉江汉路选取中山大道至沿江大道路段，街道立面风格为欧式，平均宽度为 21 米。具体选取路段位置如图 3 所示。

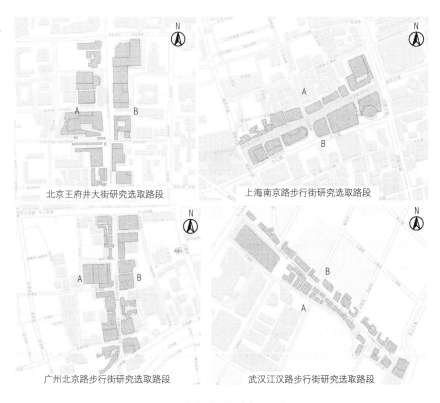

北京王府井大街研究选取路段

上海南京路步行街研究选取路段

广州北京路步行街研究选取路段

武汉江汉路步行街研究选取路段

图 3 四条街道研究路段平面位置

2.2　街道实例三维界面密度与二维界面密度对比

　　基于前文提出的三维界面密度算法，首先利用 CityEngine 求解所建街道建筑模型各沿街立面外轮廓线上的特征点，然后导入 GIS 软件 ArcGIS 对这些特征点的坐标进行投影变换，接下来对投影特征点连线构面，得到投影后的建筑立面（图4、图5），最后计算视野投影面中的建筑立面占比，得到街道各侧立面的三维界面密度。对于二维界面密度，则是打散建筑基底多边形，仅保留沿街的边，量取并汇总其长度，计算和街道总长度的比值。

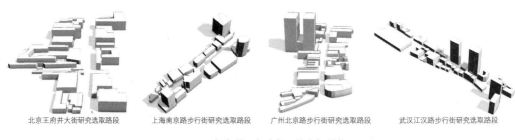

北京王府井大街研究选取路段　　上海南京路步行街研究选取路段　　广州北京路步行街研究选取路段　　武汉江汉路步行街研究选取路段

图 4　四条街道研究路段三维空间模拟

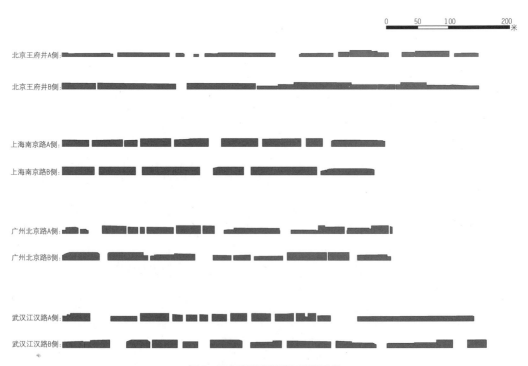

图 5　四条街道街道界面投影形状

二、三维指标计算结果如表 1 所示。尽管这些街道的界面在高度、体量上存在较大差异，但表 1 显示它们的二维界面密度非常接近，在 82.12%～85.36%，但三维界面密度则反映出较大的波动，在 55.54%～79.75%。

表 1　二维界面密度与三维界面密度应用对比

街道名称	街道平均宽度（米）	研究选取的街道长度（米）	位置	二维界面密度		三维界面密度	
北京王府井	54	676.25	A 侧	78.57%	平均 84.95%	44.37%	平均 55.54%
		676.25	B 侧	91.33%		66.71%	
上海南京路	32	524.24	A 侧	86.90%	平均 85.36%	78.09%	平均 79.75%
		524.24	B 侧	83.83%		81.41%	
广州北京路	22	537.42	A 侧	83.07%	平均 83.66%	64.52%	平均 66.41%
		537.42	B 侧	84.24%		68.30%	
武汉江汉路	21	687.40	A 侧	80.71%	平均 82.12%	61.57%	平均 64.50%
		687.40	B 侧	83.53%		67.43%	

结合研究区域的街道实景图（图 6），进一步分析后得到以下两点结论。

（1）三维界面密度能更准确地反映街道界面在竖向上的形态变化。表 1 显示，四条街道 A、B 两侧街道界面的二维街道界面密度值的波动在 13%以内，但其三维界面密度值的波动在 37%以内，是传统二维面密度的 2 倍以上。结合研究区域街道实景图观察（图 6），可以发现，上海南京路沿街建筑高度高于广州北京路和武汉江汉步行街，行人视野中上海南京路沿街界面的投影面的高度比亦高于其余两条街道（图 5）。尽管它们的二维界面密度非常接近，但上海南京路的三维界面密度值一定幅度高于其余两条街道，表明三维界面密度相较二维界面密度能更准确地测度街道界面形态。

（2）三维界面密度亦综合了街道宽度和建筑后退距离对街道立面观感的影响。通过对比四条街道研究区域街道实景可以发现，王府井大街与上海南京路沿街建筑多为大体量商业综合体，高度相仿，但前者平均街宽 54 米，远宽于后者的 32 米，造成两者的立面观感差异很大，前者大气开敞，后者繁荣且围合感强，三维界面密度很好地反映了这一差异，分别是 55.54%和 79.75%。而广州北京路与武汉江汉路沿街建筑高度相仿，道路宽度比较接近，实地观感也比较接近，围合感介于王府井大街与上海南京路之间，求得的三维界面密度与实际感受比较相符，分别为 66.41%和 64.50%，非常接近，且位于王府井大街与上海南京路之间。这表明三维界面密度能比较一致地反映街道宽度变化以及建筑后退距离导致的街道立面围合感的变化。

图 6　研究区域街景照片

3　与二维指标的 VR 实验比对分析

由于界面密度指标的效度最终还是要通过行人的主观感受——围合感——来衡量，而在实际街道中，干扰因素很多，很难对变量进行控制。为此，本文采用 VR 实验的方法，在控制了立面风格、建筑细节等干扰变量的基础上，构建了一系列二维界面密度相同但三维界面密度不同的虚拟三维街道，然后让受试者在虚拟现实（VR）环境中去漫游这些街道，并对其围合感进行打分，最后分析三维界面密度是否和街道围合感具有一致的测度结果。

VR 技术是一种可以创建和体验虚拟世界的计算机仿真系统，它利用计算机生成一种模拟环境，使用户沉浸到该环境中。相关研究表明，当受试者与 VR 环境相互作用时，人们的距离感知就会得到改善（Jones et al., 2011）。通过 VR 技术构建沉浸式体验的虚拟街道空间，可以强化体验者的感知，营造趋近真实空间中的体验，提高调查的科学性与真实性。

3.1 基于 VR 的调查实验设计

本文通过以下步骤构建实验街道样本：第一步，借助 CityEngine 构建样本街道空间的三维模型，CityEngine 软件具有参数化建模及动态调整的功能，可以将三维指标数值与参数化建模语言（CGA）挂钩，从而精确地生成所需街道空间样本；第二步，使用 CityEngine 自带的 VR 成果导出功能，将模型转换为 360VR 格式；第三步，将样本街道空间的 VR 格式使用相应的 VR 设备播放展示。本次调研使用的是三星 Gear VR 设备，该设备可以较好地兼容 360VR 格式，且佩戴便捷，利于调查。受试者佩戴三星 Gear VR 眼镜，通过控制手柄在样本街道空间中漫游，每个样本街道漫游时间在 1～2 分钟，漫游后将立即进行调查问卷的填写。

实验样本参数设置依据控制变量法，控制样本街道的二维界面密度值不变，三维界面密度值为变量，从而便于开展效度比较。实验样本街道如图 7 所示，其二维界面密度值借鉴四条著名案例步行街控制在 82%，三维界面密度则通过调整界面高度和街道宽度控制在 39%～71%（表 2）。

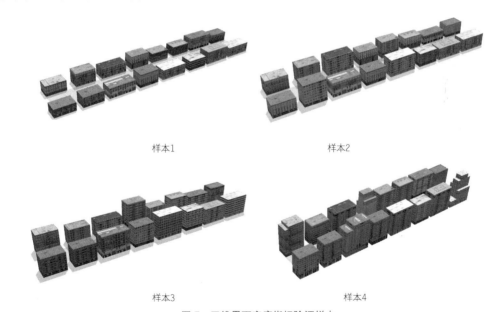

样本1　　　　　　　　　　样本2

样本3　　　　　　　　　　样本4

图 7　三维界面密度指标验证样本

表 2　三维界面密度指标验证样本

实验样本编号	二维界面密度值	三维界面密度值
样本 1	82%	39%
样本 2	82%	51%
样本 3	82%	62%
样本 4	82%	71%

设计调查问卷如附录所示。其中，关于街道空间围合感的调查使用了SD法，以便开展定量分析。具体确定主观评价等级为5级（苟爱萍等，2011；王德等，2011），正反分别使用"差""较差""一般""较好"和"好"来区分，分别给予数值–2、–1、0、1、2，并设置半结构式访谈，提升调查的全面性。

3.2 调查结果及比对分析

调查于2019年12月期间在武汉大学内开展，采用自愿报名的方式获得受试者。参与此次VR问卷调查的受试者共67位，其中无效问卷6份，有效问卷61份。有效问卷中，男性占比52%，女性占比48%；年龄18～28岁占比87%，29～39岁占比13%；多为学生。对有效问卷进行汇总统计，具体如表3和图8所示。

表3 街道空间围合感问卷得分汇总

样本编号	二维界面密度	三维界面密度	街道空间围合感得分频次					平均得分
			–2	–1	0	1	2	
样本1	82%	39%	40	16	3	2	0	–1.540 98
样本2	82%	51%	3	17	21	15	5	0.032 787
样本3	82%	62%	0	8	24	19	10	0.508 197
样本4	82%	71%	0	1	12	26	22	1.131 148

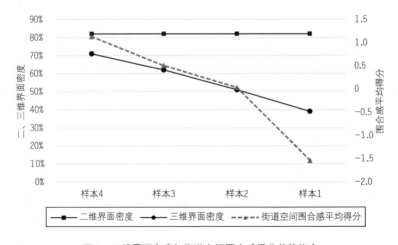

图8 三维界面密度与街道空间围合感得分趋势拟合

从中可以得出以下四点结论。

（1）四个测试场景虽具有相同的二维界面密度值，但受试者对四个场景的围合感打分存在较大差异，平均打分介于–1.54（较差）～1.13（较好），表明二维界面密度对街道空间围合感的量化存在局限。其中，对于围合感得分较高的样本3、4，采集到的感受词汇多为：围合、密集、界面完整、密实、连成一片、完整；而对于围合感较差的样本1、2，采集到的感受词汇多为：围合不强、松散、稀疏、空隙多、零散。

（2）样本三维界面密度与街道空间围合感平均得分呈显著正相关，相关系数高达0.98，而二维界面密度与围合感不相关，说明三维界面密度能够较好地测度街道空间围合感。

（3）当三维界面密度约为50%时，街道空间围合感得分接近0，说明50%的街道三维界面密度是产生围合感的关键阈值。

（4）街道空间围合感的得分频次分布存在一定的离散，说明街道围合感因为个体的认知差异和喜好，变化较大，但趋势还是明显存在的。例如，对样本1的评价为–2（围合感差）的占比达到65.5%，对样本2的评分为0和1（较差和一般）的占比达到59%，对样本3的评分为0和1（一般和较好）的占比达到70%，对样本4的评分为1和2（较好和好）的占比达到79%，均占到了绝大多数比例。

4　结论和展望

本文基于行人视角，在传统二维界面密度的基础上，基于大规模视觉计算方法，提出了三维界面密度指标和具体算法，用于测度街道空间的围合感。结合四条国内著名步行街的实例比对分析和受控场景的VR调查，验证了该指标相比传统二维界面密度，能够更准确地反映街道界面在竖向上的形态变化、街道宽度、建筑后退距离对街道立面观感的影响以及行人对街道围合感的主观感受，并且发现50%的街道三维界面密度是产生围合感的关键阈值。本研究丰富了街道空间三维量化分析研究，能协助营造更具活力的街道。

但本研究也存在以下不足：①本文提出的三维界面密度计算主要聚焦街道界面的空间形态与街道围合的关联，较少考量树木、栏杆围墙遮挡等其他街道立面附属物对街道围合的影响，后续应加入相关指标加以校正；②选择了面向街道界面的行人视角为主要研究角度，缺乏其他视角的考量，拟在后续研究中探索多方位、多视点的三维界面密度；③受制于VR调查时间长、三维分析技术难度大，本文没有进行大范围、多群体的VR调查，选取的街道样本也不够广泛，因此，本文研究结果的准确性可能存在一定误差，有待进一步验证。

随着城市计算技术的快速发展，从二维层面精细化测度与控制街道界面的各类空间特性是未来重要的研究方向。但是其算法复杂、计算量较大，必要时还需要借助三维语义建模、视觉计算等当下较为前沿的计算机技术，建议将其工具化，集成到三维数字城市平台中，以便于推广应用。

致谢

本文受国家自然科学基金资助项目"基于规划信息模型的数字规划设计方法研究"（批准号：51308422）资助。

参考文献

[1] DING W, TONG Z. An approach for simulating the street spatial patterns[J]. Building Simulation, 2011, 4(4): 321-333.

[2] JONES J A, SWAN J E, SINGH G, et al. Peripheral visual information and its effect on the perception of egocentric depth in virtual and augmented environments[C]. IEEE Virtual Reality Conference, 2011.

[3] KILPATRICK F. Human behavior from a transactional point of view[M]. Washington DC, US: US Dept of Navy, 1952.

[4] OLIVEIRA V. Morpho: a methodology for assessing urban form[J]. Urban Morphology, 2013, 17(1): 21-33.

[5] OLIVEIRA V, MEDEIROS V. Morpho: combining morphological measures[J]. Environment & Planning B: Planning & Design, 2016, 43(5): 805-825.

[6] OLVER J, CASSIDY L, JUTLEY G, et al. Ophthalmology at a glance[M]. 2nd Edition. New Jersey: WILEY Blackwell, 2014.

[7] 北京市规划委员会. 关于编制北京市城市设计导则的指导意见完整材料[S]. 2010.

[8] 陈泳, 赵杏花. 基于步行者视角的街道底层界面研究——以上海市淮海路为例[J]. 城市规划, 2014, 38(6): 24-31.

[9] 党安荣, 甄茂成, 许剑, 等. 面向新型空间规划的技术方法体系研究[J]. 城市与区域规划研究, 2019, 11(1): 124-137.

[10] 戴智妹, 华晨. 基于街景的街道空间品质测度方法完善及示例研究[J]. 规划师, 2019, 35(9): 57-63.

[11] 苟爱萍, 王江波. 基于 SD 法的街道空间活力评价研究[J]. 规划师, 2011, 27(10): 102-106.

[12] 怀特, 兰根海姆, 翟炜, 等. 基于视景定量评估的高密度开发地区非常规光线建模方法[J]. 城市与区域规划研究, 2016, 8(2): 175-195.

[13] 姜洋, 辜培钦, 陈宇琳, 等. 基于 GIS 的城市街道界面连续性研究——以济南市为例[J]. 城市交通, 2016, 14(4): 1-7.

[14] 金广君. 城市街道墙探析[J]. 城市规划, 1991(5): 47-51+64.

[15] 匡晓明, 徐伟. 基于规划管理的城市街道界面控制方法探索[J]. 规划师, 2012, 28(6): 70-75.

[16] 芦原义信. 街道的美学[M]. 天津: 百花文艺出版社, 2006: 45-46.

[17] 上海市规划和国土资源管理局. 上海市控制性详细规划技术准则[S]. 2016.

[18] 沈磊, 孙洪刚. 效率与活力——现代城市街道结构[M]. 北京: 中国建筑工业出版社, 2007: 161.

[19] 深圳市规划局. 深圳市城市设计标准与准则[S]. 2009.

[20] 石峰. 度尺构形——对街道空间尺度的研究[D]. 上海: 上海交通大学, 2005.

[21] 唐婧娴, 龙瀛. 特大城市中心区街道空间品质的测度——以北京二三环和上海内环为例[J]. 规划师, 2017, 33(2): 68-73.

[22] 王德, 张昀. 基于语义差别法的上海街道空间感知研究[J]. 同济大学学报(自然科学版), 2011, 39(7): 1000-1006.

[23] 西特. 城市建设艺术——遵循艺术原则进行城市建设[M]. 南京：东南大学出版社, 1990: 56-57

[24] 肖希，韦怡凯，李敏. 日本城市绿视率计量方法与评价应用[J]. 国际城市规划, 2018, 33(2): 98-103.

[25] 徐磊青，孟若希，陈筝. 迷人的街道：建筑界面与绿视率的影响[J]. 风景园林, 2017(10): 27-33.

[26] 徐磊青，孟若希，黄舒晴，等. 疗愈导向的街道设计：基于VR实验的探索[J]. 国际城市规划, 2019, 34(1): 38-45.

[27] 雅各布斯. 伟大的街道[M]. 北京：中国建筑工业出版社, 2009: 275-276.

[28] 张晖，刘超，李妍，等. 基于CityEngine的建筑物三维建模技术研究[J]. 测绘通报, 2014(11): 108-112.

[29] 赵新. 城市街道空间协同规划体系与管控机制探索[J]. 城市交通, 2019, 17(5): 24-30.

[30] 周钰，赵建波，张玉坤. 街道界面密度与城市形态的规划控制[J]. 城市规划, 2012, 36(6): 28-32.

[31] 周钰，张玉坤，苑思楠. 街道界面心理认知的量化研究[J]. 建筑学报, 2012(S2): 126-129.

[32] 周钰，王桢. 街道界面形态量化测度之"近线率"研究[J]. 新建筑, 2018(5): 150-154.

附录

《基于行人视角的三维界面量化方法》问卷调查

填答方式：打√或按要求填写；除非注明"可多选"，否则单选。

一、基本情况

1. 您的年龄是：

A. 未满18岁　　B. 18～28岁　　C. 29～39岁　　D. 40岁及以上

2. 您的职业是：

A. 工人　　B. 学生　　C. 个体户　　D. 公务员　　E. 自由职业

F. 家政陪护　　G. 服务员　　H. 公司职员　　I. 其他＿＿＿＿＿＿

3. 您逛街的频次为：

A. 一周一次　　B. 一周两次　　C. 一周两次以上　　D. 其他＿＿＿＿＿＿

二、影响街道空间围合感的街道界面形态调查

接下来我们会通过VR带您漫游四个街道空间，请您根据自身的感受为每个样本空间打分，其中-2=围合感差，-1=围合感较差，0=围合感一般，1=围合感较好，2=围合感最好。

4. A场景街道空间围合感得分：　　　　-2　-1　0　1　2

5. B场景街道空间围合感得分：　　　　-2　-1　0　1　2

6. C场景街道空间围合感得分：　　　　-2　-1　0　1　2

7. D场景街道空间围合感得分：　　　　-2　-1　0　1　2

8. 请简述您的体验感受及给分理由：

[欢迎引用]

牛强，杨超，汤曦，等. 三维街道界面密度分析：基于行人视角的街道界面三维评价指标探索[J]. 城市与区域规划研究, 2020, 12(2): 118-131.

NIU Q, YANG C, TANG X, et al. 3D street interface density analysis: an exploration of 3D street interface evaluation index based on pedestrian perspective [J]. Journal of Urban and Regional Planning, 2020, 12(2): 118-131.

基于城市网络联系的长三角城市群COVID-19疫情空间扩散及其管控研究

张一鸣　甄　峰

The Spread and Control of COVID-19 Based on Urban Complex Network of Yangtze River Delta City Group

ZHANG Yiming[1], ZHEN Feng[2]
(1. School of Architecture and Urban Planning, Nanjing University, Nanjing 210093, China；
2. Jiangsu Provincial Engineering Laboratory for Simulation & Visualization of Smart City Design, Nanjing 210093, China)

Abstract Major public events such as COVID-19 have the characteristics of high degree of uncertainty and strong spreading ability, which pose a threat to the public safety of cities and urban agglomerations. Based on the close network connection between cities, the mobility of factors within urban agglomerations has increased rapidly, increasing the risk of major public events, and making it more difficult to monitor, early warning, and control. Taking the spread of the COVID-19 as an example, we constructs a three-stage urban network of the "Return period", "Prevention period" and "Resumption period", and analyzes the network characteristics, spread mode and node types of each stages, and The mechanism of the impact of the urban network on the spread of the COVID-19 was discussed, and the conclusions are as follows: ① The spread of the COVID-19 in the Yangtze River Delta has gone through three stages of "Head Concentration", "Risk Sinking", and "Effective Control", and the spatial spread mode of different stages was different. ② The spreading model is divided into hierarchical spreading, long-range spreading, and neighboring spreading. The three models act simultaneously at different stages.

作者简介
张一鸣，南京大学建筑与城市规划学院；
甄峰，江苏省智慧城市设计仿真与可视化技术工程实验室。

摘　要 COVID-19疫情等重大公共事件具有不确定程度高、传播扩散能力强等特点，对城市与城市群公共安全造成威胁。基于城市间紧密的网络联系，城市群内部要素流动性快速提升，加大了COVID-19疫情的扩散风险，也使得对其监测、预警与管控难度增强。文章利用疫情扩散期间的长三角城市人口迁徙数据，构建了"返程期""管控期""复工期"三个阶段的城市人流网络，分析疫情扩散的阶段特征、扩散模式与节点类型，并探讨了城市网络对疫情扩散的影响作用机制，结论如下：①长三角疫情扩散经历了"头部集聚""风险下沉""有效控制"三个阶段，不同阶段的空间扩散模式发生动态变化；②扩散模式分为等级扩散、长程扩散、近邻扩散，三种模式同时作用于疫情发展的不同阶段；③节点类型按照节点中心度与介数中心度划分为四类，其中"枢纽型节点""桥梁型节点"在疫情扩散过程中起到关键作用；④疫情程度与城市在网络中的出度、中心度、介数中心度具有显著的线性相关关系。进一步，文章构建了"城市群—都市圈—城市节点"多尺度协同的COVID-19疫情协同管控体系，并提出针对不同空间尺度的具体管控策略。

关键词 COVID-19疫情；人口流动；复杂网络；扩散；协同管控

1　引言

城市是人口与资源集聚的中心，承载着复杂的经济社会活动，同时也面临着自然灾害、金融危机、传染疾病等

③ The types of nodes are divided into four categories according to centrality and betweenness centrality, among which "Hub-type Nodes" and "Bridging Nodes" play a prominent role. ④ The degree of the epidemic has a significant linear correlation with the degree of emergence, centrality, and betweenness centrality of the city in the network. Furthermore, we builds a multi-scale collaborative management and control system for COVID-19 of "Urban agglomeration-Metropolitan area-City", and proposes specific management and control strategies for different spatial scales.

Keywords COVID-19; population flow; complex network; proliferation; collaborative management

风险（Binder et al., 1999; Jones et al., 2008; 吴国斌, 2006; 李玉恒, 2020）。随着通信技术的提升与高铁出行的普及，城市间的时空距离被压缩，人口流动日益加强，城市的发展突破了静态行政边界，嵌入在高密度性、高流动性的城市网络之中。与此同时，传染病也容易随着要素流动在城市群内部、跨城市群、跨国间扩散，在造成巨大风险的同时，也给其监测、预警与协同管控带来挑战。

自 2020 年新年以来，COVID-19 疫情在短时间内快速扩散，对长三角城市群亦造成深远影响。在扩散初期，上海、杭州、南京等中心城市疫情加剧，进而扩散至城市群次级城市，并威胁着城市公共安全、经济运行和居民健康各方面。在面临重大疫情风险时，我国各城市迅速落实属地职责并严防疫情输入扩散，取得了广泛认可的防疫成效，但仍然存在部分问题：一方面，缺乏基于疫情时空扩散过程科学分析基础上的协同应对，各级政府往往采取简单的"一刀切"政策，各个尺度未能协调配合，出现各自为政的现象；另一方面，城市间人口流动、交通运输、医疗资源调配与疫情扩散的关系缺乏认识，对城市所面临的疫情风险变化判断不足，导致疫情防控手段的主动性、及时性、有效性存在不足。

目前，针对疫情扩散与管控方面，各学科开展了不同方向的研究，主要从三个方面展开。①疫情时空扩散特征。学界主要从扩散动力机制（龚建华等，2006）、空间集聚特征（刘勇等，2020）、扩散阶段特征（武继磊等，2005; 曹志冬等，2010）三方面模拟疫情扩散过程，并对疫情时空扩散特征进行分析。有研究利用广东省各市的累计输入性病例与扩散性病例（刘逸，2020），发现三四线城市的疫情扩散风险较高，要特别关注欠发达地区的疫情防控。在疫情空间集聚特征方面，有研究利用 SARS 患者住址（曹志冬等，2010）、报告医院信息，构建全国 SARS 疫情输入与输出流，发现北京与广东是两个重要输出集聚来源。也有研究从中国历史长期的疫情演变出发，探究疫情与地理空间的关系（余新忠，2020）。②疫情扩散风险评估，主要探究区域之间的疫情风险分布差异。一方面是利用传统数据，已有研究证实人口流动与疫情扩散具有密切联系（Agaard-Hansen et al.，2010；Schlagenhauf et al.，2014；任书华，2018），因此，区际流动数据（Zhang et al.，2015）、交通班次数据（Wu et al.，2020）、时空行为数据（柴彦威、张文佳，2020）等人流数据对城市疫情传播风险研究成为热点。如周成虎等（2020）利用湖北省历史市县人口流动数据，发现湖北省疫情扩散呈现出三个圈层，并可能出现次级传播节点。另一方面主要利用多源大数据如谷歌搜索数据（Bulter，2014）对流感相关词汇的搜索量构建预测模型，发现搜索数据能够较好预测短时间流感暴发规模。基于移动数据预测疫情时空分布，分析其背后的驱动因素（金安楠等，2020）。③疫情空间防控策略与应对措施。例如增加传染病防治相关专项规划（刘奇志，2020）、完善城市应急体系（李维安等，2020）、建立大数据协同管控平台（杨毅栋等，2020）等应对措施，从而增强城市应对风险的韧性。

综上所述，已有关于疫情扩散与管控研究往往基于疫情发源地和输入地之间的单向联系，而忽视了城市间不可分割的网络联系以及城市网络联系对疫情扩散的影响。在疫情发展到一定阶段时，城市既是风险输入地，也是风险来源地，正是城市的网络复杂性导致城市疫情扩散的多样性。突发的重大疫情让我们认识到，城市群的"网络化"是一把双刃剑，它在带来资源要素优化配置、网络协同效率提升的同时，也让灾害、疾病等公共事件的空间扩散更加容易，加剧了城市群所面临的风险。因此，我们需要跳出单一城市视角，从城市网络联系的视角出发，探索不同阶段下疫情在城市网络中的扩散规律，从而实现疫情的监测、预警与快速响应。

长三角作为国内一体化程度最高的城市群，其内部各城市层级差异明显，形成了人口、技术、资金等要素高速流动的城市网络，并呈现出多中心、扁平化的网络结构特征（叶磊等，2016）。而在本次疫情影响下，长三角城市间流动性大幅下降，部分网络联系存在"减弱"甚至"中断"的现象，城市网络结构也遭受较大冲击。因此，本文引入复杂网络视角，分析网络视角下的疫情扩散阶段特征，深入探讨城市网络与疫情扩散的影响作用机制，有一定的理论价值。在此基础上，本文试图提出一套多尺度协同的COVID-19疫情协同管控体系，进而为长三角一体化发展提供新的有益探索，具有一定的实践意义。

2 研究思路与研究方法

2.1 数据来源

研究数据主要分为人口迁徙数据与城市疫情数据两种。人口流动是经济社会发展的重要表征，其联系特征明显且容易测度，因此，城市间的人口迁徙数据能够很大程度上代表城市实际网络联系。而在疫情扩散过程中，人口流动存在明显的阶段特征，导致城市联系网络存在较大差异，需要结合地方管控措施与人口流动情况对疫情扩散阶段进行划分。在春运返程阶段，长三角城市人口迁徙规模较大，城市尚未出现确诊病例；随后，全国疫情呈现多点快速扩散趋势，2020 年 1 月 23 日起实施武汉"封城"，同时长三角各城市迅速采取封闭高速、暂停公共交通、开展医疗救援等管制措施，城市间的人口流动受到极大限制；2 月 8 日，国务院印发《关于有序做好企业复工复产工作的通知》，要求各地在做好防控措施的同时引导返程返岗，城市间的交通联系开始逐步恢复正常，长三角城市内部流动性开始缓慢提升。因此，本文根据春运返程、武汉封城、复工复产三个重大时间节点，将研究时段划分为"返程期"（1 月 10 日至 1 月 23 日）、"管控期"（1 月 24 日至 2 月 8 日）、"复工期"（2 月 9 日至 2 月 22 日），从而实现人口迁徙数据与城市疫情数据分阶段匹配，将人口流动与疫情传播进行时间和空间上的动态关联。

人口迁徙数据：由于不同阶段人口迁徙规模存在大幅波动，因此抓取长三角 41 个地级市间的日均人口迁徙规模，取各个阶段的平均值作为这一阶段的实际人流联系强度。数据来源于"百度慧眼"公开数据，其数值是由百度 APP 用户的 LBS 定位数据计算所得，可在一定程度反映城市间实际人流量。数据包含 2020 年 1 月 10 日至 2 月 22 日共计 44 天的逐日人流迁徙规模与迁徙比例等数据，共计 40 万条，依次构建不同阶段的长三角城市联系网络数据库。

城市疫情数据：通过自编爬虫程序，获取长三角 41 个地级市 2020 年 1 月 23 日至 2 月 22 日的逐日累计确诊感染人数，数据来源于国家卫健委以及各省市卫健委每日通报的疫情数据。同时，由于 COVID-19 疫情存在 3～7 天的潜伏期，各个阶段城市网络联系对城市疫情造成的影响不能及时得到完整体现。因此，本文统一将三个阶段的起止时间向后推迟 7 天，统计各个阶段截止时间的城市累计确诊感染人数，以此作为这一阶段的城市实际感染情况。

2.2 研究思路

在地理学视角下，疫情扩散是一种地理事件的时空演变过程，一定程度上反映出人类活动的空间组织结构。在流动性大幅提升的背景下，城市间存在高频人口联系、社会经济联系，形成了"地理流"网络（周成虎等，2020）。其中，人流联系是社会经济活动的载体，也是物流、信息流的核心推动力，其功能内涵最为丰富。人口流动是疫情扩散的物质基础，同时疫情又持续作用于人口流动行为，两者存在相互影响的动态特征（曹志冬等，2008）。基于人口流动的城市网络与疫情扩散网络在阶段特征、传播路径、节点类型方面都存在时空一致性，城市网络对疫情扩散具有重要的解释作用。本文利用复杂网络分析方法，基于城市网络联系与疫情扩散之间的直接关联，通过分析不同阶段城市复杂网络的变化特征，进而探究疫情扩散的时空规律与影响因素。

首先，在时空规律上，研究主要关注疫情扩散的阶段特征、扩散模式与节点类型三个方面。在复杂网络理论中，网络联系的紧密程度反映出疫情传播的效率，可以通过网络密度、平均聚类系数与平均路径长度等网络整体特征指标进行测度。不同节点在疫情扩散中的功能类型存在差异，可以选取中心度、介数中心度等特征参数划分疫情扩散节点类型。由于不同层级城市之间的网络联系存在等级性、差异性，可以对不同类型的网络联系进行分类，从而识别疫情扩散模式。其次，在研究分析疫情扩散时空规律的基础上，利用线性回归模型（OLS）方法进行拟合分析，探索城市网络特征对疫情扩散的影响机制，对拟合结果做出具体解释。最后，基于疫情扩散的时空规律与影响因素，综合考虑不同尺度下管控措施的耦合协同，提出针对性的空间优化与空间治理相关策略，从而支撑 COVID-19 的协同管控。本文研究框架如图 1 所示。

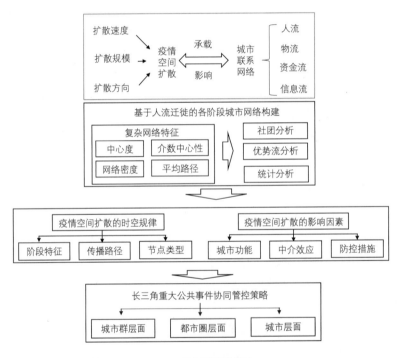

图 1　研究思路及框架

2.3　研究方法

为了对城市联系网络特征进行定量分析，本研究借鉴复杂网络分析法，以实现对网络拓扑结构的有效刻画。复杂网络是由节点和连线组成的拓扑网络，具有小世界、无标度、高聚类等特征（Watts et al.，1998；Barabasi et al.，1999；吕金虎、谭少林，2019）。由于复杂网络分析的节点数量多、连线方式丰富，这类分析方法被广泛应用在城市间的产业服务网络（李哲睿等，2019）、城市人口迁徙网络（潘竟虎、赖建波，2019）、城市雾霾防控网络（杨传明等，2019）、社会交往网络（甄峰等，2012）等方面的研究。

本文将长三角地级市抽象为 41 个网络节点，以研究区域各阶段的城市间迁徙人口规模（流出与流入人口总规模）为基础，并根据相应城市的规模占比，得到各阶段城市间的平均流入流出强度值。根据城市间联系强度，将城市间的人口流动抽象为网络连线，得出三个 41×41 城市关系网络矩阵。为了探索不同阶段的疫情空间扩散趋势，论文借鉴复杂网络中的社区发现、聚类系数、中心度和介数中心度等网络特征参数，分析各阶段城市网络结构特征变化与相应的疫情风险变化，具体计算方法如表 1 所示。同时，在网络特征分析的基础上进行网络扩散模式识别与节点类型划分。

表 1　城市复杂网络结构特征及算法

评价指标	计算公式	指标含义
出度（OD）	$OD_i = \sum_{j=0}^{n} V_{ij}$	从节点 i 流出的联系总和
入度（ID）	$ID_i = \sum_{j=0}^{n} V_{ji}$	从其他节点流入节点 i 的联系总和
中心度（CD）	$CD_i = OD_i + ID_i$	节点 i 的入度与出度总和
网络密度（ND）	$ND = \dfrac{Q}{n(n-1)}$	网络中节点联系的完整程度
平均聚类系数（CC）	$CC = \dfrac{V_c}{V_o + V_c}$	网络中各节点抱团与聚类的程度，V_c 为封闭的网络联系，V_o 为开放的网络联系
平均路径长度（AL）	$AL = \dfrac{1}{n(n-1)} \sum d_{ij}$	网络中任意节点到所有其他节点的平均距离
介数中心度（BC）	$BC = \sum g(x) G_{ji}(k) G_{ji}$	度量一个节点出现在网络中最短路径的频率，$G_{ji}(k)$ 是经过节点 k 的 i 到 j 最短路径条数

（1）社区发现。即把城市划分为各个较小的城市社区，使得社区中的城市具有更加紧密的关联，形成较为完整的功能组团。这相当于对城市做一次聚类分析，从而达到社区之间联系相对稀疏，社区内部联系紧密的效果。对应到疫情扩散阶段，每个社区相当于一个疫情扩散组团，组团内部城市之间存在密切的人员交流与疫情传播现象，组团之间形成较为清晰的分割界限，跨边界的疫情扩散现象较少。社区发现的算法目前应用较为广泛的是模拟退火算法、贪婪算法与极值优化算法。本文使用贪婪算法，利用 Gephi9.1 中的网络社区发现模型进行模块化分析（modularity class），得到相互紧密联系从而形成的疫情扩散组团。

（2）聚类系数。整个网络的聚类系数对应的是同一节点直接相连的其他节点连接状况，体现出网络节点之间集结成群的趋势。在疫情传播阶段，聚类系数即为城市之间出现"抱团性扩散"的程度，可以用来表征疫情传播网络中的小世界特性以及疫情的传播效率。

（3）中心度。中心度是指节点在网络中的中心地位，在本文构建的城市网络中，中心度即为节点城市人口流动规模的总和。在有向网络中，中心度分为出度与入度。入度可以表征城市吸引就业、旅游服务的能力，而出度可以表征城市对外投资、人口输出的能力。对应到疫情扩散阶段，中心度可以作为城市疫情风险程度的判断指标，中心度越大的城市所面临的疫情输入输出概率可能也越大。

（4）介数中心度。介数中心度是指节点出现在网络中其他节点相连最短路径的频率，在城市网络中，即为城市出现在其他城市联系最短路径的概率，介数中心度越高即所连接的城市数量越多。在疫情扩散阶段，介数中心度高的城市与网络中的其他城市都存在不同程度的联系，其所直接面临的疫情风险来源较为广泛，因此自身疫情风险也相应增强。

（5）网络扩散模式。借鉴复杂网络中的路径分析方法，参考长程链接（long-link）、近邻链接（short-link）与层级链接（hierarchical-link）等路径类型划分方法，对城市网络中的疫情扩散模式进行归纳总结。参考复杂网络特征，进一步对联系路径、扩散特征与影响范围进行梳理，通过计算不同类型的联系量占比识别不同阶段的主导扩散模式。

（6）城市节点类型。利用 ArcGIS 自然断点法，依据中心度、介数中心度等城市网络结构特征将城市在划分为四类，不同类别城市在疫情扩散中的功能作用体现出明显等级差异。自然断点法可以保证组内数据差距最小，而组间差距最大，能够实现较为合理的城市类型划分。

3　分析结果

3.1　基于城市网络的疫情扩散阶段特征

从总体趋势来看，不同时期疫情扩散特征存在明显差异。将长三角城市网络的总中心度与新增确诊人数进行叠合分析，两者在发展阶段上存在耦合。如图 2 所示，在"返程期"网络总中心度保持平稳上升，新增确诊人数增长较快，疫情风险在中心城市"头部集聚"。在"管控期"，交通出行管控力度加强，网络总中心度大幅下降，而新增确诊人数随之逐渐降低，疫情风险开始向次级城市"风险下沉"。在"复工期"，网络总中心度维持在较低水平，同时新增确诊人数与疫情风险得到"有效控制"。

从不同阶段特征来看，在"返程期"，城市网络效率较高，带动疫情在城市间快速扩散。这一时期，由于潜伏期与致病因素的不确定性，城市群内部尚未出现明显的疫情暴发迹象，疫情风险往往被低估，城市之间仍然保持着紧密的联系，城市网络较为完整（ND=0.422），城市平均聚类系数较高（CC=0.627）且平均路径较短（AL=1.616），具有典型的小世界特征，导致长三角新增确诊人数达到峰值（图 2）。从空间特征来看，疫情风险在中心城市集聚，上海、杭州、苏州、合肥等都市圈中心城市疫情较为严重。究其原因，一方面，中心城市由于在网络中的影响力较高，与温州、宁波等外向型城市联系较为密切，存在与疫情发源地的间接联系；另一方面，中心城市存在明显的长尾分布现象，形成疫情的"虹吸效应"。上海（CD=1 041）、苏州（CD=917）、杭州（CD=916）、南京（CD=687）、合肥（CD=567）五大城市中心度占网络总中心度的 37.5%，是疫情扩散的枢纽型节点。

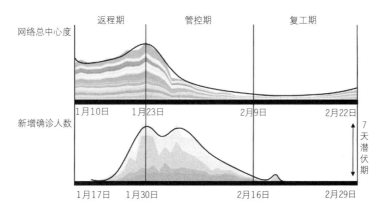

图2　各阶段长三角网络总中心度与新增确诊人数叠合图

在"管控期"，城市网络趋于扁平化，疫情传播效率显著降低。这一时期，长三角城市网络受到交通管制、功能调整等影响，网络结构发生了剧烈变化，城市间联系度不高且平均路径较长（AL=1.914），城市网络密度较低（ND=0.31），呈现出扩散效率较低的弱连接状态。从空间特征来看，中心城市之间的联系显著降低，而与次级城市联系加强，带动疫情向次级城市下沉。一方面，杭州、合肥等中心城市成为新的传播源，对其都市圈内联系紧密的次级城市造成较大威胁，南通、台州、蚌埠、安庆成为疫情发展的重灾区；另一方面，次级城市内部存在"渗透"和"夺袭"的现象，盐城（CD=130）、南通（CD=90）、淮安（CD=72）等城市的中心度排名提升较大，反映出其在城市网络中的支配地位发生较大转变，带来疫情风险的显著提升。

在"复工期"，由于应收尽收等防控手段的持续推进，疫情整体风险得到有效控制，长三角新增感染人数仅占总感染人数的 1.59%。这一时期，城市网络空间结构重新恢复，城市间联系相对均衡，平均路径大幅缩短（AL=1.523），城市间联系强度逐渐恢复，平均聚类系数升高（CC=0.635）。从空间特征来看，中心城市面临的疫情风险加剧。苏州（CD=211）、杭州（CD=202）、上海（CD=122）中心度回升，其产业服务功能、交通运输能力、要素集聚作用重新突显，导致疫情风险大幅提升。

为了进一步认识不同阶段长三角城市群疫情扩散的空间组织模式，本文将城市复杂网络抽象为不包含地理空间信息的城市联系图，并利用 Gephi9.1 进行可视化输出。如图3所示，城市间连线的粗细表示扩散的强弱，文字与圆点的大小为城市中心度的计算值，表征当时城市网络的实际联系。可以看出，疫情扩散的空间组织不同阶段发生明显的群集性变化，形成了少数紧密联系的扩散社区，带动了疫情风险在社区内部的转移。

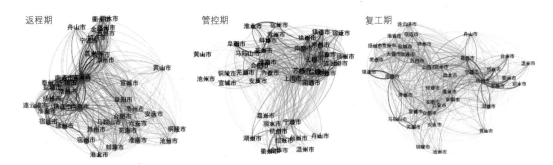

返程期　　　　　　　管控期　　　　　　　复工期

图 3　各阶段长三角城市复杂网络联系

在"返程期"，扩散社区具有明确清晰的范围界线，社区内部主要以省内城市为主，而徐州、宿州、淮北由于地理区位等阻碍，成为相对独立的边缘社区。在"管控期"，扩散社区的行政边界限制被打破，形成了跨省域的"淮阜社区""沪合社区"。在"复工期"，扩散社区之间存在模糊、动态、不规则的边界，上海与江苏各市紧密合作，形成"沪苏社区"；而浙江各市打破独立的边缘区位，主动融入核心网络，形成"杭衢社区"。

3.2　基于城市网络的疫情扩散模式分析

在疫情扩散的不同阶段中，城市网络结构发生较大转变，城市之间的优势流分布发生动态迁移，导致疫情扩散模式随之改变。总的来说，长三角城市群疫情扩散模式可以归纳为三种，即中心节点之间的层级扩散、中心节点与其他次级节点之间的长程扩散、中心节点与周边节点之间的近邻扩散。如表 2 所示，在不同阶段起主导作用的扩散路径不同，三者相互交织、共同作用于疫情扩散过程。对不同扩散模式的联系路径、扩散特征与影响效果做进一步分析，识别不同阶段占据主导作用的扩散模式。

层级扩散存在于城市网络中少数中心城市与中心城市之间，由两城市之间形成的稳定优势流所形成。此类联系数量较少但联系层级较高，往往威胁到"输入地"城市所在的整个都市圈，是疫情扩散的重要推动因素，需要对此类扩散进行重点管控。在"返程期"，上海、南京、杭州等中心城市倾向与其他中心城市相连，造成了明显的疫情层级扩散，同时将风险带入了各城市所在都市圈范围，这一时期中心城市疫情占比远高于其他城市，也进一步验证了上述结论。

长程扩散存在于低层级城市与中心城市之间，是指城市网络中的低层级城市"绕过"邻近中心城市，直接与远距离中心城市形成的疫情扩散方式。这类扩散加剧了低层级城市与中心城市所面临的疫情风险，同时使网络结构更加复杂。值得注意的是，在"管控期"长三角形成了较为明显的跨省长程扩散路径，形成了南通—上海、六安—上海、温州—南京等典型长程连接，大大提升了网络的整体介数中心性，并使疫情直接威胁都市圈核心网络。究其原因，可能是由于邻近城市的要素流动，服务供给受到了较大阻碍，一些城市不得不"绕道"其他更高层级的节点获取资源。这一时期六安、南通、丽水等城市疫情开始迅速提升，长程扩散对低层级城市所造成的影响十分明显。

表 2　基于城市网络的疫情扩散模式

扩散类型	层级扩散	长程扩散	近邻扩散
路径示意			
概念内涵	城市网络中少数中心城市之间的疫情扩散方式	城市网络中的低层次城市"绕过"临近中心城市，与其他都市圈中心城市形成的疫情扩散方式	相邻城市之间，都市圈内部的疫情扩散方式
影响效果	往往威胁到"输入地"所在的整个都市圈，是疫情扩散的重要动因	扩散网络较为复杂，为疫情管控带来较大难度	表现出明显的空间邻近特征，容易造成内部城市交叉扩散

近邻扩散往往发生在邻近城市之间，由两者之间的地理邻近性所导致，是都市圈内部主要的疫情扩散方式，这类扩散包含的联系数量较多且联系层级丰富，容易造成城市间的交叉扩散。在"管控期"，亳州、阜阳疫情较为严重，同时与合肥联系紧密并造成较大威胁。合肥作为扩散路径中的"桥梁"，又将风险输出到周边其他城市，造成安徽整体疫情的大幅提升。可以看出，近邻扩散造成了疫情中后期的快速上升，是这一时期的主导扩散方式。

3.3　基于城市网络的疫情扩散节点划分

不同城市节点在网络中所处的位置不同，因而在疫情扩散中所起的作用存在明显差异。图 4 显示出三个阶段的长三角城市网络特征，通过分析不同阶段的疫情扩散趋势，可以发现高中心度、高介数中心度等网络结构特征加剧了城市自身面临的疫情风险。因此，本文依据中心度、介数中心度，利用 ArcGIS 自然断点法，将"复工期"的城市节点划分为四种类型。

高中心度、高介数中心度的中心城市：包括上海、苏州、合肥、南京、杭州、无锡、宁波、常州共 8 个城市，总占比为 19.5%。这类城市控制着资金、技术、信息和资源在网络中的流动，承担重要的产业服务、交通运输等功能，因此是疫情扩散的"枢纽型节点"。这类城市所联系城市数量较多，

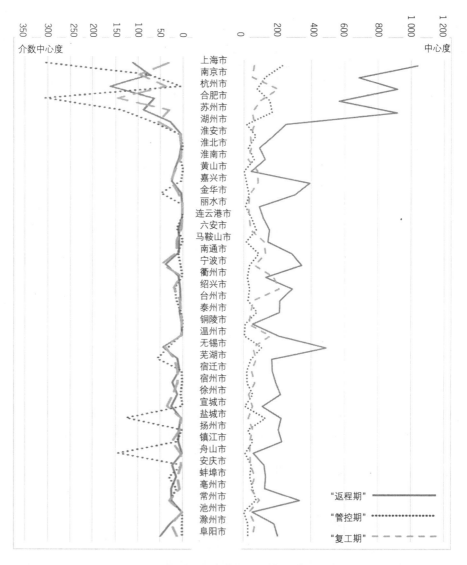

图 4　各阶段长三角城市网络中心度与介数中心度分布

与其他都市圈核心城市往往存在紧密联系，容易造成疫情的"层级扩散"。例如，合肥在各阶段的中心度、介数中心度都排名较高，与省内城市与其他省市都存在大量商务活动、人员往来及劳务输送，因此疫情风险较高，"复工期"累计确诊人数达到 173 人。

低中心度、高介数中心的中介城市：包括湖州、绍兴、镇江、宣城、芜湖、黄山共 6 个城市，占比为 14.6%。这些城市受到交通区位影响，流动性相对较差，但承担着连接中心城市与其他低层级城市等作用，属于连接数量众多的枢纽型节点，是疫情扩散的潜在"桥梁型节点"。例如，绍兴作为浙北城市，与宁波、杭州等省内城市联系密切，同时与上海、阜阳等省外城市形成稳定联系，导致自身疫情风险较高，"复工期"累计确诊达到 47 人。

高中心度、低介数中心度的次级城市：包括金华、嘉兴、宿迁、滁州、蚌埠、徐州、衢州共 7 个城市，占比为 17.1%。这些城市大多与区域中心城市形成产业协作关系，存在大规模单向流动。这类城市往往与周边城市联系较为松散，其疫情扩散风险仍然较高。例如，徐州受到地理位置、社会经济联系的影响，与苏南地区联系较少，但其与皖北等城市存在紧密联系，导致其中心度较高，"复工期"的累计确诊人数达到 78 人。

低中心度、低介数中心度的一般城市：包括泰州、阜阳、盐城、台州、南通、宿州、亳州、淮北、安庆、铜陵、马鞍山、淮安、淮南、舟山、池州、丽水、六安、温州、扬州、连云港共 20 个城市，占比为 48.8%。这些城市分布在浙南与皖北地区，处于城市网络的边缘区位，无论是网络连通性或连接城市数量都明显较少，从而显著降低其所面临的扩散风险。例如，舟山与其他城市之间的社会经济联系和人员往来不够紧密，同时防控措施、宣传教育都有序开展，因此直至"复工期"累计确诊仅为 9 人。

3.4 基于城市网络的疫情扩散影响因素

为了进一步验证城市网络结构特征对疫情扩散的影响，本文选取"返程期"41 个地级市的网络结构特征（包括中心度、加权中心度、加权入度、加权出度、介数中心度），将 2020 年 1 月 30 日各市累计新冠肺炎确诊感染人数作为被解释变量进行回归分析。基于 Static 软件，运用线性回归模型（OLS）进行拟合分析，分析结果表明，中心度、介数中心度与确诊感染人数呈正相关关系，加权出度与确诊感染人数呈负相关关系。结果如表 3 所示，$P>t$ 值小于 0.005，Prob>F 值为 0，F 值为 17.03，可解释部分（Model）为 234 003，不可解释部分（Residue）为 123 686，R-squared 为 0.654 2，说明线性方程拟合度较高，即城市网络结构特征解释了确诊感染人数 65% 的变动。

表 3 城市网络结构特征模型拟合结果

网络结构特征	Coef.	Std.Err.	t	$P>\|t\|$	95% Conf.	Interval
出度	−3.729 211	0.657 906 3	−5.67	0	−5.063 507	−2.394 915
中心度	1.622 293	0.286 918 2	5.65	0	1.040 395	2.204 19
介数中心度	0.602 495 9	0.153 821	3.92	0	0.290 532 4	0.914 459 4
常数	−202.273 4	77.864 49	−2.6	0.014	−360.189 9	−44.356 87

中心度越高，代表城市在网络中的重要性与影响力越大。结果表明，中心度对城市疫情程度有显著的正向影响。其他因素不变，中心度每提升 1 个单位，新增感染人数增加 1.62 人，即中心度高的城市有更高的疫情扩散风险。这可能由于中心度越高，城市的网络能级越高，城市所吸引的产业、文化、人才、资本等要素也越多，从而大大增加了商贸、休闲、餐饮、就学等复杂活动，增加了城市疫情管控难度；同时，中心度高的城市，由于其交通较为便捷，往往存在大量的人流迁徙活动，大量无症状感染者隐藏其中，增加了疾病传播的概率；最后，中心度高的城市通常人口密度更高，存在大量人口集聚的公共空间，为病毒集聚性传播提供了有利条件。由此可知，在长三角城市复杂网络中，存在少数中心度较高的节点城市，一旦暴发疫情或者其他灾害，将会成为风险扩散的超级节点，导致疫情在整个网络中蔓延。

出度则呈现出显著的负向影响，即出度高的城市疫情扩散风险越小。其他因素不变，出度每提升 1 个单位，新增确诊人数减少 3.73 人。究其原因，可能因为这类城市保持着较高的持续对外流出水平，同时人口输出、企业投资、技术服务等活动也较活跃，说明其在网络中扮演着"投资者"的角色，对原本集聚于本地的经济社会活动进行有机疏散，因此，有助于化解本地面临的疫情风险，提高疫情防控能力。同时，人口持续流出的城市往往居住密度较低，不同社区能够保持卫生和安全社交距离，同时居民健康水平和社会韧性较高，因此带来更好的公共卫生状况。

介数中心度越高，其在网络中的控制能力越高。结果表明，介数中心度对城市疫情程度有显著的正向影响。其他因素不变，介数中心度每提升 1 个单位，新增确诊人数增加 0.6 人。究其原因，可能是介数中心度高的城市在区域中承担了不可替代的"桥梁"作用，与大多数城市都存在不同程度的联系，周边城市对其有较高的依赖程度，同时带来了不可避免的复杂活动与疫情风险。同时，这类城市一般拥有能源、交通、旅游等特色业态，承担了核心要素的供给、调配、联结等功能，具有区域强大的掌控能力。因此，此类城市直接面临的风险来源覆盖面较大，从而增加了这类城市疾病扩散的概率。

总而言之，城市的网络结构特征对城市疫情造成了直接影响，城市的在网络中的重要性越高，所面临的疫情风险越大；同样地，城市在网络中的影响力越高，所面临的疫情风险越大。在实体空间向流动空间转变的大背景下，城市群更应该从城市联系网络的角度出发，分析网络结构特征对疫情的影响并探讨城市在防疫过程中的角色与作用。

4　长三角城市群 COVID-19 疫情协同管控策略

目前，COVID-19 疫情在全球扩散的不确定性依然存在。种种现象让我们清醒地认识到，长三角城市群 COVID-19 疫情协同管控仍需强化，需要在分析其阶段特征、传播路径与节点类型的基础上，发挥各个层级在网络中的关键作用，实现不同尺度的防控体系相互支撑、密切配合。本文建立长三角"城市群—都市圈—城市节点"三级协同管控体系，有针对性地提出 COVID-19 疫情管控措施，增强城市群的安全性和综合竞争力。

4.1 城市群层面：精准识别风险，优化网络联系结构

城市群是协同管控的"指挥部"，需要实时掌握疫情扩散的阶段特征，有效阻断疫情传播方式，提升城市网络的弹性、韧性与稳定性。

（1）建立风险预警平台，制定分阶段管控措施

建立长三角城市群 COVID-19 疫情风险预警平台，实时监测人流、物流、资金流、信息流等关键要素，绘制现状风险分布地图，对风险的时空扩散趋势进行有效预测，将管控措施传导到都市圈、城市层面。如图 5 所示，在扩散初期，平台要重点评估中心城市所面临的风险程度，制定区域交通管制、人流引导等措施；在扩散中期，平台要重点管控中介城市与次级城市所面临的风险，同时开展应急救援、物资调配等工作，实现各级城市管控措施的协调联动；在扩散后期，平台要根据风险预测结果，动态调整区域防控措施，维持城市间必要的功能联系，恢复正常的生产生活秩序。

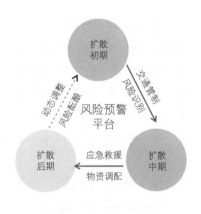

图 5　各阶段长三角风险预警平台重点任务

（2）优化网络联系结构，减少各类风险扩散

识别风险扩散的典型模式，针对层级扩散、长程扩散、近邻扩散等不同类型的扩散途径，提出科学有效的分类管控引导。发挥中心城市之间信息联系的替代作用，减少层级扩散。推动城市群区域尺度的智慧化建设，发挥信息联系对实体联系的替代效应，将城市在网络中的影响力延续至虚拟空间。充分发挥信息流与物质流之间的交互作用，利用物联网、大数据、云计算等技术手段，将城市功能联系信息化、多元化、异质化，进而长期维护网络联系的完整性。

加强低层级城市与周边城市的直接联系，减少长程扩散。由于长程扩散的传播路径复杂且管控难度较大，显著提升了中心城市所面临的风险。一方面，可以通过引导技术、人才、资金向低层级城市下沉，从而实现低层级城市就近获取资源，减少中心城市风险集聚；另一方面，可以通过交通出行引

导，制定短途出行与长途出行的差异化收费标准，精准减少低层级城市与中心城市的出行联系。

推进公共服务设施均等化，减少近邻扩散。近邻扩散一般发生在相邻城市之间，存在大量为了获取优质公共服务产生的日常出行，因此，需要推动医疗资源、教育资源的区域均衡配置，实现城市内部公共服务的供需匹配，减少近邻扩散风险。

4.2 都市圈层面：优化功能配置，完善网络层级结构

都市圈是协同管控"主阵地"，是衔接城市群与城市的腰部力量，也是相关应对措施具体落实的关键环节，需要形成内部支撑的良好闭环。

（1）培育次级城市，疏散中心城市风险

都市圈需要优化各个城市承担的防控功能，避免风险在中心城市过于集中以及防控能力与面临风险不匹配的现象。如图 6 所示，一方面，中心城市需要主动疏散部分功能，引导产业功能、服务功能、防控功能的有序迁移，及时化解中心城市风险；另一方面，次级城市要主动承接转出的资源要素与相关功能，提升主动防控能力、风险管控能力与空间协同能力。例如，南京都市圈呈现明显的单核发展特征，而苏锡常都市圈交通、经济发展更加均衡。因此，南京都市圈可以选择镇江作为都市圈次级节点进行重点培育，使都市圈内部功能联系更为紧密，大大缓解南京面临的风险压力。

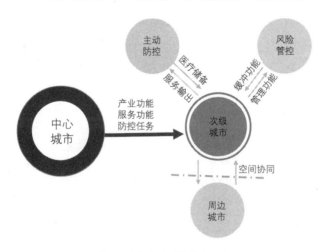

图 6 次级城市功能培育示意

（2）加强资源统筹管理，提升协同管控效率

推进都市圈在应急资源方面的一体化协调联动，推动应急物资与生活物资的合理配置，支撑应急时期的统一管理、统一调配。在应急物资方面，制定统筹管理方案，统筹救护人员、防护用品等物资，实现"1 小时"快速应急救援；在生活物资方面，利用都市圈交通设施互联互通优势，构建生活物资

运输体系，加快物流仓储设施建设，保障物资运输渠道稳定畅通。

4.3 城市层面：分级分类管控，完善节点防控体系

城市是协同管控的"主攻点"，也是 COVID-19 疫情的具体发生地。因此，各类城市需要根据自身在城市网络中的功能定位，制定分级分类管控措施，构建健康有序的风险管控层级体系，形成以城市公共健康为核心的绩效体系（王世福等，2018）。

（1）中心城市。这类城市控制着资金、技术、信息和资源的在网络中的流动，面临较大的扩散风险。一方面，应重点展开机场、高铁站等交通枢纽的防控工作，利用移动大数据进行人口排查，同时配置临时发热安置点，对境外人员实行"点对点"单线转运，防控城市间的输入输出风险；另一方面，要开展以社区为基本单元的自组织防控响应，发挥社会网络的高效协同作用。社区要树立应对公共事件第一道防线，起到基本的监督、识别功能，开展社区内部公共空间的统筹管理、防控物资的统一调配与公共活动的动态监测，进行社区高风险人群的识别与管理，同时推动社区信息实时交互、风险实时上报。

（2）次级城市。这类城市与邻近的核心城市存在密切的人员流动和经济往来，是吸引要素较多的区域门户城市。一方面，次级城市需要加强城市公共安全设施的投入与人员管理，同时完善区域大型防控设施布局，保障防控物资供应体系；另一方面，次级城市要承担中心城市转移出的功能，加强城市绿色空间规划并形成生态屏障（冷红等，2018），成为 COVID-19 疫情防控的关键控制节点。

（3）中介城市。这类城市与长三角核心网络距离较远，但承担了区域重要的桥梁联系功能。因此，中介城市外来风险输入压力较大，需要主动承担风险防控功能，并避免成为新的风险源。一方面，中介城市要精确记录外来人员出行轨迹信息，对城际交通实行差异化运营方案，适当增加人流集聚线路的发车班次，确保后疫情时期的正常生活；另一方面，中介城市需要重点监控与周边城市的自组织联系，进行风险的"筛查"与"过滤"，进一步提升在防控网络体系中的影响力。

（4）一般城市。这类城市面临的风险较低，处于网络边缘的支配地位。值得注意的是，这类城市无论在经济发展水平、应急管理能力与社会韧性方面，都与中心城市存在差距。因此，一旦风险快速爆发，这类城市的治理难度与防控成本较高，容易形成内生性扩散。一方面，这类城市需要重点加强相关的宣传引导，强化本地居民的风险意识，完善社区规范化治理手段，防止相关风险在本地蔓延；另一方面，需要主动争取高层级城市的支持援助，开展医疗合作、应急救援等对接工作，实行城市健康发展策略（缪雯纬等，2018）。

5 结论与讨论

长三角城市群作为经济社会发展的重要载体，面临较强的疫情风险，需要从多学科、多维度的视

角来补充和完善城市群 COVID-19 疫情协同管控体系。本文基于复杂网络理论，构建了长三角城市群 41 个地级市之间的城市网络，总结疫情扩散的阶段特征、扩散路径与节点类型，并得出城市网络结构特征对 CONVID-19 疫情的直接影响，结果如下：①长三角疫情扩散经历了返程期"头部集聚"、管控期"风险下沉"、复工期"有效控制"三个阶段，不同时期疫情扩散空间模式存在较大差异；②疫情扩散路径可以分为层级扩散、长程扩散和近邻扩散三类，其中长程扩散对中心城市造成的风险较强；③城市中心度、介数中心度对疫情有显著正向影响，城市出度对疫情有显著负向影响。在此基础上，本文提出了"城市群—都市圈—城市节点"协同管控机制，弥补了以往管控措施局限于静态行政单元的弊端，做到"功能优化"与"体系构建"有机融合，以适应未来长三角城市群网络化的空间发展模式。

不可否认，本文在研究内容方面仍然存在不足。COVID-19 疫情作为重大公共卫生事件，在空间发展形式与机制方面都有典型性，但对于类型多样的区域和城市重大公共事件来说，代表性不强，导致本文提出的管控策略存在一定的局限性，无法应对未来可能出现的新风险。在未来进一步研究中，一方面，需要挖掘不同类型公共事件的时空演化机制，深刻理解各类型公共事件空间扩散的实际内涵，从而拓展对自然灾害、金融风险、公共安全等类别的差异化分析；另一方面，需要利用大小数据结合的方法（秦萧、甄峰，2017），分析 COVID-19 疫情扩散的深层机制，可以结合手机信令、互联网、企业活动等多源大数据，总结社会经济、行为方式、地理条件等要素的影响机制，并对未来可能出现的风险场景进行预测。

在历史进程中，一次次重大公共事件考验着我国各大城市群的防御力与恢复力，也带来了不同阶段的城市治理与风险管理理念。本次 COVID-19 疫情的暴发，暴露出协同管控存在的各种短板，更需要我们以此为鉴，用长远的、动态的、全局的眼光看待问题。未来，长三角城市群将以 COVID-19 疫情协同管控为重要契机，进一步推进一体化发展，有效应对未来潜在风险，提升城市群现代化治理水平。

参考文献

[1] AGAARD-HANSEN J, NOMBELA N, ALVAR J. Population movement: a key factor in the epidemiology of neglected tropical diseases[J]. Tropical Medicine & International Health, 2010, 11(15): 1281-1288.

[2] BARABASI A L, ALBERT R. Emergence of scaling in random networks[J]. Science, 1999, 286: 509-512.

[3] BINDER S. Emerging infectious diseases: public health issues for the 21st century[J]. Science, 1999, 284(5418): 1311-1313.

[4] BULTER D. When Google got flu wrong: US outbreak foxes a leading web-based method for tracking seasonal flu[J]. Science, 2013, 494(7436): 155-156.

[5] JONES K E, PATEL N G, LEVY M A, et al. Global trends in emerging infectious diseases[J]. Nature, 2008, 451(7181): 990-993.

[6] SCHLAGENHAUF P P, WELD L, GOORHUIS A, et al. Travel-associated infection presenting in Europe

(2008-12): an analysis of EuroTravNet longitudinal, surveillance data, and evaluation of the effect of the pre-travel consultation[J]. The Lancet Infectious Diseases, 2014, 15(3): 263.

[7] WATTS D J, STROGATZ S H. Collective dynamics of "small-world" networks[J]. Nature, 1998, 393(6684): 440-442.

[8] WU J, LEUNG K, LEUNG G M. Nowcasting and forecasting the potential domestic and international spread of the 2019-nCoV outbreak originating in Wuhan, China: a modelling study[J]. The Lancet, 2020, 395(10225): 689-697.

[9] ZHANG L, LIU S, ZHANG G, et al. Internal migration and the health of the returned population: a nationally representative study of China[J]. BMC Public Health, 2015, 15(1): 719.

[10] 曹志冬, 曾大军, 郑晓龙, 等. 北京市 SARS 流行的特征与时空传播规律[J]. 中国科学: 地球科学, 2010, 40(6): 776-788.

[11] 柴彦威, 张文佳. 时空间行为视角下的疫情防控——应对 2020 新型冠状病毒肺炎突发事件笔谈会[J/OL]. 城市规划, 2020.

[12] 龚建华, 周洁萍, 徐珊, 等. SARS 传播动力学模型及其多智能体模拟研究[J]. 遥感学报, 2006(6): 829-835.

[13] 胡碧松, 龚建华, 周洁萍, 等. 疾病传播输入输出流的时空特征分析——以北京 SARS 流行为例[J]. 中国科学: 地球科学, 2013, 43(9): 1499-1517.

[14] 金安楠, 李钢, 王皎贝, 等. 深圳市新型冠状病毒肺炎(COVID-19)疫情时空演化与防控对策[J]. 陕西师范大学学报(自然科学版), 2020, 48(3): 18-32.

[15] 冷红, 李姝媛. 城市绿色空间规划健康影响评估及其启示[J]. 城市与区域规划研究, 2018, 10(4): 35-47.

[16] 李维安, 张耀伟, 孟乾坤. 突发疫情下应急治理的紧迫问题及其对策建议[J]. 中国科学院院刊, 2020, 35(3): 235-239.

[17] 李玉恒, 武文豪, 刘彦随. 近百年全球重大灾害演化及对人类社会弹性能力建设的启示[J]. 中国科学院院刊, 2020, 35(3): 345-352.

[18] 李哲睿, 甄峰, 傅行行. 基于企业股权关联的城市网络研究——以长三角地区为例[J]. 地理科学, 2019, 39(11): 1763-1770.

[19] 刘奇志. 建议增加传染病防治专项规划——应对 2020 新型冠状病毒肺炎突发事件笔谈会[J/OL]. 城市规划: [2020-03-08]. http://kns.cnki.net/kcms/detail/11.2378.TU.20200212.1135.006.html.

[20] 刘逸, 李源, 黎卓灵, 等. 新冠肺炎疫情在广东省的扩散特征[J/OL]. 热带地理: 1-9[2020-04-13]. https://doi.org/10.13284/j.cnki.rddl.003217.

[21] 刘勇, 杨东阳, 董冠鹏, 等. 河南省新冠肺炎疫情时空扩散特征与人口流动风险评估——基于 1243 例病例报告的分析[J]. 经济地理, 2020, 40(3): 24-32.

[22] 吕金虎, 谭少林. 复杂网络上的博弈及其演化动力学[M]. 北京: 高等教育出版社, 2019.

[23] 缪雯纬, 林樱子, 彭翀. 长江经济带城市健康发展评价及优化策略[J]. 城市与区域规划研究, 2018, 10(4): 83-99.

[24] 潘竟虎, 赖建波. 中国城市间人口流动空间格局的网络分析——以国庆—中秋长假和腾讯迁徙数据为例[J]. 地理研究, 2019, 38(7): 1678-1693.

[25] 秦萧, 甄峰. 大数据与小数据结合: 信息时代城市研究方法探讨[J]. 地理科学, 2017, 37(3): 321-330.

[26] 任书华. 人口流动强度与甲型 H1N1 流感和人感染 H7N9 禽流感流行的相关性研究[J]. 现代预防医学, 2018, 45(3): 537-542+552.

[27] 王世福, 刘明欣, 邓昭华, 等. 健康绩效导向的中国城市绿色空间转型策略[J]. 城市与区域规划研究, 2018, 10(4): 16-34.

[28] 吴国斌. 突发公共事件扩散机理研究[D]. 武汉: 武汉理工大学, 2006.

[29] 武继磊, 王劲峰, 孟斌, 等. 2003 年北京市 SARS 疫情空间相关性分析[J]. 浙江大学学报(农业与生命科学版), 2005(1): 100-104.

[30] 杨传明, Gabor, Horvath. 时空交互视角下长三角城市群雾霾污染动态关联网络及协同治理研究[J]. 软科学, 2019, 33(12): 114-120.

[31] 杨毅栋, 倪彬, 郭崇文, 等. 杭州经验: 大数据应对突发公共卫生事件的应急治理[J]. 北京规划建设, 2020(4): 58-62.

[32] 叶磊, 段学军, 欧向军. 基于社会网络分析的长三角地区功能多中心研究[J]. 中国科学院大学学报, 2016, 33(1): 75-81.

[33] 余新忠. 中国历代疫病应对的特征与内在逻辑探略[J]. 华中师范大学学报(人文社会科学版), 2020, 59(3): 124-129.

[34] 甄峰, 王波, 陈映雪. 基于网络社会空间的中国城市网络特征——以新浪微博为例[J]. 地理学报, 2012, 67(8): 1031-1043.

[35] 周成虎, 裴韬, 杜云艳, 等. 新冠肺炎疫情大数据分析与区域防控政策建议[J]. 中国科学院院刊, 2020, 35(2): 200-203.

[欢迎引用]

张一鸣, 甄峰. 基于城市网络联系的长三角城市群 COVID-19 疫情空间扩散及其管控研究[J]. 城市与区域规划研究, 2020, 12(2): 132-150.

ZHANG Y M, ZHEN F. The spread and control of COVID-19 based on urban complex network of Yangtze River Delta city group [J]. Journal of Urban and Regional Planning, 2020, 12(2): 132-150.

城市土地利用格局与PM2.5浓度的空间关联研究：

以京津冀城市群为例

杨　宇　肖映辉　詹庆明　杨　晨

Spatial Correlation Between Urban Land Use Pattern and PM2.5 Concentration: Case Study of Beijing-Tianjin-Hebei Region

YANG Yu, XIAO Yinghui, ZHAN Qingming, YANG Chen

(School of Urban Design, Wuhan University, Wuhan 430072, China)

Abstract In recent years, air pollution arising from rapid urbanization has become one of the major urban environemtal problems in our country. This paper, taking the Beijing-Tianjin-Hebei region as an example, chooses seven indexes including PLAND, CONTIG, AI, CONTAG, AREA_MN and SHDI to measure the urban land-use spatial pattern. By combining the factors affecting PM2.5 concentration, such as land cover, population and topography, this paper explores the relationship between urban land-use spatial pattern and PM2.5 concentration in Beijing-Tianjin-Hebei region through correlation analysis, multiple stepwise regression and geographically weighted regression. The research results prove that: ① there is a close spatial correlation between urban land-use spatial pattern and PM2.5 concentration. The adjusted R^2 of linear regression model and geographically weighted regression model are 0.788 and 0.864 respectively, indicating that the model has good fitting ability; ② Among the urban land-use types, the acreage of industrial land and land for public service facilities has a high positive correlation with PM2.5 concentration and enters the regression model; ③ In the spatial pattern of urban land use, CONTIG, AI and PLAND have a significant correlation with PM2.5 concentration. The research results can provide reference for air

摘　要　近年来，快速城镇化进程中产生的空气质量下降问题已成为我国最主要的城市环境问题之一。文章以京津冀城市群为例，选择土地利用面积、地类面积比例、连续度、集聚度、蔓延度、斑块平均面积和香农多样性七个指数度量城市土地利用及空间格局，并结合道路长度、人口和地形等影响PM2.5浓度的因子，运用相关分析、多元逐步回归和地理加权回归方法，探究京津冀城市土地利用及空间格局与PM2.5浓度的空间关联关系。结果表明：①城市土地利用空间格局与PM2.5浓度的空间关联关系密切，线性回归模型和地理加权回归模型调整后的R^2分别为0.788和0.864，模型拟合较好；②城市土地利用类型中，工业用地和公服设施用地的面积与PM2.5浓度具有较高正相关性，并最终进入回归模型中；③城市土地利用空间格局中，类别水平的连续度、集聚度和地类面积比例与PM2.5浓度具有显著相关性。研究结果可以为大气污染防治和城市土地利用规划等提供参考和借鉴。

关键词　京津冀城市群；PM2.5；城市土地利用；空间格局；地理加权回归

作者简介

杨宇、肖映辉（通讯作者）、詹庆明、杨晨，武汉大学城市设计学院。

1　引言

近年来，我国经济迅猛发展，工业化和城市化快速推进，在众多城市造成严重的空气污染，尤其是京津冀、珠三角和长三角等地区（He et al., 2017）。PM2.5是指环境空气中当量直径小于等于2.5μm的颗粒物，已成为我国的

pollution prevention and urban land use planning.
Keywords　Beijing-Tianjin-Hebei region; PM2.5;
urban land use; spatial pattern; geographically
weighted regression

首要大气污染物，对人体健康危害极大（Song et al., 2019；Van et al., 2010）。据《2018 中国生态环境状况公报》指出，全国 338 个地级及以上城市中有 217 个城市环境空气质量超标，以 PM2.5 为首要污染物的天数占重度及以上污染天数的 60.0%（中华人民共和国生态环境部，2019）。影响 PM2.5 的组成、来源、浓度水平及时空特征的因素众多，其中土地利用作为人类活动和建成环境要素的综合载体，是重要的影响因素之一（Foley et al., 2005；Hoek et al., 2008）。近年来，探究 PM2.5 浓度分布与土地利用格局的空间关联关系，从而为城市规划用地空间配置和防控政策制定提供科学依据，已逐渐成为国内外学者研究的热点。

不同土地利用类型，对 PM2.5 的产生、扩散和吸附有着不同的影响（Foley et al., 2005；梁照凤等，2019）。在不同土地利用分类中，土地覆盖类型（如林地和建设用地）侧重土地的自然属性，而城市土地利用类型（如工业用地和居住用地）强调不同地域单元上的人类活动，即土地利用地域单元的功能或用途（Kaiser et al., 1995）。在土地覆盖与 PM2.5 浓度关系的研究中，建设用地面积较大的区域，PM2.5 浓度更高，而林地、绿地和水体则有利于空气污染的改善，耕地和未利用地对于 PM2.5 浓度的影响则不确定（Shi et al., 2019；Lu et al., 2020；Escobedo et al., 2011）。同时，现有研究已表明，不同尺度的城市物质空间环境影响着大气颗粒物的浓度和分布，其中，城市土地利用（包括工业、居住和商业等）是对颗粒物分布具有影响的空间要素之一（王兰等，2016）。工业用地和交通用地因为由于污染物排放强度大，通常会导致地块颗粒物的浓度水平较高（De Hoogh et al., 2013）。商业和住宅用地与空气污染程度高的区域相关联，主要是因为居民生活和餐饮活动中以煤、生物质为燃料，会排放大量的颗粒物（Allan et al., 2010）。城市中的公园和广场用地属于城市绿色空间，开放的空间有利于空气流通，从而污染物能够更好地扩散（Shi et al., 2017；王世福等，2018；冷红、李姝媛，2018）。

随着城市形态定量化测量技术的成熟，越来越多学者开始利用景观指数来定量描述土地利用格局，进而探究其与空气质量的关系（张纯、张世秋，2014；谢正辉等，2020）。宏观尺度上多聚焦城市整体土地利用格局，采用城市形状指数、最大斑块指数、城市紧凑度和集聚度等指数代表不同的城市形态，从而探究城市整体形态对空气污染的影响（Lu and Liu，2016；Fan et al.，2018；Tao et al.，2020）。微观尺度上，土地覆盖景观格局与 PM2.5 浓度关系的研究较多，研究表明土地覆盖景观格局中的斑块平均面积、蔓延度和连续度等指数与 PM2.5 浓度具有较强的相关性（杨婉莹等，2018；Wu et al.，2015；Feng et al.，2017）。目前，虽然探究城市建设用地与 PM2.5 浓度关系的研究较多，但仅有少数研究将城市建设用地细化为工业用地、高层建筑用地和低层建筑用地等不同用地类型（Shi et al.，2019）。以往由于缺乏高分辨率和具有统一分类的城市土地利用数据，相关研究中很少考虑站点周边不同城市土地利用及空间格局（谢正辉等，2020）。如今，随着大数据及遥感制图技术的发展，城市内部土地利用性质识别及制图成为热点，如宫鹏等在 2019 年结合卫星遥感和多源大数据，实现了全国范围内地块尺度的城市土地利用制图，揭示了地区和城市间的城市土地利用及空间格局的差异（Gong et al.，2020）。

目前，国内探究监测站点周边城市土地利用格局与 PM2.5 空间关联的研究较少，因此，本文基于京津冀地区空气质量监测站点 PM2.5 浓度数据，通过相关性分析探究城市土地利用及空间格局与 PM2.5 浓度的相关性，同时建立了线性回归和地理加权回归模型进一步阐释自变量对 PM2.5 浓度的影响及空间异质性，为城市土地利用规划及区域防控政策制定等提供科学依据。

2　研究数据及处理方法

2.1　数据来源

依据 PM2.5 污染来源和影响因素，本文选取城市土地利用面积、城市土地利用空间格局、道路长度、高程和人口五大类预测变量。表 1 详细列出了每个自变量的分类、缓冲区半径设置和符号表示，所有变量都是使用 ArcGIS10.4 生成的。

2.1.1　PM2.5 数据

PM2.5 数据来自中国环境监测总站的全国城市空气质量实时发布平台（http://106.37.208.233:20035/），京津冀城市群共有 80 个国家控制空气质量监测站点，分布在京津冀 13 个城市中，通过处理 2018 年全年每天逐小时 PM2.5 浓度监测数据，得到年均 PM2.5 浓度值。

2.1.2　城市土地利用数据

城市土地利用数据来自清华大学地球系统科学研究中心依据遥感影像和多源大数据绘制的 2018 年中国城市土地利用矢量地图，研究中将原始数据简化为六个一级分类用地，分别是居住用地、商业用地、工业用地、交通设施用地、公服设施用地和公园与绿地，其中公服设施用地包括行政办公用地、

表 1　自变量分类及描述

变量类别	变量描述	变量子类别		缓冲区（m）	变量名称
城市土地利用面积	每种城市土地利用类型在不同缓冲区内的总面积(km²)	res (居住用地)		500，1 000，2 000，3 000，4 000，5 000，7 000，10 000	res_xx
		com (商业用地)			com_xx
		ind (工业用地)			ind_xx
		tra (交通设施用地)			tra_xx
		pub (公服设施用地)			pub_xx
		par (公园与绿地)			par_xx
城市土地利用空间格局	不同缓冲区内的景观指数，包括类别水平和景观水平	res (居住用地)	AI，PLAND，CONTIG，CONTAG，SHDI，AREA_MN[1)]	500，1 000，2 000，3 000，4 000，5 000，7 000，10 000	res_yy_xx[2)]
		com (商业用地)			com_yy_xx
		ind (工业用地)			ind_yy_xx
		tra (交通设施用地)			tra_yy_xx
		pub (公服设施用地)			pub_yy_xx
		par (公园与绿地)			par_yy_xx
道路长度	每种类型道路在不同缓冲区内的总长度(m)	mr (主要干道)		300，500，1 000，1 500	mr_xx
		cr (一般道路)			cr_xx
地形	站点处的高程	DEM(高程)		—	DEM
人口	站点处的人口密度	POP(人口密度)		—	POP

注：1)前三个指数描述六类不同的城市土地利用类型格局，后三个指数描述城市土地利用整体格局；2) yy 为对应不同的空间格局指数，xx 表示对应缓冲区的大小（m）半径，如 500m 缓冲区内居住用地的集聚度表示为 res_AI_500。

教育科研用地、医疗卫生用地和体育文化用地四个二级分类用地。城市土地利用的原始数据通过清华大学提供开放下载（http://data.ess.tsinghua.edu.cn）。

2.1.3　空间格局指数数据

城市内部的土地利用类型特征各异，具有复杂的空间异质性，景观格局指数能够量化土地利用要素的空间组成和结构特征，被广泛应用于城市形态和土地利用量化研究之中。本文在参考前人研究的基础上（杨婉莹等，2019；Wu et al.，2015；Shi et al.，2019），选择六种景观格局指数来表征和量化城市土地利用的空间格局，计算在景观格局分析软件 Fragstats 4.2.1 中完成。在类别水平的指数中，地类面积比例（percentage of landscape，PLAND）度量的是某一土地利用类型面积占所有用地类型面积的比例，连续度（contiguity Index，CONTIG）度量的是某一类型斑块的平均邻近度，集聚度（aggregation index，AI）度量的是某一类型斑块的集聚程度。在景观水平指数中，蔓延度指数（contagion，CONTAG）度量的是不同斑块的集聚或延伸程度，斑块平均面积（mean patch area，AREA_MN）度量的是用地整体的破碎度，香农多样性指数（Shannon's diversity index，SHDI）度量的是土地利用类型的多样性。在表 1 的城市土地利用空间格局变量中，类别水平的地类面积比例（PLAND）、连续度（CONTIG）、集聚度（AI）分别描述六类不同城市土地利用类型的空间格局，景观水平的蔓延度（CONTAG）、斑块平均面积（AREA_MN）和香农多样性（SHDI）描述站点周边城市土地利用的整体格局。

2.1.4 其他变量

其他因素包括道路交通、高程和人口变量。道路长度数据来自 OpenStreetMap 的矢量路网（www.openstreetmap.org），根据道路等级属性提取主干道和次干道路网，并通过计算得到不同缓冲区范围内的道路长度。监测点高程数据来自中国科学院计算机网络信息中心地理空间数据云平台（http://www.gscloud.cn），空间分辨率为 30 米；人口密度数据来自 2018 年的全球人口数据 LandScan（https://landscan.ornl.gov/node/157），空间分辨率为 1 000 米；然后，通过提取监测站点位置所在的栅格值作为该点的高程和人口密度。

2.2 研究方法

本研究将年均 PM2.5 作为因变量，自变量列于表 1，采用的研究方法包括相关分析、逐步多元线性回归、地理加权回归和留一检验法（LOOCV）等。

2.2.1 模型变量筛选

使用相关性分析和逐步回归（stepwise regression）的方法进行变量筛选，参考了吴健生等人提出的方法（Wu et al., 2015），具体的思路是：①对 PM2.5 和所有自变量进行双变量分析，利用皮尔森相关系数判断两个变量之间的相关程度，筛选出与 PM2.5 浓度相关的自变量（置信区间=95%），并按相关性从高到低排序；②选择同一子类别变量中与 PM2.5 浓度相关性最高的影响因素，并删除同一类别中与此因子高度相关（$r>0.6$）的类似变量；③对剩余的所有影响因子和 PM2.5 浓度值进行逐步回归，只保留在显著水平下（$\alpha=0.05$）满足模型先验假定、t 检验和 F 检验的自变量，并剔除对于模型 R^2 贡献率不足 1%的自变量；④重复第三个步骤中的逐步回归过程，使得模型收敛，完成模型变量的筛选。

2.2.2 模型构建与检验

LUR 模型是由布里格斯等（Briggs et al., 1997）在 1997 年首先提出并应用于空气污染制图，已成为探究长时段污染物浓度空间分布和影响因素的重要方法之一。由于模型所需数据获取要求低，估算精度和空间分辨率高，结果的可检验性强，应用较为广泛（Hoek et al., 2008），模型的表达形式为：

$$y_i = \beta_0 + \sum_{k=1}^{p} \beta_k \cdot X_{ik} + \varepsilon_i \tag{1}$$

式中，y_i 为因变量，表示第 i 个站点的 PM2.5 浓度；β_0 为截距项；β_k 为变量系数；X_{ik} 为自变量；ε_i 为误差项。

传统的 LUR 模型是基于最小二乘回归的全局空间回归模型，其假定回归参数与样本的地理位置无关。而在探究城市土地利用及空间格局与PM2.5浓度关系的研究中，不同区域的影响因素往往也表现得不同，传统的全局空间回归模型并不适用。因此，本文在多元逐步线性回归的基础上，采用由福瑟林厄姆（Fotheringham）提出的地理加权回归（GWR）模型（Brunsdon et al., 1996），能够更好地揭示PM2.5浓度的空间非平稳性及影响因素的空间异质性，模型表达式为：

$$y_i = \beta_{i0}(u_i, v_i) + \sum_{k=1}^{p} \beta_{ik}(u_i, v_i) \cdot X_{ik} + \varepsilon_i \tag{2}$$

式中，y_i为因变量；(u_i, v_i)是第i个样本空间单元地理位置坐标；$\beta_{i0}(u_i, v_i)$为第i个站点的截距；$\beta_{ik}(u_i, v_i)$是第i个站点的回归系数，随着区位的变化而变化；X_{ik}为自变量；ε_i为随机误差项。空间权重的选择对地理加权回归的参数影响很大，本文选用具有较好普适性且应用广泛的Gaussian函数，选择地理核函数Adaptive bi-square计算权重，模型的选择指标为赤池信息准则（AICc）。

模型诊断检验包括共线性检验、模型T检验、残差的正态分布以及空间自相关性检验，来评估模型的预测精度与稳定性。模型精度评价使用留一检验法（LOOCV）进行交叉检验，通过使用$n-1$个样本建立回归方程并计算一个估计值，此过程重复n次，然后将得到的样本估计值与实际的PM2.5浓度进行比较，借助常用的调整后的相关系数（Adj R^2）和剩余样本的均方根误差（RMSE）两个指标定量评价模型精度。

3　结果

3.1　相关性分析

京津冀地区80个站点的年均PM2.5浓度为53.593μg/m³，约是世界卫生环境质量指导值的5倍（10μg/m³）。从空间格局来看，京津冀PM2.5浓度的空间格局整体上呈现东南高、西北低的态势（刘海猛等，2018）。

在进行了城市土地利用及景观格局与PM2.5浓度的相关分析后，可以初步获得城市不同类型土地利用及景观格局与PM2.5浓度的相关性，相关性强度由皮尔森相关系数表示。通过比较自变量与PM2.5浓度的相关性系数，表2列出了与PM2.5浓度相关系数大于0.5的11个城市土地利用及空间格局变量。其中，有4个自变量与PM2.5浓度的相关性系数大于0.6。在类别水平的指标中，居住用地连续度与PM2.5浓度呈正相关，其中有1个相关性系数大于0.5的变量。交通设施用地连续度与PM2.5浓度呈正相关，其中有2个相关性系数大于0.5的变量。公共服务设施的集聚度和连续度都与PM2.5浓度呈正相关，其中有4个相关性大于0.5的变量。此外，公园与绿地的集聚度、连续度和地类面积占比都与PM2.5浓度呈负相关，但相关性系数都小于0.5。在景观水平指标中，城市土地利用的斑块平均面积和香农多样性指数与PM2.5浓度呈正相关，但相关性系数都小于0.5。

表2　与PM2.5浓度相关的城市土地利用及空间格局变量($r > 0.5$)

城市土地利用类型	空间格局指数		
	面积(r)	集聚度(r)	连续度(r)
居住用地	—	—	res_CONTIG_10 000(0.501)
工业用地	ind_7 000(0.500)[1]	—	ind_CONTIG_7 000(0.549)
	ind_10 000(0.585)		ind_CONTIG_10 000(0.624)
交通设施用地	—	—	tra_CONTIG_70 00(0.54)
			tra_CONTIG_10 000(0.568)
公服设施用地	—	pub_AI_7000(0.63)	pub_CONTIG_5 000(0.513)
			pub_CONTIG_7 000(0.666)
			pub_CONTIG_10 000(0.608)

注：1)表示自变量名称及对应的相关性系数。

由表2可知，公服设施用地相关变量与PM2.5浓度相关性较高，因此，为了进一步探究不同类型公服设施用地与PM2.5浓度分布的关系，采用与上文相同的方法对各类公服设施用地空间格局与PM2.5浓度进行相关分析，缓冲区设定为10 000米。公服设施用地在二级分类中被分为医疗卫生用地、体育文化用地、教育科研用地和行政办公用地四类用地类型。由表3可知，医疗卫生用地的各变量都与PM2.5浓度具有相关性，其中医疗卫生用地面积与PM2.5浓度的相关性系数为0.64；体育文化用地集聚度与PM2.5浓度的相关性较高，相关性系数为0.512；教育科研用地和行政办公用地的相关变量与PM2.5浓度的相关性较低。

表3　各类公共服务设施用地空间格局与PM2.5浓度的相关性系数

各类公服设施的用地类型	空间格局指数			
	面积	集聚度 AI	连续度 CONTIG	地类面积占比 PLAND
医疗卫生用地	0.64	0.262	0.395	0.396
体育文化用地	0.324	0.512	0.424	—
教育科研用地	0.368	0.397	0.459	—
行政办公用地	—	0.353	0.433	—

注：表格中数字表示皮尔森相关系数，一表示没有显著相关性。

3.2　逐步多元线性回归

为进一步探究城市土地利用及空间格局与京津冀城市群PM2.5浓度的关系，采用逐步回归方法进行变量筛选，并使用筛选的变量建立线性回归模型。

依据表 4 中五大类预测变量与 PM2.5 浓度的回归分析结果，最终有五个变量进入到线性回归模型中。表 4 中的 B 表示多元回归方程中各自变量的偏回归系数，$Beta$ 表示标准化偏回归系数，用于测度各自变量对因变量的相对重要程度，t 和 $Sig.$ 是单个自变量的 t 检验统计量及其显著性，方差膨胀因子（variance inflation factor，VIF）用于检验多元线性回归模型中多重共线性的严重程度。由此构建影响京津冀城市群 PM2.5 浓度的线性回归模型为：

$$PM2.5 = -2.259 + 0.114ind\_10\,000 + 44.513ind\_CONTIG\_10\,000$$
$$+0.279pub\_10\,000 + 13.843res\_CONTIG\_10\,000 - 0.213par\_PLAND\_7\,000 \tag{3}$$

依据模型结果中的偏回归系数 B，$par\_PLAND\_7\,000$ 的回归系数为负值，表明公园与绿地的地类面积比例越大，对于 PM2.5 浓度的削减作用越明显。$ind\_CONTIG\_10\,000$、$ind\_10\,000$、$pub\_10\,000$ 和 $res\_CONTIG\_10\,000$ 的回归系数都为正数，表明工业和公服设施的面积越大，工业用地和居住用地的连续度越高，PM2.5 的浓度则越高。依据回归结果中的标准化系数 $Beta$ 来看，对 PM2.5 浓度的影响程度为 $ind\_CONTIG\_10\,000 >$ $ind\_10\,000 > pub\_10\,000 > par\_PLAND\_7\,000 > res\_CONTIG\_10\,000$，影响程度最大的是城市土地利用空间格局指数中的 $ind\_CONTIG\_10\,000$，从城市土地利用类型来看，工业用地比其他用地类型的影响更大。

根据表 4 回归方程的结果，回归系数 t 值和模型 F 值的显著性均小于 0.05，VIF 值都小于 2，表明回归方程中各部分的回归系数均显著，回归模型有效。线性回归方程调整后 R^2 为 0.802 和 0.788，在留一交叉检验中，交叉检验的 R^2 为 0.767，计算得到的均方根误差（RMSE）为 6.09μg/m^3，模型拟合能力较好。

表 4　多元线性回归结果

自变量	线性回归结果参数					模型结果参数
	B	$Beta$	t	$Sig.$	VIF	
$Intercept$(截距)	−2.259	—	−0.529	0.041	—	R^2=0.802
$ind\_10\,000$[1]	0.114	0.372	5.985	0.000	1.439	Adj R^2=0.788
$ind\_CONTIG\_10\,000$[2]	44.513	0.526	8.910	0.000	1.302	CV-R^2=0.767
$pub\_10\,000$[3]	0.279	0.342	6.456	0.000	1.049	CV-RMSE=6.09μg/m^3
$res\_CONTIG\_10\,000$[4]	13.843	0.164	2.888	0.005	1.207	AICc=519.17
$par\_PLAND\_70\,00$[5]	−0.213	−0.173	−2.761	0.007	1.470	

注：1) $ind\_10\,000$：10 000m 缓冲区内工业用地面积；2) $ind\_CONTIG\_10\,000$：10 000m 缓冲区内的工业用地连续度；3) $pub\_10\,000$：10 000m 缓冲区内的公服设施面积；4) $res\_CONTIG\_10\,000$：10 000m 缓冲区内居住用地连续度；5) $par\_PLAND\_7\,000$：7 000m 缓冲区内公园与绿地地类面积占比。

3.3 地理加权回归

基于以上变量进一步采用地理加权回归模型探究不同影响因素的空间异质性，根据表5的回归结果，GWR模型调整后的可决系数（Adj R^2）为0.864，能解释PM2.5浓度分布的86.4%，高于线性回归模型的Adj R^2，并且GWR模型的赤池信息准则（AICc）也低于线性回归模型，表明GWR模型拟合能力优于线性回归模型。

表5 地理回归模型参数

自变量	GWR模型系数						GWR模型结果参数
	平均值	最小值	最大值	下四分位数	中位数	上四分位数	
Intercept(截距)	3.080	−4.684	8.742	1.198	3.498	5.058	R^2=0.886
*ind*_10 000	0.101	0.079	0.140	0.090	0.099	0.109	Adj R^2=0.864
*ind_CONTIG*_10 000	40.748	34.928	47.973	39.662	40.715	41.768	AICc=505.6
*pub*_10 000	0.246	0.227	0.309	0.233	0.243	0.259	
*res_CONTIG*_10 000	12.562	2.365	24.451	9.523	12.319	15.313	
*par_PLAND*_7 000	−0.212	−0.327	−0.120	−0.249	−0.213	−0.175	

此外，线性回归模型残差的Moran's I指数为0.236（$P<0.01$），GWR模型残差的Moran's I指数为0.163，P值为0.051，说明线性回归模型残差存在较强的空间自相关，而地理加权回归模型的残差不具有显著的空间自相关性。总体来说，GWR模型在各项指标上均优于线性回归模型，能够更好地揭示PM2.5浓度分布和各变量之间的空间依赖性及复杂关系。

如表6所示，根据站点的分布位置，统计同一城市所有站点各自变量地理加权回归系数的平均值，结果表明，自变量地理加权回归系数在不同城市的结果均不相同，空间分布特征差异明显，表明各解释变量与PM2.5浓度的关系存在明显的空间异质性。

表6 各自变量地理加权回归系数在不同城市的平均值

城市	各自变量地理加权回归系数均值					
	Intercept	*ind*_10 000	*ind_CONTIG*_10 000	*pub*_10 000	*res_CONTIG*_10 000	*par_PLAND*_7 000
保定	6.877	0.083	35.510	0.197	17.717	−0.267
北京	7.844	0.112	33.223	0.170	13.359	−0.119
沧州	26.478	0.019	27.777	0.082	7.768	−0.306
承德	5.897	0.119	39.449	0.238	6.600	−0.122
邯郸	17.646	0.080	33.190	0.249	8.822	−0.406

续表

城市	各自变量地理加权回归系数均值					
	Intercept	*ind*_10 000	*ind_CONTIG*_10 000	*pub*_10 000	*res_CONTIG*_10 000	*par_PLAND*_7 000
衡水	11.890	0.064	38.188	0.218	11.409	−0.353
廊坊	16.798	0.073	31.060	0.131	8.927	−0.187
秦皇岛	6.087	0.091	44.577	0.284	2.352	−0.191
石家庄	5.599	0.103	35.385	0.263	17.402	−0.281
唐山	8.398	0.089	41.280	0.245	4.167	−0.182
天津	16.950	0.062	33.712	0.156	6.404	−0.215
邢台	17.904	0.083	31.480	0.251	9.914	−0.390
张家口	−5.923	0.195	24.658	0.220	32.882	−0.030

4 讨论

4.1 土地利用类型与PM2.5浓度的空间关联分析

目前关于城市土地利用类型与空气污染空间关联关系的研究较少，本文通过相关性分析和回归分析表明城市土地利用类型与PM2.5浓度具有显著的空间关联关系。研究结果显示，与PM2.5浓度有显著正相关空间关联关系的城市土地利用类型为工业用地和公服设施用地。

在探究社会经济因素与PM2.5的研究中，多数主要是利用站点与工业污染源的距离或者第二产业占比等指标来衡量工业污染的规模，表明工业排放确实能够对PM2.5浓度产生影响（刘海猛等，2018）。在本研究中，工业用地的面积与年均PM2.5浓度相关性较高，同时也进入了最终的回归模型，表明工业用地的面积越大的区域，PM2.5浓度也就越高。工业用地中化石原料的燃烧及排放等会导致PM2.5浓度显著升高，已有研究发现深圳市的工业用地平均PM2.5浓度高于居住用地和交通用地（关舒婧，2018）。这表明工业用地与PM2.5浓度存在显著的空间关联关系，本文的结果也与之相吻合。此外，从表6地理加权回归模型的系数来看，工业用地面积的地理加权回归系数在不同城市均值差异较大，因此，工业用地与PM2.5浓度的空间关联关系还存在空间差异性，还需结合不同城市的发展状况和产业结构等进一步探究工业用地与PM2.5浓度的空间关联关系。

除了工业用地，公服设施用地也是与PM2.5浓度的空间关联相关性较高的用地类型。城市中的公服设施空间分布一般呈核心—边缘的格局，如南京的医疗设施主要集中在人口密集的城市中心城区（高军波等，2011；曹阳、甄峰；2018）。同时，医院等公服设施作为重要的城市节点，周边道路承载的功能较多，存在明显的交通拥堵现象，而较大的车流量和交通拥堵会导致更多的汽车尾气排放及更严重的空气污染。本研究显示公服设施用地集聚度和连续度与PM2.5浓度的空间关联相关性较高，且公服设施用地面积最终进入回归模型，表明公服设施用地与PM2.5浓度存在明显的空间关联关系。其中，公服设施用地中的医疗卫生用地与其他类型公服设施用地相关性相比更高，因此，医院等大型公服设施布局时应该综合考虑周边地块利用和交通布局等总体特征，合理进行资源调配和设施布局，从而削减因周边交通拥堵等造成的空气污染。

4.2 土地利用格局与PM2.5浓度的空间关联分析

目前，有关城市土地利用空间格局与PM2.5浓度关系的研究较少。在相关性分析中，与PM2.5浓度相关性高于0.6的变量中，关于连续度的指数有三个，关于集聚度的指数有一个。在回归模型中，关于连续度和地类面积占比的变量进入最终的回归模型中。研究表明，城市土地利用格局与PM2.5浓度具有显著空间关联关系，这在其他的研究中很少提到。

类别水平的指数连续度（CONTIG）和集聚度（AI）是表示不同用地类型集聚程度的指标。在相关性分析中，公服设施用地集聚度、公服设施用地连续度和工业用地连续度子类别中都存在与PM2.5浓度相关性大于0.6的变量，而居住用地连续度和工业用地连续度进入最终回归模型中，且与PM2.5浓度呈正相关性。在宏观尺度下，紧凑型城市相较于廊道型城市和卫星城市具有更短的汽车行程及非点源的排放，具有更少的空气污染排放量（张纯、张世秋，2014；Tao et al.，2020），而本文的研究表明，在微观尺度下，站点周边公服设施用地用地、居住用地和工业用地的连续度越高，站点的PM2.5浓度越高。一方面，已有研究表明，监测站点周边的城市土地利用越集聚，城市建筑越密集，越不利于空气污染的扩散，容易造成更高的PM2.5浓度（杨婉莹等，2019；Yuan et al.，2014）；另一方面，城市中的公服设施空间分布一般呈核心—边缘的格局，公服设施集聚较高的区域通常位于城市中心区，将承担更大城市范围的服务功能，形成大规模"钟摆"交通（高军波、苏华，2011），形成更多的汽车尾气排放，容易造成更严重的空气污染。因此，工业用地、公服设施和居住用地的集聚程度能够一定程度反映城市内部PM2.5浓度的空间差异性，这是之前的研究中没有提到的。类别水平的指数地类面积占比（PLAND）是表示不同土地利用类型面积占城市土地利用面积的比例，公园与绿地地类面积占比进入最终的回归模型中且呈负相关，表明公园与绿地在整体城市土地利用中所占的比例增加，可以降低PM2.5的浓度。

5 结论

本文以京津冀城市群为研究区域，选取五大类预测变量，运用相关性分析、逐步回归和地理加权回归分析，探究城市土地利用及空间格局与PM2.5浓度的关系。主要的结论包括：①城市土地利用与空间格局因素对 PM2.5 浓度有显著影响，进入回归模型的变量包括 *ind_CONTIG_*10 000、*ind_*10 000、*pub_*10 000、*res_CONTIG_*10 000 和 *par_PLAND_*7 000，线性回归模型和地理加权回归模型的调整后的 R^2 分别为 0.788 和 0.864，模型拟合能力较好；②城市土地利用类型中，工业用地和公服设施用地的面积与 PM2.5 浓度存在显著相关性，表明城市土地利用作为人类活动和建成环境要素的综合载体，与 PM2.5 浓度分布存在显著的空间关联关系；③城市土地利用空间格局中，类别水平的指标集聚度（AI）、连续度（CONTIG）和地类面积比例（PLAND）与 PM2.5 浓度具有显著空间关联相关性。站点周边工业用地、居住用地和公服设施用地的集聚程度增大，会增加点源污染且不利于污染物扩散，使得 PM2.5 浓度升高。公园与绿地在城市土地利用中的所占比例越大，越利于削减 PM2.5 浓度。

　　本文结果对大气污染防治和城市土地利用规划有一定指导意义，然而，PM2.5 浓度的影响因素众多，本文并未考虑气象、交通、气溶胶光学厚度和土地覆盖景观格局等因素的影响。同时，城市土地利用及空间格局对于空气质量的影响是复杂的过程，其原理需要进一步的研究和阐释。未来将结合不同尺度、不同研究区域和不同时段的 PM2.5 浓度分布，进一步探究城市土地利用及空间格局与 PM2.5 浓度的关系及其影响的时空异质性。

致谢

　　本文得到国家自然科学基金面上项目"多源时空大数据环境下基于通风机理的雾霾应对规划方法研究"（批准号：51878515）的支持。

参考文献

[1] ALLAN J D, WILLIAMS P I, MORGAN W T, et al. Contributions from transport, solid fuel burning and cooking to primary organic aerosols in two UK cities[J]. Atmospheric Chemistry & Physics, 2010, 10(2): 647-668.

[2] BRIGGS D J, COLLINS S, ELLIOTT P, et al. Mapping urban air pollution using GIS: a regression-based approach[J]. International Journal of Geographical Information Science, 1997, 11(7): 699-718.

[3] BRUNSDON C, FOTHERINGHAM A S, CHARLTON M E. Geographically weighted regression: a method for exploring spatial nonstationarity[J]. Geographical Analysis, 1996, 28(4): 281-298.

[4] DE HOOGH K, WANG M, ADAM M, et al. Development of land use regression models for particle composition in twenty study areas in Europe[J]. Environmental Science & Technology, 2013, 47(11): 5778-5786.

[5] ESCOBEDO F J, KROEGER T, WAGNER J E. Urban forests and pollution mitigation: analyzing ecosystem services and disservices[J]. Environmental Pollution, 2011, 159(8-9): 2078-2087.

[6] FAN C, TIAN L, ZHOU L, et al. Examining the impacts of urban form on air pollutant emissions: evidence from China[J]. Journal of Environmental Management, 2018.

[7] FENG H, ZOU B, TANG Y. Scale- and region-dependence in landscape-PM2. 5 correlation: implications for urban planning[J]. Remote Sensing, 2017, 9(9): 918.

[8] FOLEY J A, DEFRIES R, ASNER G P, et al. Global consequences of land use[J]. Science, 2005, 309(5734):

570-574.

[9] GONG P, CHEN B, LI X, et al. Mapping essential urban land use categories in China (EULUc-China): preliminary results for 2018[J]. Science Bulletin, 2020, 65(3): 182-187.

[10] HE J, GONG S, YU Y, et al. Air pollution characteristics and their relation to meteorological conditions during 2014-2015 in major Chinese cities[J]. Environmental Pollution, 2017, 223: 484-496.

[11] HOEK G, BEELEN R, DE HOOGH K, et al. A review of land-use regression models to assess spatial variation of outdoor air pollution[J]. Atmospheric Environment, 2008, 42(33): 7561-7578.

[12] KAISER E J, GODSCHALK D R, CHAPIN F S. Urban land use planning[M]. Urbana, IL: University of Illinois Press, 1995.

[13] LU C, LIU Y. Effects of China's urban form on urban air quality[J]. Urban Studies, 2016, 53(12): 2607-2623.

[14] LU D, XU J, YUE W, et al. Response of PM2. 5 pollution to land use in China[J]. Journal of Cleaner Production, 2020, 244: 118741.

[15] SHI Y, LAU K K L, NG E. Incorporating wind availability into land use regression modelling of air quality in mountainous high-density urban environment[J]. Environmental Research, 2017, 157: 17-29.

[16] SHI Y, REN C, LAU K K L, et al. Investigating the influence of urban land use and landscape pattern on PM2.5 spatial variation using mobile monitoring and WUDAPT[J]. Landscape and Urban Planning, 2019, 189: 15-26.

[17] Song Y, Huang B, He Q, et al. Dynamic assessment of PM2.5 exposure and health risk using remote sensing and geo-spatial big data[J]. Environmental Pollution, 2019, 253: 288-296.

[18] TAO Y, ZHANG Z, OU W, et al. How does urban form influence PM2.5 concentrations: insights from 350 different-sized cities in the rapidly urbanizing Yangtze River Delta region of China, 1998-2015[J]. Cities, 2020, 98: 102581.

[19] VAN DONKELAAR A, MARTEN R V, BRAUER M, et al. Global estimates of ambient fine particulate matter concentrations from satellite-based aerosol optical depth: development and application[J]. Environmental Health Perspectives, 2010, 118(6): 847-855.

[20] WU J, XIE W, LI W, et al. Effects of urban landscape pattern on PM2. 5 pollution – a Beijing case study[J]. PLoS One, 2015, 10(11).

[21] YUAN C, NG E, NORFORD L K. Improving air quality in high-density cities by understanding the relationship between air pollutant dispersion and urban morphologies[J]. Building and Environment, 2014, 71: 245-258.

[22] 曹阳, 甄峰. 南京市医疗设施服务评价与规划应对[J]. 规划师, 2018, 34(8): 93-100.

[23] 高军波, 苏华. 西方城市公共服务设施供给研究进展及对我国启示[J]. 热带地理, 2010, 30(1): 8-12+29.

[24] 高军波, 周春山, 王义民, 等. 转型时期广州城市公共服务设施空间分析[J]. 地理研究, 2011, 30(3): 424-436.

[25] 关舒婧. 深圳市PM2. 5时空分布及与土地利用关系研究[D]. 重庆: 西南大学, 2018.

[26] 冷红, 李姝媛. 城市绿色空间规划健康影响评估及其启示[J]. 城市与区域规划研究, 2018, 10(4): 35-47.

[27] 梁照凤, 陈文波, 郑蕉, 等. 南昌市中心城区主要大气污染物分布模拟及土地利用对其影响[J]. 应用生态学报, 2019, 30(3): 1005-1014.

[28] 刘海猛, 方创琳, 黄解军, 等. 京津冀城市群大气污染的时空特征与影响因素解析[J]. 地理学报, 2018, 73(1): 177-191.

[29] 王兰, 赵晓菁, 蒋希冀, 等. 颗粒物分布视角下的健康城市规划研究——理论框架与实证方法[J]. 城市规划, 2016, 40(9): 39-48.

[30] 王世福, 刘明欣, 邓昭华, 等. 健康绩效导向的中国城市绿色空间转型策略[J]. 城市与区域规划研究, 2018, 10(4): 16-34.

[31] 谢正辉, 刘斌, 延晓冬, 等. 应对气候变化的城市规划实施效应评估研究[J]. 地理科学进展, 2020, 39(1): 120-131.

[32] 杨婉莹, 刘艳芳, 刘耀林, 等. 基于LUR模型探究城市景观格局对PM2.5浓度的影响——以长株潭城市群为例[J]. 长江流域资源与环境, 2019, 28(9): 2251-2261.

[33] 张纯, 张世秋. 大都市圈的城市形态与空气质量研究综述: 关系识别和分析框架[J]. 城市发展研究, 2014, 21(9): 47-53.

[34] 中华人民共和国生态环境部. 2018 年中国生态环境状况公报[R]. 2019.

[欢迎引用]

杨宇, 肖映辉, 詹庆明, 等. 城市土地利用格局与 PM2.5 浓度的空间关联研究: 以京津冀城市群为例[J]. 城市与区域规划研究, 2020, 12(2): 151-164.

YANG Y, XIAO Y H, ZHAN Q M, et al. Spatial correlation between urban land use pattern and PM2. 5 concentration: case study of Beijing-Tianjin-Hebei region [J]. Journal of Urban and Regional Planning, 2020, 12(2): 151-164.

澳大利亚城乡用地分类标准及比较研究

朱 杰 高 煜 安德丽安·基恩

Classification Criteria of Urban and Rural Land Use in Australia and a Comparative Study of Australia and China

ZHU Jie[1], GAO Yu[2], Adrienne KEANE[2]
(1. Jiangsu Branch of CAUPD Planning & Design Consultants Co., Nanjing 210000, China; 2. School of Architecture, Design and Planning, University of Sydney, Sydney NSW 2006, Australia)

Abstract As China steps into the era of spatial planning reform, all planning and management standards are facing re-organisation. Undoubtedly, the core content of each standard is the land classification standard. This paper introduces the classification criteria for urban and rural land use in Australia and explains in detail the characteristics and applications of land use classification standards at various governing levels. At the national level, its national classification system is mainly constituted by the Land Use Management Classification (ALUM), and also comprises the Australia and New Zealand Standard Industrial Classification (ANZSIC) and the Australia Valuation and Property Classification Code (AVPCC). With strong flexibility and inclusiveness, the ALUM standard is widely used in national land resource survey, assessment and monitoring practices. Through code conversion, it can seamlessly interface with the other two major classification standards, thus constructing the land value chain of "land natural condition-land value assessment- land output benefit", to realise a more accurate land management and control. The state-level land-use guidelines, which are characterized by regional

摘 要 步入国土空间规划改革时代，各项规划编制管控标准都面临重构，用地分类标准无疑是各项标准中最核心的内容。文章引入澳大利亚城乡用地分类标准，详细解读各个层次用地分类标准的特征和应用。在国家层面，构成了以土地利用管理分类（ALUM）为主导，以标准工业分类（ANZSIC）和不动产评估分类（AVPCC）为补充的分类体系。ALUM体现出较强的弹性与包容性，被广泛运用于国家土地资源调查、评估和监测实践中。通过代码转换，能够与其他两大分类标准无缝衔接，从而构建"土地自然状况—土地价值评估—土地产出效益"的土地价值链，更为精准地实现用地管控。州层面的用地分类导则主要面向规划编制和建设开发，体现出全域统筹、城乡一体、保护资源等特点。澳大利亚用地分类标准相关特点与我国国土空间规划改革目标不谋而合，可以为我国用地分类标准的优化重构提供全方面的借鉴。

关键词 土地利用管理分类标准；用地类型；澳大利亚；比较研究

1 引言

土地类型研究属于土地科学体系中的基础性分支学科，土地类型是土地自然因素和社会经济因素综合作用的结果。因而，土地类型研究包括土地自然类型研究、土地利用现状类型研究、土地利用远景类型研究三大部分（王向东、刘卫东，2014）。从自然资源类型角度，奥利（1984）将澳大利亚国土划分为"土地系统—土地单元—土地点"

作者简介

朱杰，中规院（北京）规划设计公司江苏分公司；高煜、安德丽安·基恩，悉尼大学建筑设计与规划学院。

integration, urban-rural integration, and resource conservation, are made mainly for planning compilation, construction, and development. Australian land use classification criteria, whose characteristics coincide with the spatial planning reform goals of China, can provide a comprehensive reference for the optimisation and reconstruction of China's land use classification standards.

Keywords　land use management classification; type of land use; Australia; comparative study

三级体系。其中，土地系统是土地单元的集合，这些土地单元在地理和地形上相互联系，地形、土壤、植被重复出现。土地单元是一组相联系的土地，和某一特定地形有关。一个土地单元是一组相关的土地点，这一组土地点在地形植被和土壤上具有一致特征。

然而，城乡规划领域更加关注土地的经济社会属性，即土地用途和所承载的功能。从国际案例来看，一类是将政策性意图直接用于规划地类划分，如英国根据《城乡规划（用地类别）条例》，将土地和建筑物按基本用途分为4大类、16 小类；另一类是政策性分类和功能性分类并存的体系，通过用地政策对下位规划地类做出限定（程遥，2012）。澳大利亚即属于第二类国家：在国家层面有相应的用地分类标准，引导土地政策制定；各州制定自己的用地区划，指导具体地块开发。而我国则属于功能性用地分类主导的国家，现行空间规划领域的用地类型仍然是城乡规划和国土规划两种标准并行，不仅两种标准之间的分类不一，甚至行业内部对同一地块的认定也有差异[①]。

2　澳大利亚土地分类体系概况

澳大利亚是典型的联邦制国家，其城市治理结构与宪法规定的各级政府权力结构紧密相关，形成了"联邦政府—州政府—地方政府"的政治权力分级。就澳大利亚的城市规划而言，土地权属决定了规划权力。受早期英国殖民地的影响，在联邦政府成立之前，早已形成六个主要的殖民区以及相对完整的城市规划与管理体系，因而州政府相比国家政府对土地更具有实际的分配权。以新南威尔士州（新州）为例，澳大利亚联邦政府于 1901 年成立，但早在 1810～1821 年，在麦考瑞总督（Governor Lachlan Macquarie）管辖下就形成了较为系统的治理模式和空间管制方式（Thompson and Maginn，2012）。联邦政府成立后，在宪法的规定下，虽然部分地方权力转移到国家机关，例如国际贸易、税收、邮政等，但是土地规划权依旧属于各个州政府，联邦政府无权干涉（Steele and Ruming，2012）。尽管联邦政府早在 1994 年就制定了第一版全国土地利用分类标准（石忆邵、范华，2009），但是因地方参与性不足，执行力有限，以至于很长一段时期内，联邦政府、州政府和其他领土政府机构缺乏统一的、相互兼容的用地分类标准，独立绘制各种尺度、类型的土地利用图，导致澳大利亚全域土地利用监管难以协调。

在此背景下，制定统一的用地分类标准，构建全国性的土地利用管理系统，为州和其他领土政府提供信息共享与规划服务逐渐成为各方共识。在国家层面，澳大利亚形成了以 ALUM（澳大利亚土地利用管理分类）为主，以 ANZSIC（澳大利亚和新西兰标准工业分类）和 AVPCC（澳大利亚不动产评估分类）为补充的三大分类体系（图 1）。其中，ALUM 由澳大利亚农业和水资源部（DAWR）牵头制定，是国家层面最具权威性的综合性土地分类标准。该标准从保障自然资源和农业生产的角度划定用地类型，旨在对国家自然资源系统进行全面统计、监管和评估，并形成统一的土地利用管理系统，目前执行的是 2016 年发布的第八版标准。此外，ALUM 标准能够与其他两大标准便捷转换和融合，体现了较强的适用性。另外两大标准属于行业标准，ANZSIC 标准由澳大利亚统计局与新西兰统计局共同制定，用于比较两国工业发展情况（ABS[②]，2006），也是全国五年一次社会经济普查的重要统计类别之一；AVPCC 标准则是在全国范围内用于对住宅、工商业、农业、基础设施、体育文化等各种不动产价值进行评级和征税的分类标准（DELWP[③]，2018）。

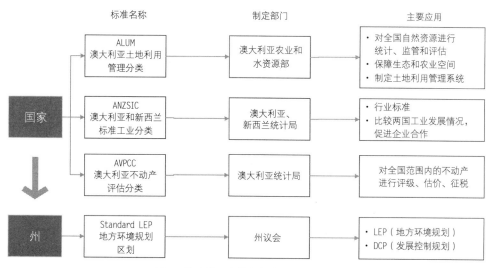

图 1　澳大利亚土地分类体系及主要应用

州层面的城乡用地分类标准则与城乡规划体系直接相关。州议会根据实际情况制定各州的用地区划标准，并应用于两种地方法定规划中，即地方环境规划（local environment plan，LEP）和发展控制规划（development control plan，DCP）。LEP 是地方层面具有最高法定效力的规划，规划文件由区划文本（zoning ordinance）和区划地图（zoning map）所组成（赵民，2000），深度介于我国城市总体规划和控制性详细规划之间，该规划由地方议会编制，报州环境部和立法院审批（周彦吕、陈可石，2016）。DCP 则由市议会审批的，是对 LEP 的延续和深化，可以直接指导用地开发，在用地类型上与 LEP 完全一致。对于各市而言，由于澳大利亚各州坚持了较为严格的区划标准，各市没有权力对用地标准进行优化，用地标准的灵活性略显不足（Beer et al., 2007）。

3　国家层面的土地分类标准及特点

3.1　ALUM 的结构与特点

3.1.1　ALUM 的分类体系

由澳大利亚农业和水资源部牵头，澳大利亚地理科学局、联邦科学和工业研究组织等提供科研支撑，并且与六个州主要部门合作，成立澳大利亚全国土地利用和管理信息委员会（NCLUMI），作为 ALUM 的制定者（NCLUMI[④], 2014）。ALUM 的主要作用体现在以下六个方面：①提升农业生产力和可持续能力；②鼓励生态多样性保护；③进行生态安全性控制；④支持区域规划、投资和发展战略；⑤自然灾害管理和评估；⑥自然资源条件监测和投入（ABARES[⑤], 2015）。

具体而言，ALUM 将土地利用类型划分为 6 大类、31 中类和 159 小类。大类至中类的划分主要根据原生土地表层覆盖状况以及潜在生产性或者保护性因素来划定，并且与土地利用状况有关（表 1），小类则主要依据面向市场分类的详细商品类型以及特定的土地利用项目来划定。在最新版 ALUM 中，实现了用地小类与国家统计局（ABS）规定的商品清单的编码融合。

表 1　第八版 ALUM 中的土地利用大类和中类

大类	大类分类解释	中类
1. 自然环境保护	主要用于保护目的的土地，其基础是维持现有的基本自然生态系统	1.1 自然保护
		1.2 资源保护
		1.3 其他小型土地利用
2. 相关自然环境生产	主要用于第一产业的土地，对原生植被的影响不大	2.1 原生牧场放牧
		2.2 原生伐木（原始森林）
3. 旱地农业和相关种植园生产	以旱地耕作为主，主要用于第一产业的土地	3.1 人工种植森林
		3.2 改造牧场放牧
		3.3 作物种植
		3.4 常年性果实种植
		3.5 季节性果实种植
		3.6 轮候用地

续表

大类	大类分类解释	中类
4. 灌溉农业和相关种植园生产	以灌溉农业为主，主要用于第一产业的土地	4.1 灌溉种植森林
		4.2 灌溉改造牧场放牧
		4.3 灌溉种植
		4.4 灌溉常年性果实种植
		4.5 灌溉季节性果实种植
		4.6 灌溉轮候用地
5. 高强度集中使用的土地	需要大量改造和开发的土地，一般用于住宅、商业或工业用途	5.1 集中种植
		5.2 集中动物生产
		5.3 制造业和工业
		5.4 居住和农业基础设施
		5.5 服务
		5.6 公共事业
		5.7 交通和运输
		5.8 采矿
		5.9 废物处理
6. 水资源	水体作为土地的一种覆盖类型	6.1 湖
		6.2 水库或者大坝
		6.3 河流
		6.4 沟渠
		6.5 沼泽和湿地

资料来源：第八版 ALUM。

3.1.2 ALUM 的主要特点

最新版 ALUM 主要有四大特点。①根据人类活动对用地的干预程度划分地类，对土地上经济活动、生产活动或者自然景观进行描述和识别，体现对土地自然属性的原真性保护（ABARES，2016）。②标准较为弹性和包容。在每项分类的属性表内，设有许多其他属性类别，作为与其他标准之间的转换接口，比如设有"商品描述"（commod_desc）字段，用于记录不同用地生产的商品种类，以及设立"注解"（comments）字段来表示尚不确定的土地类别。③允许土地多用途兼容，但需区别主要用途和附属用途。土地主要用途是基于土地管理方的主要管理目标来决定的，比如生产性林地主要用途是木材生产，但是其附属用途可以是养护、休闲、放牧或者是集水作用。④区分土地轮作与用途改变。澳大利亚土地利用特别是农地生产轮作率非常高，标准根据特定时间的土地主要用途来进行分类，尽可能区分土地的永久用途变化和不同阶段的轮作用途改变（ABARES，2016）。

3.2　纵向延续：州层面对 ALUM 的深化

为了满足各级政府和领土机构对土地利用信息的需求，2000 年澳大利亚联邦政府和州政府合作开展"澳大利亚土地利用与管理合作项目"（ACLUMP），开发一项综合的土地利用和土地管理实践信息系统（ABARES，2019），用以支撑国家对土地的监测和评估，也是国土空间利用从国家到州层面的延续。

基于 ALUM，ACLUMP 项目构建层次清晰的"国家—州—区域"土地利用信息统一监测平台，在不同尺度上提供有效的土地利用信息。其中，全国土地利用图比例尺为 1∶25 万；主要地区土地利用图比例尺从 1∶5 000 至 1∶25 万（表 2）不等，由各州政府组织编制，对重要自然和城市资源进行更加细化的监测与管理。

表 2　基于全国 ALUM 的各州深化

序号	州名	管控尺度	具体做法
1	新南威尔士州	1∶10 000	在 ALUM 的基础上，筛选适合自己州流域内 1∶10 000 比例尺的相关用地类型，制定了 LUMAP 用地代码
2	昆士兰州	1∶50 000； 1∶100 000	通过添加新的属性字段来更新土地变化情况、源数据等
3	南澳大利亚州	1∶20 000； 1∶100 000； 1∶250 000	根据最新版 ALUM，更正了 2008 年之前没有包括的干旱牧场等数据缺失
4	塔斯马尼亚州	1∶50 000	以农业生产为主，目前正在根据第八版 ALUM 的要求，编制 1∶50 000 比例尺的土地利用图
5	维多利亚州	1∶20 000； 1∶25 000； 1∶50 000	根据第八版 ALUM 的要求，已经完成全州土地利用图的编制，与国家农村科学局合作，开发了维多利亚州土地利用信息系统，与澳大利亚国土信息平台实现信息共享
6	西澳大利亚州	1∶50 000； 1∶100 000	第一阶段由州农业和粮食部建立土地数据库，第二阶段以土地利用数据库为主，以土地覆盖数据集（例如原生植被范围）为辅，构建 1∶50 000 至 1∶100 000 的土地利用图

资料来源：《澳大利亚土地利用图谱指南：原则、程序和定义》（ABARES，2011）。

3.3　横向融合：三大分类标准之间的转换

有别于我国以往城市发展各部门"纵向到底、横向并列"（潘家华等，2018）的条块结构，作为国家层面的土地利用综合性标准，ALUM 从制定伊始就保留了与其他国标的转换接口，从而很大程度上减少了统计口径不同、统计编码错乱等问题。通过与 AVPCC、ANZSIC 等国标的融合（图 2），打通了与土地利用相关的社会经济发展各类标准之间的边界，在某种程度上实现了国土空间分类的"一套标准"。同时，通过全国性土地分类标准与土地价值评估标准的融合，可以更加有效地管理土地财政。

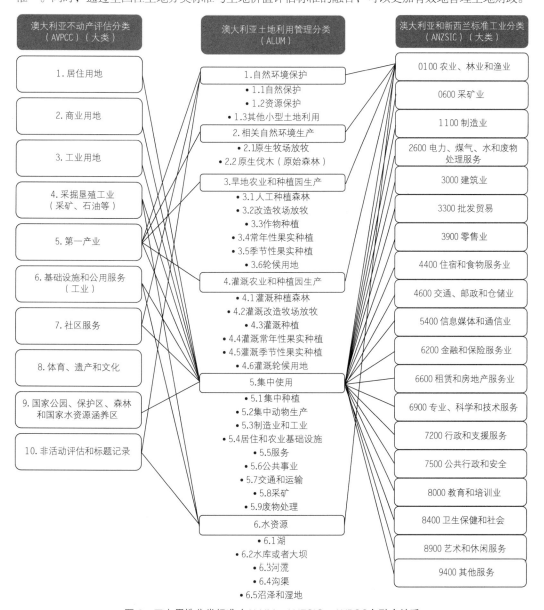

图 2　三大用地分类标准（ALUM，ANZSIC，AVPCC）融合关系

资料来源：第八版 ALUM。

ALUM 的优势在于便于区分在大地景观之上的不同人工劳作类型，比如自然生长、旱地、灌溉和集中生产用地；更加适合全国尺度的包容性分类，便于融合其他与土地相关的不同分类标准。而 AVPCC 和 ANZSIC 的优势在于能够更好地区分集约土地用途，特别是与工商业有关的土地用途。因此，AVPCC 和 ANZSIC 的多数指标能够很好地与 ALUM 第五大类"集中使用"土地类型进行无缝对接（ABARES，2011）。

ALUM 还注重土地利用类型与土地产出商品之间的关系，将土地类型中类和小类编码与澳大利亚国家统计局制定的商品编码相融合，实现对"生产土地状况—土地生产状况—土地生产商品"全过程的有效监管。具体融合方法是将不同类型的商品，按照生产此类商品的土地生产属性加以区分，比如"牛肉"可以根据生产牛肉的牧场类型分为"旱地、灌溉或者集中生产"（表 3）。

表 3　ALUM 分类标准和商品清单融合列表（部分）

ABS 编码	商品类别	商品注解	第八版 ALUM 用地代码		
			旱地生产	灌溉生产	集中生产
0193	牛肉	用于肉类（牛肉）生产的牛。分配给放牧用地（根据牧场类型和灌溉状况）或集约化动物生产	2.1，3.2	4.2	5.2.2
0171	鸡	家禽农场。在可能的情况下，说明鸡是用来产蛋还是用来产肉	—	—	5.2.3

资料来源：第八版 ALUM。

此外，在 ALUM 中，第一大类"自然环境保护"的小类划分直接沿用了"国际自然保护联盟"（IUCN）⑥ 制定的《保护区域管理分类指引》中的相关内容，实现与国际标准的统一，有效促进对自然资源保护的信息互动与相互借鉴。

3.4　ALUM 与我国"三调"用地分类标准比较

ALUM 与我国正在进行的全国第三次土地调查所采用的分类标准具有一定的相似性，两者均是为了服务于国土资源管理和监测的需求，保障自然资源的永续利用，同时兼顾各部门对国土信息平台的研究应用需求。如我国"三调"的土地调查成果将作为国土空间规划的重要底图和基数，并广泛运用到自然资源、住建、水利、交通等部门，因此"三调"土地分类标准也面临与相关部门标准衔接的问题。

具体而言，我国"三调"国土调查工作分类划分为 13 个一级类和 55 个二级类。与《土地利用现状分类》国标相比，将湿地一级类单列，体现了对生态资源保护的重视（图 3）。与 ALUM 相比，"三调"一级类和二级类的数量较多，但是缺乏三级类的细分，无法与面向土地产出的商品类一一对应。此外，ALUM 对农林牧业生产地类区分更为细致，特别强调人工干预程度对第一产业耕作的影响。例如林地，"三调"分为乔木、竹林、灌木和其他，ALUM 则分为原始森林、人工种植森林和灌溉种植森林等，然后在小类中才区分各类林地的树种和产出。

澳大利亚土地利用管理分类（ALUM）	第三次全国国土调查工作分类	
1. 自然环境保护	00 湿地	07 住宅用地
•1.1 自然保护	•0303 红树林地	•0701 城镇住宅用地
•1.2 资源保护	•0304 森林沼泽	•0702 农村宅基地
•1.3 其他小型土地利用	•0306 灌丛沼泽	08 公共管理与公共服务用地
2. 相关自然环境生产	•0402 沼泽草地	•08H1 机关团体新闻出版用地
•2.1 原生牧场放牧	•0603 盐田	•08H2 科教文卫用地
•2.2 原生伐木（原始森林）	•1105 沿海滩涂	•0809 公共设施用地
3. 旱地农业和种植园生产	•1106 内陆滩涂	•0810 公园与绿地
•3.1 人工种植森林	•1108 沼泽地	09 特殊用地
•3.2 改造牧场放牧	01 耕地	10 交通运输用地
•3.3 作物种植	•0101 水田	•1001 铁路用地
•3.4 常年果实种植	•0102 水浇地	•1002 轨道交通用地
•3.5 季节性果实种植	•0103 旱地	•1003 公路用地
•3.6 轮候用地	02 种植园用地	•1004 城镇村道路用地
4. 灌溉农业和种植园生产	•0201 果园	•1005 交通服务场站用地
•4.1 灌溉种植森林	•0202 茶园	•1006 农村道路
•4.2 灌溉改造牧场放牧	•0203 橡胶园	•1007 机场用地
•4.3 灌溉种植	•0204 其他园地	•1008 港口码头用地
•4.4 灌溉常年性果实种植	03 林地	•1009 交通运输用地
•4.5 灌溉季节性果实种植	•0301 乔木林地	11 水域及水利设施用地
•4.6 灌溉轮候用地	•0302 竹林地	•1101 河流水面
5. 集中使用	•0305 灌木林地	•1102 湖泊水面
•5.1 集中种植	•0307 其他林地	•1103 水库水面
•5.2 集中动物生产	04 草地	•1104 坑塘水面
•5.3 制造业和工业	•0401 天然牧草地	•1107 沟渠
•5.4 居住和农业基础设施	•0403 人工牧草地	•1109 水工建筑用地
•5.5 服务	•0404 其他草地	•1110 冰川及永久积雪
•5.6 公共事业	05 商业服务用地	12 其他土地
•5.7 交通和运输	•05H1 商业服务设施用地	•1201 空闲地
•5.8 采矿	•0508 物流仓储用地	•1202 设施农用地
•5.9 废物处理	06 工矿用地	•1203 田坎
6. 水资源	•0601 工业用地	•1204 盐碱地
•6.1 湖	•0602 采矿用地	•1205 沙地
•6.2 水库或者大坝		•1206 裸土地
•6.3 河流		•1207 裸岩石砾地
•6.4 沟渠		
•6.5 沼泽和湿地		

图 3　ALUM 与我国国土"三调"工作分类对比

资料来源：第八版 ALUM、《第三次全国国土调查技术规程》。

4 州层面的城乡用地分类标准及比较研究

4.1 州层面城乡用地分类标准概况：以新南威尔士州为例

根据澳大利亚宪法，州议会对州领土拥有立法、规划等事权。而各州的城市规划政策、标准和法规的形成都早于联邦政府主导的全国性法律法规。因此，国家层面的 ALUM 标准并不适用于州领土范围内的城乡规划建设。

以澳大利亚最发达的新南威尔士州（以下简称"新州"）为例，早在 1945 年，新州即由传统的城镇蓝图规划转向了法定规划（杨钢，1989）。1979 年，州立法院通过《环境规划和评价法 1979》，规定《地方环境规划》（LEP）为地方与土地相关的最重要的法定规划，是地方议会⑦土地开发和管理的法定依据（顾焱，2015）。

与我国城市总体规划相比，LEP 撇去了战略性内容，是一份紧紧围绕土地开发所制定的土地利用分类法定条文。为了支撑 LEP 的编制，2006 年，新州立法院通过了州《地方环境规划标准》（Standard Local Environmental Plan Template），统一全州范围内环境规划相关的各项标准（Steele and Ruming，2012），其中就包括土地功能类型的分区。

4.2 新州城乡用地分类与我国对比研究

新州用地分类导则将城乡用地分为八大类、35 中类。其中八大类用地分别为居住用地、特殊用地、商业服务业用地、工业用地、休闲用地、环境保护用地、水体用地和初级用地（图 4）。

与我国《城市用地分类与规划建设用地标准》（GB 50137—2011）比较，两者在部分用地分类上具有高度的相似性，如居住用地、商业服务业用地、工业用地等，但也呈现出各自明显的特点。第一，我国城市用地分类标准层次结构更为复杂，从区域到地方、建设与非建设等角度，实质上将城乡用地分为六个层次。以"R11 住宅用地"为例，其属于"H 建设用地—H1 城乡居民建设用地—H11 城市建设用地—R 居住用地—R1 一类居住用地"类别（图 4）。相反，新州用地导则仅有两级体系，较为简洁。第二，我国城市用地分类标准带有明显的城乡二元结构印记，城乡用地分类代码和城市建设用地分类代码两者相对独立，自成体系。且城乡用地大类仅 H 建设用地、E 非建设用地两类，人为将城市和乡村用地割裂开来。新州用地分类导则则体现了全域统筹、城乡一体的发展导向，主要依据产业类型和所承载的功能进行用地分类。在此逻辑下，三次产业以及建设用地和生态环境用地之间的鸿沟不明显。第三，我国更加重视建设用地类型划分，采用详尽的表格将八大类城市建设用地单独划定，深度明显深于非建设用地。新州则兼顾建设与非建设用地，划分深度基本一致，八大类用地中有三类属于非建设用地（E 环境保护用地、W 水体、RU 初级用地，表 4）。

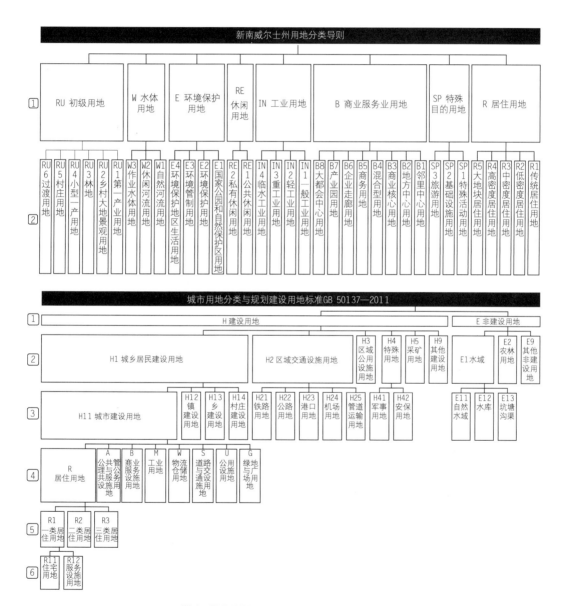

图 4　新州用地分类与我国城乡用地分类对比

资料来源：《新南威尔士州 Standard LEP》和《城市用地分类与规划建设用地标准》（GB 50137—2011）。

表 4　新州用地分类导则详表（以初级用地为例）

大类代码	中类代码	类别名称	用地目的	不用向议会申请的用途	需要申请的用途	禁止用地（备注）
RU 初级用地	RU1	第一产业用地	鼓励可持续、多样性的农业，维护和加强生态基底；减少用地的破碎和异化程度；减少用地内部及与相邻用地的冲突	大规模农业、家庭作业	水产养殖、居住、采掘（伐木、捕捞等）、采矿	—
	RU2	乡村大地景观用地	鼓励可持续农业，维护和加强生态基底；维护农村大地景观；提供兼容性用途	大规模农业、家庭作业	水产养殖、居住	—
	RU3	林地	满足林业发展，提供与林地相关的兼容性用途	两个林业法案中的用途	水产养殖	—
	RU4	小型一产用地	保障可持续的一产和其他兼容性土地使用；增加一产多样性和就业机会，鼓励小地块用地集中利用；减少相邻地块间的冲突	家庭作业	水产养殖、居住、植被育苗	—
	RU5	村庄用地	提供一系列农村发展需要的服务和基础设施	家庭作业	托儿所、社区基础设施、居住、邻里小店、生蚝养殖、公共纪念碑、休闲场所、室内（外）休闲设施、临时日间看护、学校、蓄水池养殖	开挖式养殖
	RU6	过渡用地	出于用地强度变化或者环境敏感因素等原因，作为乡村和其他用地之间的过渡	—	居住、生蚝养殖、蓄水池养殖	开挖式养殖

资料来源：《新南威尔士州 Standard LEP》。

4.3　新州城乡规划用地类型特点

4.3.1　强调功能混合，鼓励用地兼容

　　鼓励布局混合分区是澳大利亚塑造可持续的城市形态最常用的规划政策（Gurran et al.，2014）。新州的用地分类导则也充分强调用地混合，单独设置 B4 类混合型用地，集聚商业、办公、居住、零售等多种用地功能。此外，作为类似总规层面的用地分类导则，在农用地、林地、休闲用地等多种用地类型中体现了兼容性导向。对于非直接相关功能，则需要经议会严格审批，保证专地专用。如工业用地应优先保障工业生产用途，对公园、商店等功能需要经议会审批后才可使用，住宅用地则对非居住功能进行严格控制（Faludi，1985）。而对于保障房等民生工程，可以在用地分区中优先落实（Williams，2000）。我国则一般在控规阶段提出用地分类的兼容性标准，以江苏为例，《江苏省控制性详细规划

编制导则（2012 年修订）》明确了用地兼容的三种情况，即允许兼容、有条件兼容和禁止兼容，但如何去判定有条件兼容并未明确，各地在实践中往往较为随意。

4.3.2 增加就业机会，维持街区活力

新州鼓励在各类用地中展开多功能利用，依托多种业态模式，增加用地多样性，提升街区活力，从而实现增加就业机会的民生目标。特别是针对传统意义上地块分割较大的产业用地，尤其重视用地混合和就业机会的增加，避免生产功能过于单一，丧失地区活力。例如，B6 类企业走廊用地，就提倡包括商务、办公、零售、轻工业在内的用地混合，同时在各类工业用地（IN1～IN4）中均强调了鼓励创造就业机会和提升中心活力的重要性。

4.3.3 引入过渡用地，保障生态基底

对于农用地（RU1～RU2）系列，除了保障口粮，促进可持续农业生产的基本目的外，特别强调了维护生态基底的重要性。充分运用景观生态学概念，对土地的破碎度和异化度提出要求，防止土地退化，增强农业用地的完整性和连绵性。此外，随着农业活动的加强和澳大利亚大都市地区不断向外扩张，都市边缘地带涉及农业外部性的土地利用冲突备受关注（Henderson，2003）。为了应对这一问题，导则创新性地引入 RU6 类过渡用地，用于乡村和其他用地之间的过渡。如图 5 所示，在传统居住

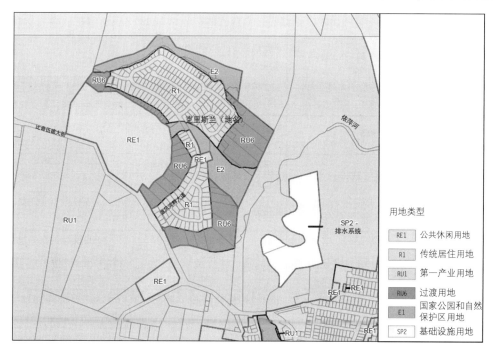

图 5　新南威尔士州麦考瑞港口用地分区管理图（局部）

资料来源：《麦考瑞港口当地环境规划 2011》。

用地（R1）周边，运用过渡用地（RU6）有效地将传统居住用地（R1）与公共休闲用地（RE1）和第一产业用地（RU1）隔离。一方面，从景观角度出发，防止用地强度在城乡之间的突变，减少相邻用地冲突；另一方面，从环境敏感因素角度考虑，有效遏制城镇建设对农业和生态用地的影响。

4.3.4　增加空间集聚要素，实现功能和形态双控

除了传统意义上的根据用地功能划分用地类型之外，根据建设用地的集聚规模、开发强度、空间形态区分用地类型是新州用地分类的一大特色。以居住用地为例，我国居住用地主要按设施配套齐全状况和环境优良程度进行分类，新州则按建设密度和空间形态进行区分，划分为 R1 传统居住用地、R2 低密度居住用地、R3 中密度居住用地、R4 高密度居住用地和 R5 大地块居住用地五类。再以商务办公用地为例，我国以功能类型区分，以 B2 中类统一表示商务用地，辅以小类细分[⑧]。新州用地分类则体现了功能类型和空间形态的双重控制。B5 类商务用地主导功能为办公和仓储，并鼓励大空间需求的零售业入驻（如宜家）；B6 类企业走廊用地更强调沿路的企业带状高强度集聚；而一般块状办公区则归纳为 B7 类用地（表 5）。

表 5　新州 B 类（商业服务业）用地详解

用地类型	适用范围（服务半径）	兼容功能	其他要求（空间形态、开发强度、设施配套等）
B1 邻里中心用地	小型社区，服务于本地居民	小型零售业、商业和社区管理服务等用途	—
B2 本地中心用地	大型社区，服务于本地居民、工作者和外来旅游者	小型零售业，商业娱乐和社区管理服务等用途	鼓励职住平衡；最大化利用公共交通，鼓励步行和骑行
B3 商业核心用地	服务于本地和更广范围的人	多种规模的零售、商业、办公、休闲、社区管理服务等用途	
B4 混合型用地	城市尺度	提供混合用地，集聚整合商业、办公、居住、零售和其他用地类型	最大化利用公共交通，鼓励步行和骑行
B5 商务用地		提供办公和仓储混合用途	鼓励大空间零售业开发，提高用地活力
B6 企业走廊用地	城市尺度	鼓励商务、办公、零售、轻工业等混合用地	沿主干路集聚的商务走廊通过限制零售业来保持经济中心的强度
B7 产业园		提供一系列办公和轻工业用途；鼓励创造就业机会	提供服务设施满足工人日常需求
B8 大都会中心	国家尺度（只适用于悉尼和北悉尼地区，服务于所有居民、工作者和旅游者）	卓越的办公、商业、零售、旅游和休闲职能	提供高用地强度和多样化用地类型，体现悉尼的全球城市地位，有效参与全球经济竞合

4.3.5 匹配公共服务供给与人口容量，实现地块需求自我平衡

新州用地导则尤为重视公共服务设施与对应的社区规模和服务人群的匹配度。如居住用地特别强调社区服务，每类居住用地都必须提供满足居民的日常服务需求。对于大地块居住用地（R5），鼓励将人口容量与公共服务设施供给能力挂钩，以公共服务设施的服务半径作为社区规模的上限，避免"卧城"现象。与此同时，将职住平衡写入用地导则，尽量减少钟摆式通勤，实现不同尺度下的需求平衡。

4.3.6 根据不同等级细分公共服务用地，体现中心体系的层级特征

以 B 类用地为例，采用不同的用地类别涵盖了从当地社区到全球大都会的公共服务中心体系。不同的用地类型对应不同的服务范围，匹配城镇体系层级特征（表 5）。比如 B1 类邻里中心用地，仅服务于本地社区居民，用作小型零售业、商业和社区管理服务等用途，而 B2 类用地服务对象有所拓展，增加了外来旅游者并增加了娱乐用地。B3 类商业核心用地则更多地代表了城市级别的商业中心，拥有多种服务业业态，服务人群也进一步扩展。直至 B8 类大都会中心用地，仅适用于悉尼，对开发强度和功能兼容性提出要求，保障悉尼卓越全球城市的地位。

4.3.7 根据主导功能细分自然环境用地，实现对资源的精确管控

澳大利亚是全球第二个建立国家公园的国家，目前共有 560 个国家公园、145 个海洋保护区，占国土面积的 7.85%。其国家公园体系在提供保护性环境、保护生物多样性、提供国民游憩、繁荣地方经济、促进学术研究和教育等方面做出了巨大贡献（张全星，2008）。因此，新州用地导则对自然环境用地的分类特别细致。以环境用地为例，根据生态环境价值和开发利用强度划分了四类用地，分别为 E1 国家公园和自然保护区用地、E2 环境保护用地、E3 环境管制用地、E4 环境保护地区生活用地，管制力度由严到松，类似于我国不同等级的生态红线。如 E1 土地利用必须经过一系列法案的批准审慎使用，到 E4 就可以进行低影响的居住开发。

河流用地也根据水体主体功能的不同细分为自然河流、休闲河流和作业水体用地。对于作业水体，在维持生态环境质量的前提下，强调生产运输的高效利用和各类活动平等的使用权。我国则是以 E 类统领非建设用地，其中 E1 类水域根据水体形态分为自然水域、水库、坑塘沟渠三类；环境用地则以 E2 农林用地概括，显得过于粗略。

5 对我国用地分类的启示

5.1 我国国土规划体系改革背景下的用地分类导向

纵观我国，在城乡规划、土地规划、发展规划"三足鼎立"时代，尽管城乡规划和土地利用规划关于用地标准的矛盾难以调和，但就土地利用总体规划条线而言，其土地分类标准从国家到乡镇是一脉相承的，也为新时代国土空间规划奠定了垂直管理的良好基础。随着国土空间规划改革的深入，"五级三类"的国土空间规划体系已经明晰。从即将出台的省市级国土空间规划编制文件（如《省级国土空间规划编制技术指南（征求意见稿）》《市县国土空间规划分区指南（讨论稿）》《市县国土空间总体规划编制指南》）来看，国土空间规划时代的用地分类标准呈现以下导向。第一，强调全域统筹、陆海联动理念。如构建市域统一的用地分类标准，涵盖所有城乡用地并分为生态保护区、海洋特别保护与保留区、永久基本农田集中保护区、古迹遗址保护区、城镇发展区、农业农村发展区以及海洋利用区七大类。第二，强调以主导功能分区为依据，总体规划层面对用地分类相对粗略，体现"多规合一"导向。如省级层面融合主体功能区概念，划分为城镇发展区、农产品主产区、重点生态功能区、特殊功能区四大分区。城市层面分为市域、市区、城市集中建设区三个尺度，即使对于集建区这一最小尺度，也是根据规划主导功能展开分区，划分为居住生活区、综合服务区、商业商务区、工业物流区、绿地功能区、战略预留区、交通枢纽区、特色功能区等相对笼统的分区，直接指导国土空间总体规划编制。至于详细的用地分类标准，则通过详细规划细化，进行精细化管理。

5.2　澳大利亚用地分类标准对我国的启示

澳大利亚特定的政治体制和长期的自然人文积淀是影响本国土地分类制度形成的两大深层因素。一方面，"国家—州—地方"相对松散的政体是联邦制国家的共同特性，州政府拥有独立的立法和行政权，导致土地分类标准难以由国家纵向无缝传导到地方；另一方面，国土幅员辽阔、资源类型丰富奠定了澳大利亚崇尚自然的文化基因，各层级的土地分类标准均体现出对自然和环境保护的尊崇。加之各部门事权界定清晰，因此其土地分类标准横向融合度较高。此外，澳大利亚与我国在资源禀赋、发展阶段、治理制度等基本国情方面存在较大差异，导致在城乡用地分类标准和管控方式上存在根本不同。如澳大利亚已经迈入城镇化成熟稳定阶段，城镇化率高达90%，更加关注生态开敞空间，针对旧城衰败等问题更加关注用地的活力、多样性和开发强度等指标。而我国虽然进入城镇化下半场，但城镇化仍然处于中高速增长期，特别是户籍人口城镇化率比常住人口城镇化率低16.21个百分点，仍处于拉动内需、刺激消费的增长阶段。

尽管如此，澳大利亚经验对我国城乡用地分类标准优化仍具有方向性的借鉴意义。第一，澳大利亚用地分类标准较为包容与弹性，无论是国家层面的ALUM，还是各州的用地分类导则，均没有对地方规划建设用地类型构成比例以及人均指标有所限定，体现了对地方实际情况的充分尊重。我国城市众多，发展基础和用地特征千差万别，目前国标对用地构成和人均用地指标"一刀切"的做法略显武断。第二，国家层面的三大土地分类标准做到了有机融合，ALUM不但与不动产评估标准有接口，与商品编码也较好衔接，做到对土地经济价值和产出效益的有效监管。第三，用地分类与规划管控紧密结合。新州用地分类导则中对于每类用地都附有针对性的开发引导策略，注明哪些用途可以不经审批直接建设，哪些用途需要报议会审批，哪些用途禁止开发。此外，赋予用地类型多重控制职能，如引入开发强度概念，将用地类型从二维平面控制向三维空间引导延展。第四，在规划用地方案中，以地籍权属作为匹配用地类型的基本空间单元，且保持 LEP 和 DCP 对用地类型与地块精度的高度一致，做到权属清晰，方便实施。

目前国内用地分类标准体现出的转变趋势与澳大利亚用地分类标准在理念上有一定的相似性，都是在全域统筹的框架上构建出相对完善的规划传导机制，并在各级规划落实中体现放权思想，突出各级规划的主导功能。在国土空间规划相关标准规范建立的窗口期，引入澳大利亚土地分类体系并展开比较研究，希望新的规划用地分类标准在总体规划层面能够保持弹性和兼容性，突出用地主体功能，对生态红线等绿色底线严格把控；在详细规划层面赋予地方更大的自主权，制定相对灵活、与总规衔接有序的分类标准，对用地属性进行多维管控，更好地支撑国土空间规划的编制和管理。

注释

①　国土系统中土地现状和规划分类所采用的标准不一。现状土地分类采用《第三次全国国土调查工作分类》。标准以《土地利用现状分类》（GBT 21010—2017）为基础，对部分地类进行了细化和归并。共分为 13 个一级类、55 个二级类。规划土地分类参照《市（地）级土地利用总体规划编制规程》（TD/T 1023—2010），分为 3 个一级类、10 个二级类、25 个三级类。其中，农村道路在现状分类中属于交通运输用地，而在规划分类中属于农用地。

②　ABS 是 Australian Bureau of Statistics 的缩写，为澳大利亚国家统计局。

③　DELWP 是 Department of Environment, Land, Water and Planning 的缩写，为澳大利亚维多利亚州环境、土地、水和规划部。

④　NCLUMI 是 National Committee for Land Use Management Information 的缩写，为澳大利亚全国土地利用和管理信息委员会。

⑤　ABARES 是 Australian Bureau of Agricultural and Resource Economics and Science 的缩写，为澳大利亚农业和资源经济与科学局。

⑥　International Union for Conservation of Nature and Natural Resources，成立于 1948 年 10 月，是目前世界上最大的自然资源保护联盟，参与人员包括政府和非政府组织。

⑦　地方议会（Local Council）是地区发展主管部门，如悉尼市是由 28 个地方议会组成的，而 City of Sydney 议会的管辖范围仅为 26 平方千米。

⑧　其中 B21 为金融保险用地，B22 为艺术传媒用地，B29 为其他商务用地。

参考文献

[1]　ABARES. Australian land use profiles [EB/OL]. Canberra: Australian Government. (2019-06-03)[2019-07-18]. http://www.agriculture.gov.au/abares/aclump/land-use/catchment-scale-land-use-reports.

[2]　ABARES. Guidelines for land use mapping in Australia: principles, procedures and definitions, Fourth edition[R]. Canberra: Australian Government Department of Agriculture and Water Resource, 2011.

[3]　ABARES. Land use information for Australia[R]. Canberra: Australian Government Department of Agriculture and Water Resource, 2015.

[4] ABARES. The Australian land use and management classification: Version 8[S]. Canberra: Australian Government Department of Agriculture and Water Resource, 2016: 1-2.

[5] ABS. Australia and New Zealand standard industrial classification: ABS cat no. 1292. 0[S]. Canberra: Australian Government, 2006: Ⅴ-Ⅵ.

[6] BEER A, KEARINS B, PIETERS H. Housing affordability and planning in Australia: the challenge of policy under neo-liberalism[J]. Housing Studies, 2007, 22(1): 11-24.

[7] DELWP. 2019 Valuation best practices - specification guidelines[R]. Victoria: State Government, 2018.

[8] FALUDI A. Flexibility in zoning: the Australian case[J]. Australian Planner, 1985, 23(2): 19-24.

[9] GURRAN N, GILBERT C, PHIBBS P. Sustainable development control? Zoning and land use regulations for urban form, biodiversity conservation and green design in Australia[J]. Journal of Environmental Planning and Management, 2014, 58(11): 1-26.

[10] HENDERSON, S. Regulating land use conflict on the urban fringe: two contrasting case studies from the Australian poultry industry[J]. Australian Geographer, 2003, 34(1): 3-17.

[11] NCLUMI. National committee for land use management information - terms of reference and operating procedures[R]. Canberra: Australian Government Department of Agriculture and Water Resource, 2014.

[12] STEELE W, RUMING, K J. Flexibility versus certainty: unsettling the land-use planning shibboleth in Australia[J]. Planning Practice & Research, 2012, 27(2): 155-176.

[13] THOMPSON S, MAFINN P. Planning Australia: an overview of urban and regional planning[M]. Cambridge: Cambridge University Press, 2012: 34-55.

[14] Williams P. Inclusionary zoning and affordable housing in Sydney[J]. Urban Policy & Research, 2000, 18(3): 291-310.

[15] 奥利, 戴旭. 土地分类方法[J]. 地理科学进展, 1984, 3(2): 49-52.

[16] 程遥. 面向开发控制的城市用地分类体系的国际经验及借鉴[J]. 国际城市规划, 2012, 27(6): 10-15.

[17] 顾焱. 澳大利亚新南威尔士州环境规划法体系及其启示[J]. 规划师, 2015(9): 133-137.

[18] 潘家华, 单菁菁, 耿冰, 等. 中国城市发展报告 No. 11[M]. 社会科学文献出版社, 2018.

[19] 石忆邵, 范华. 悉尼大都市建设用地变化特征及其影响因素分析[J]. 国际城市规划, 2009, 24(5): 91-95.

[20] 王向东, 刘卫东. 中国土地类型研究的回顾和展望[J]. 资源科学, 2014, 36(8): 1543-1553.

[21] 杨钢. 澳大利亚新南威尔士州的规划系统——环境规划[J]. 国外城市规划, 1989(3): 18-21.

[22] 张全星. 澳大利亚国家公园系统与中国风景名胜区管理体制比较研究[D]. 昆明: 西南林业大学. 2008.

[23] 赵民. 澳大利亚的城市规划体系[J]. 城市规划, 2000(6): 51-54.

[24] 周彦吕, 陈可石. 澳大利亚昆士兰州社区规划: 体系、内容及修编机制[J]. 国际城市规划, 2016, 31(2): 116-122.

[欢迎引用]

朱杰, 高煜, 安德丽安·基恩. 澳大利亚城乡用地分类标准及比较研究[J]. 城市与区域规划研究, 2020, 12(2): 165-182.

ZHU J, GAO Y, KEANE A. Classification criteria of urban and rural land use in Australia and a comparative study of Australia and China [J]. Journal of Urban and Regional Planning, 2020, 12(2): 165-182.

主体功能区视角下京津冀国土空间的增长与收缩格局分析

吴 康 王 曼

An Analysis of Spatial Pattern of the Growing and Shrinking Areas in the Beijing-Tianjin-Hebei Region from the Perspective of Major Function-Oriented Zones

WU Kang[1], WANG Man[2]
(1. School of Urban Economics and Public Affair, Capital University of Economics and Business, Beijing 100070, China; 2. Beijing Duyi Planning & Consulting Co. LTD, Beijing 100085, China)

Abstract The establishment of the Ministry of Natural Resources of the People's Republic of China and the release of the San Ding Document signify that China has entered a new stage in terms of space planning system and land space governance. The San Ding Document points out that it is necessary to promote the strategy of main functional zones. Taking these zones as the spatial carriers, finding out and analyzing the background conditions of land space is the prerequisite and important support for space planning. Based on the 5th and 6th national census data and land use data in 2000 and 2010 respectively, this paper investigates the growing and shrinking characteristics of the Beijing-Tianjin-Hebei Region. The results show: ① the population shrinking ratio of key ecological functional zones is much higher than the other three main functional zones, and the population shrinking ratio of urban population and urban construction land per capita in key development zones is higher than the optimized development zones; ② urban population shrinking areas are mainly located in mining areas, and agricultural shrinking areas in central Hebei Province, and ecological shrinking areas in north Hebei Province;

作者简介
吴康（通讯作者），首都经济贸易大学城市经济与公共管理学院；
王曼，北京笃一规划咨询有限公司。

摘 要 自然资源部的组建和"三定方案"的出台，标志着我国空间规划体系及国土空间治理进入新的发展阶段。"三定方案"明确指出要推进主体功能区战略和制度，以其为空间载体，全面摸清并分析国土空间本底条件，是空间规划的前提基础和重要支撑。文章基于 2000 年、2010 年人口普查数据和土地利用数据，从人口、用地等指标刻画了京津冀四类主体功能区域的增长与收缩特征。结果表明：①京津冀重点生态功能区人口收缩比例远远高于其他三类主体功能区，重点开发区城镇人口及人均城镇建设用地收缩比例均高于优化开发区；②城镇人口收缩区主要集中在矿区，农产品收缩区主要分布在冀中地区，而生态收缩区则分布在冀北地区；③京津冀优化开发区近56%的区域呈现出"相对收缩"的现象；④在国土空间规划体系中应转变传统的"为增长而规划"的执念，部分地区应倡导"精明收缩"，强化存量规划方法并注重发展内容的多元性。

关键词 主体功能区；增长区；收缩区；国土空间；京津冀

1 引言

国土空间指国家主权权利管辖下的地域空间，是国民生存的场所和环境。作为一个复杂的地理空间，其包括土地资源、水资源、矿产资源、生态环境、社会经济等不同主题，若从提供产品类别的角度，国土空间则可以分为城市空间、农业空间、生态空间和其他空间（金贵等，2013）。20 世纪 80 年代以来，国土空间的内涵在不断演绎和变化，

③ nearly 56% of the optimization development zones are "relative shrinking zones"; ④ in the future, the traditional idea of "planning for growth" in the spatial planning system should be transformed, and some regions should advocate "smart shrinking", strengthen the stock planning method, and pay attention to the diversified development.

Keywords major function-oriented zones; growing areas; shrinking areas; land space; Beijing-Tianjin-Hebei Region

空间逐渐被意识到是经济、社会、文化、生态等在地理要素上的表达（王向东、刘卫东，2012），然而计划经济时期我国普遍重发展类规划、轻空间类规划（樊杰，2017）。改革开放以来，随着人口增长和城市化发展，国土空间利用类型之间的竞争关系逐步增强、空间问题日益严重，国土空间规划对改善国民生活质量、管理资源、保护环境、平衡地区间发展等具有重要作用。

国土空间规划是依据国家经济社会发展战略和国土自然条件、经济社会条件，统筹区域国土空间禀赋及开发利用、经济与社会活动、生态环境治理与保护三者关系的资源空间配置、开发利用管理和布局优化的总体方案，具有战略性、引导性和约束性，它是国家空间发展的指南、可持续发展的空间蓝图①。经过多年的发展，我国形成较为庞杂的空间规划体系，一个行政层级存在由不同职能部门主导编制的空间规划（林坚等，2011）。我国多部门的空间性专项规划一方面在优化国土空间配置、推动经济社会等各项事业发展中起到了十分重要的作用；另一方面，国土空间利用类型之间的竞争关系逐步增强，空间规划成为政府管理资源、保护环境等广泛目标的基本工具。由于不同规划主体、技术标准、规划内容、数据基础、实施手段和监督机制，以及规划期限与目标、规划技术与功能定位等方面存在明显的差异（刘彦随、王介勇，2016），造成了"一个空间多个规划"且彼此冲突、各部门对规划空间权利争夺等问题，深刻影响了我国国土空间治理、发展的效率（顾朝林，2018）。在此背景下，"多规合一"成为新型城镇化和生态文明体制改革背景下我国空间规划改革的战略要求（张永姣、方创琳，2016）。为从体制机制上解决自然资源所有者不到位、空间规划重叠等问题，2018 年 3 月，中共中央印发《深化党和国家机构改革方案》，组建自然资源部。同年 8 月，《自然资源部职能配置、内设机构和人员编制规定》（以下简称"三定方案"）颁布。"三定方案"明确提出，自然资源部重要职责之一便是负责建立空间规划体系并监督实施，推进主体功能区战略和制度，组织编制并监督实施国土空间规划和相关专项规划，这标志着由一个权威机构统领空间规划管理职能的时代已然到来（常新等，2018）。2019 年 5 月，中共中央、国务院印发《关于建立国土空间规划体系并监督实施的若干意见》，这标志着我国国土空间规划体系的顶层设计基本形成并进入落地实施期。

作为建立在增长模式下的城镇化战略顶层设计，中国规划体系从政治经济学的视角看，其本质为"增长型规划"（Wu，2015）。在改革开放后的分权化、市场化、全球化转型过程中，地方和中央政府都在不断强化规划以促进增长，"为增长而规划"成为改革开放后中国城市规划发展的基本逻辑与范式（张京祥、陈浩，2016）。但近年来伴随着国际国内环境的变化，新常态的转型发展，在部分老工业城市和东北工矿城市出现了人口流失、GDP 和地方财政增长乏力等问题（吴康、孙东琪，2017）；与此同时，不少城市相继出现"空城""鬼城"（Shepard，2015；Batty，2016），农村地区出现"空心化"（龙花楼等，2009；刘彦随等，2009）等与传统城市化增长繁荣相违背的"收缩"现象（Long and Wu，2016）。在城市竞合进入"流动空间"和网络体系时代，人口和资本在空间生产中的迁移与运动带来了城市的增长及衰退（李郇等，2017），而部分人口流出的城市却仍然延续着建设用地的增加态势，进而呈现出人口流失与空间扩张的城市收缩悖论现象（杨东峰等，2015）。可以预见的是，城市区域的增长与收缩并存将成为未来我国城市发展的新现象之一（徐博、王宝珍，2018），城市收缩甚至区域收缩作为我国城市化的另一面，也是未来空间规划与空间治理需要正视和解决的新命题（吴康，2019；吴康、李耀川，2019）。在这样的背景下，本文将增长与收缩置入更广阔的国土空间中，以京津冀地区为主要研究区，从人口和用地两个维度初步廓清 2000~2010 年京津冀国土空间的变化情况，以期为下一步空间规划的编制提供基础性支持。

2 研究思路与研究数据

2.1 空间规划体系中的主体功能区规划

2011 年 6 月，我国首个全国性国土空间开发规划《全国主体功能区规划》正式发布。随着之后各省级主体功能区规划编制工作的完成，国家和省级尺度进行空间管制的地域功能区域转化为四类主体功能区（图 1），其中优化开发、重点开发和限制开发区域原则上以县级行政区为基本单元，禁止开发区域以自然或法定边界为基本单元，分布在其他类型主体功能区中。2015 年党的十八届五中全会将主体功能区建设提高到作为我国国土空间开发保护基础制度的战略地位（盛科荣、樊杰等），2017 年 1 月《省级空间规划试点方案》也提出要以主体功能区规划为基础，全面摸清并分析国土空间本底条件，划定城镇、农业、生态空间以及生态保护红线、永久基本农田、城镇开发边界（以下称"三区三线"）。因此，作为刻画未来中国国土空间开发与保护格局的规划蓝图（樊杰，2015），主体功能区规划已上升为主体功能区战略和主体功能区制度，主体功能区规划是统筹各类空间性规划的基础，以其为空间载体，全面摸清并分析国土空间本底条件，划定"三区三线"，是下一步空间规划的前提基础和重要支撑。

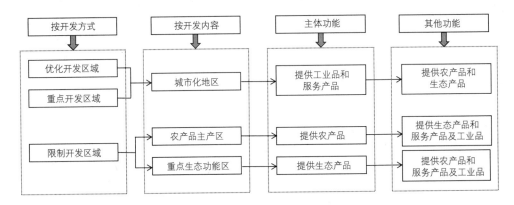

图 1　主体功能区分类及其功能

资料来源：《全国主体功能区规划》，2011 年。

当前，"三线"中尚有城镇开发边界没有形成国家层面的划定规程和技术指南，许多地方开发边界划定的合理性和应用的有效性均受到质疑（吴若谷等，2018）。而土地、人口作为"三区三线"的核心依据指标，厘清我国城市化过程中两者增长与收缩的规模、速度、方向等，明晰我国主体功能区中的增长区与收缩区空间分布及演化特征，对于城镇开发边界的科学划定，协调城市建设、生态保护、耕地保护之间的关系，以及合理引导城市空间有序发展均具有十分重要的意义。

2.2　分析框架

京津冀地区是我国北方最大也是发育水平较高的城市群区域，同时也是全国主体功能区规划中的主要城市化地区以及拥有两大空间近邻直辖市的"巨型双核"城市区域（吴康等，2015）。2015 年《京津冀协同发展规划纲要》审议通过，推动京津冀协同发展上升为重大国家战略，以京津冀为研究案例区分析国土空间的增长与收缩具有一定的典型性。

已有研究多从人口角度来判断城市收缩现象，多采用五普及六普常住人口规模、常住人口密度等指标开展市辖区、乡镇街道等不同空间尺度的研究（毛其智等，2015；Long and Wu，2016）。随着收缩城市研究的不断深入，亦有学者从人口与城镇建设用地两个角度探讨了我国人口流失与空间扩张的收缩与增长的"新悖论"现象（杨东峰等，2015；龙瀛、吴康，2016；杜志威、李郇，2017）。本研究从城市研究扩展到国土空间研究，在已有城市研究的基础之上，针对不同主体开发内容的区域，设置不同的空间尺度、统计指标研究。对于城市化地区，即优化开发区域和重点开发区域，其主要研究单元为市辖区和县级市，以城镇人口和城镇建设用地作为衡量指标，其中使用城镇（常住）人口相比城镇户籍人口更能体现城市辖区的人口变化特征。对于限制开发区中的农产品主产区和重点生态功能区，其空间尺度为县级单元，主要以总人口和耕地（仅限于农产品主产区）为指标。在京津冀三地的主体功能区规划中，由于禁止开发区域主要包括国家自然保护区、世界文化遗产、国家级风景名胜区、国家森林公园、国家地质公园等人口、用地不便统计的区域，故在本研究中不做考虑（图2）。

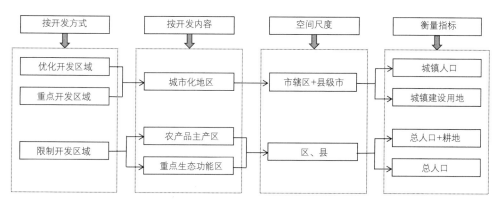

图2　京津冀国土空间增长与收缩的分析框架

2.3　数据与研究方法

本文以京津冀地区各类主体功能区为研究对象，选取2000年和2010年两个时间点，构建京津冀主体功能区人口及用地变化分析数据库。其中城镇（常住）人口及总人口数据分别来源于2000年第五次全国人口普查分区县级统计数据和2010年第六次全国人口普查分区县级统计数据，城镇建设用地及耕地数据则提取于2000年和2010年中国科学院生产的全国100米分辨率土地利用数据。在此基础上，利用城镇人口、总人口、城镇建设用地和耕地四个指标构建衡量国土空间增长与收缩的测度指标：

$$C_u = \frac{(P_{u2010} - P_{u2000})}{P_{u2000}} \tag{1}$$

$$C_s = \frac{(P_{s2010} - P_{s2000})}{P_{s2000}} \tag{2}$$

$$S_u = \frac{(L_{u2010} - L_{u2000})}{L_{u2000}} \tag{3}$$

$$S_f = \frac{(L_{f2010} - L_{f2000})}{L_{f2000}} \tag{4}$$

其中，P_u 表示城镇人口；P_s 表示人口；L_u 表示城镇建设用地；L_f 表示耕地；C_u、C_s、S_u、S_f 分别代表城镇人口、总人口、城镇建设用地和耕地的收缩指数。若指数大于0，则表示增长，反之则表示收缩。

2.4　京津冀主体功能区人口变化概况

京津冀主体功能区共包括 146 个区县级行政单元，其中优化开发区 27 个，重点开发区 17 个，农产品主产区 58 个，重点生态功能区 46 个[②]。京津冀主体功能区形成了以"京津为优化开发区、各地级市中心城区为重点开发区、冀中南地区为农产品主产区、冀北及沿太行山脉为重点生态功能区"的主体功能格局（表 1）。

表 1　京津冀主体功能区范围名录[③]

主体功能区	包含区县
优化开发区	**北京市**：东城区、西城区、朝阳区、海淀区、丰台区、石景山区、通州区、顺义区、大兴区、房山区、昌平区 **天津市**：中心城区、东丽区、西青区、津南区、北辰区、武清区、宝坻区 **河北省**：秦皇岛市海港区、山海关区、北戴河区；唐山市中心城区、丰润区、丰南区、曹妃甸区；沧州市市辖区；廊坊市市辖区
重点开发区	**天津市**：滨海新区 **河北省**：石家庄市长安区、裕华区、桥西区、新华区、井陉矿区；保定市莲池区、竞秀区；邢台市市辖区；邯郸市市辖区、峰峰矿区；衡水市桃城区；承德市中心城区、鹰手营子矿区；张家口市中心城区、宣化区、下花园区
农产品主产区	**河北省**：石家庄市行唐县、深泽县、无极县、元氏县、赵县、晋州市；唐山市玉田县；秦皇岛市卢龙县；邯郸市临漳县、大名县、磁县、肥乡县、邱县、鸡泽县、广平县、馆陶县、魏县、曲周县；邢台市柏乡县、隆尧县、任县、南和县、宁晋县、巨鹿县、新河县、广宗县、平乡县、威县、清河县、临西县、南宫市；保定市满城区、定兴县、高阳县、容城县、安新县、蠡县、博野县、雄县、安国市；承德市平泉县、隆化县；沧州市东光县、肃宁县、南皮县、吴桥县、献县、泊头市、河间市；衡水市枣强县、武邑县、武强县、饶阳县、安平县、故城县、景县、阜城县、深州市
重点生态功能区	**北京市**：昌平区（7 镇）[④]、房山区（1 街道 9 镇 6 乡）[⑤]、门头沟区、平谷区、怀柔区、密云区、延庆区 **天津市**：蓟县、宁河县 **河北省**：张家口市张北县、沽源县、康保县、尚义县、赤城县、崇礼县、阳原县、蔚县、涿鹿县、怀安县、怀来县、宣化县、万全县；承德市丰宁满族自治县、围场满族蒙古族自治县、承德县、滦平县、兴隆县、宽城满族自治县；唐山市迁西县；秦皇岛市抚宁县、青龙满族自治县；石家庄市平山县、井陉县、赞皇县、灵寿县；保定市涞源县、易县、阜平县、涞水县、唐县、曲阳县、顺平县；邢台市邢台县、临城县、内丘县；邯郸市涉县

在主体功能区分析框架下，2000 年京津冀四类主体功能区总人口数为 6 363.05 万人，2010 年增至 7 732.14 万人，年均增长速度为 1.97%（表 2）。其中，城市化地区城镇人口占总人口比重由 2000 年的 39.26% 增至 47.85%，且城市化地区与非城市化地区人口年均增长速度有着显著差异，京津冀重点开发区增长最快，年均增长速度高达 4.17%，优化开发区年均增长速度达到 3.95%；而重点生态功能区和农产品主产区总人口增长速度仅 0.35% 和 0.47%。

表 2　京津冀主体功能区划基本情况

功能区类型	区县个数		人口（万人）		土地面积（km²）	
	数量	百分比（%）	2000 年	2010 年	2000 年	2010 年
优化开发区	27	18.24	1 811.60	2 667.47	1 639.28	2 952.67
重点开发区	17	11.49	6 863.84	1 032.63	639.44	1 184.82
农产品主产区	58	39.19	2 338.27	2 450.42	33 603.25	32 273.28
重点生态功能区	46	31.08	1 526.80	1 581.62	—	—

从人口收缩的角度讲（表 3），京津冀主体功能区共有 26 个收缩区、122 个增长区，分别占全部区域的 17.57% 和 82.43%。收缩区主要分布在冀北地区，少量收缩区也分布在冀中地区，且收缩区中大部分为重点生态功能区。城市化地区主要为城镇人口增长区，农产品主产区虽主要为增长区，但增长率却并不显著。

城镇人口与城镇建设用地的协同发展是健康城镇化的前提，但 2000～2010 年，城镇建设用地快速扩张，从 2 278.72 平方千米增至 4 137.49 平方千米，年均增长率 6.15%，是城镇人口年均增长率的 1.53 倍，土地城镇化远快于人口城镇化。农产品主产区中的耕地在十年间共计减少 1 329.97 平方千米。

3　京津冀城市化地区中的增长与收缩

3.1　优化开发区域的城镇人口与建设用地现状及变化特征

2000～2010 年在京津冀 27 个优化开发空间单元中，城镇人口发生收缩的区域仅有北京市西城区，共计减少 32 160 人，其余地区均出现不同程度的增长（表 4）。但不同增长区增长速度差异较大，其中人口增长速度最快的区域主要集中在北京市近郊县区，其中昌平和大兴区增长速度最快、指数最大，分别是 4.21、4.13，唐山市曹妃甸区于 2012 年设区，原为唐海县，在 2000～2010 年的十年间城镇人口也急剧增加。随着京津冀地区进一步的融合发展，天津的武清区和宝坻区、北京的通州区和顺

表3　京津冀主体功能区人口增减情况

人口增长指数	包含区县
$-0.14 \leq C_s < 0.00$	**北京市**：西城区 **天津市**：蓟县 **河北省**：石家庄市井陉矿区、长安区、平山县、井陉县；承德市承德县、鹰手营子矿区、滦平县、围场满族蒙古族自治县、隆化县；张家口市康保县、崇礼县、尚义县、赤城县、沽源县；秦皇岛市卢龙县；保定市安国市、怀安县、蠡县、易县、定兴县；衡水市饶阳县、武邑县、深州市
$0.00 \leq C_s < 0.30$	**北京市**：东城区、石景山区、门头沟区、怀柔区、平谷区、密云区、延庆区 **天津市**：中心城区、西青区、北辰区、宁河区 **河北省**：石家庄市行唐县、灵寿县、深泽县、赞皇县、无极县、元氏县、赵县、晋州市；唐山市中心城区、迁西县、玉田县；秦皇岛市海港区、抚宁区、青龙满族自治县；邯郸市中心城区、峰峰矿区、临漳县、大名县、涉县、磁县、肥乡县、邱县、鸡泽县、广平县、馆陶县、魏县、曲周县；邢台市邢台县、临城县、内丘县、柏乡县、隆尧县、任县、南和县、宁晋县、巨鹿县、新河县、广宗县、平乡县、威县、清河县、临西县、南宫市；保定市竞秀区、莲池区、满城区、涞水县、阜平县、唐县、高阳县、容城县、涞源县、安新县、曲阳县、顺平县、博野县、雄县；张家口市下花园区、宣化县、张北县、蔚县、阳原县、万全县、怀来县、涿鹿县；承德市兴隆县、平泉县、丰宁满族自治县、宽城满族自治县；沧州市东光县、肃宁县、南皮县、吴桥县、献县、泊头市、河间市；衡水市枣强县、武强县、安平县、故城县、景县、阜城县
$0.30 \leq C_s < 1.00$	**北京市**：海淀区、朝阳区、丰台区、房山区 **天津市**：东丽区、津南区 **河北省**：石家庄市新华区、裕华区；秦皇岛市山海关区；邢台市市辖区；张家口市中心城区；承德市中心城区；廊坊市市辖区；衡水市桃城区
$1.00 \leq C_s < 2.50$	**北京市**：通州区、顺义区 **天津市**：武清、宝坻区、滨海新区 **河北省**：石家庄市桥西区；唐山市丰南区、丰润区；秦皇岛市北戴河区；沧州市市辖区
$2.50 \leq C_s < 5.00$	**北京市**：昌平区、大兴区 **河北省**：唐山市曹妃甸区

义区、唐山的丰南区和丰润区均成为较为明显的城镇人口增长区，而各城市市辖区总体而言增长指数不甚明显。总体而言，呈现出"城市外围郊区增长迅速、核心区较为缓慢"的态势。

表4　京津冀优化开发区城镇人口增减情况

城镇人口增长指数	包含区县
$-0.05 \leq C_u < 0.00$	北京市：西城区
$0.00 \leq C_u < 0.10$	北京市：东城区
$0.10 \leq C_u < 1.00$	北京市：海淀区、朝阳区、丰台区、石景山区、房山区 天津市：东丽区、西青区、津南区、北辰区 河北省：石家庄市新华区；秦皇岛市海港区、山海关区
$1.00 \leq C_u < 2.50$	北京市：通州区、顺义区 天津市：武清区、宝坻区 河北省：唐山市丰南区、丰润区；秦皇岛市北戴河区
$2.50 \leq C_u < 4.30$	北京市：昌平、大兴区 河北省：唐山市曹妃甸区

　　就城镇建设用地而言（表5），京津冀优化开发区27个行政单元均为增长区。唐山市十余年间城镇建设用地急剧扩张，其中丰南区从2000年的1.5平方千米增至2010年的33.53平方千米，增长指数为21.35，年均增长率高达32.63%，曹妃甸区增长指数为11.63，年均增长率高达25.93%，远远高于其他研究单元。其他城镇建设用地扩张相对明显的包括：北京市顺义区、天津市西青区和津南区。但北京市城六区、天津市城六区、沧州市市辖区等基本没有变化。

表5　京津冀优化开发区城镇建设用地增减情况

城镇建设用地增长指数	包含区县
$0.00 \leq S_u < 0.50$	北京市：东城区、西城区、海淀区、朝阳区、丰台区、石景山区 天津市：中心城区 河北省：秦皇岛市北戴河区；沧州市市辖区
$0.50 \leq S_u < 2.00$	北京市：通州区、昌平区、大兴区、房山区 天津市：东丽区、北辰区、武清区、宝坻区 河北省：唐山市中心城区、丰润区；秦皇岛市海港区、山海关区；廊坊市市辖区
$2.00 \leq S_u < 5.00$	北京市：顺义区 天津市：西青区、津南区
$5.00 \leq S_u < 10.00$	—
$10.00 \leq S_u < 22.00$	河北省：唐山市曹妃甸区、丰南区

　　进一步比较 2000 年和 2010 年的人均城镇建设用地面积可以发现，有 15 个研究单元出现不同程度的人均城镇建设用地指数增大。这从某种程度上说明，虽然京津冀优化开发区城镇建设用地在不断增长，但近 56% 的区域城镇建设用地增长幅度超过城镇人口增长幅度，呈现出"相对收缩"的现象。基于人均城镇建设用地指标的相对收缩单元主要分布在天津和唐山市，特别是唐山市丰南区，其增长指数高达 8.42，城镇建设用地利用极为粗放。河北省有 6 个"相对收缩区"，占河北省全部优化开发区的 2/3。北京市除了顺义区、通州区、房山区和西城区之外，其他 7 个辖区建设用地增幅多略小于人口增幅，呈现相对集约的态势（图 3）。

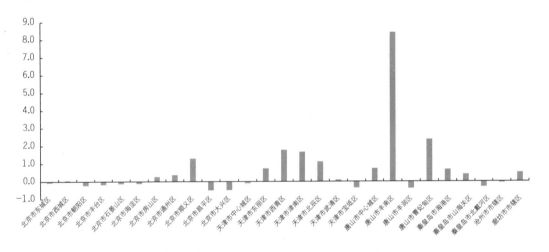

图 3　京津冀优化开发区人均建设用地增长指数

3.2　重点开发区域的城镇人口与建设用地现状及变化特征

　　京津冀重点开发区域共有 17 个，其中城镇人口收缩区有 3 个（表 6），城镇人口收缩区占全部区域的 17.7%，收缩比例高于优化开发区域。收缩区主要集中在矿区，如石家庄市井陉矿区和承德市鹰手营子矿区。此外，除了典型的矿区，石家庄市长安亦在收缩之列。在其余的 14 个增长区中，天津市滨海新区城镇人口由 103.8 万人增至 231.3 万人，增长指数最大。石家庄市桥西区亦是城镇人口增长较多的区域之一。其他河北省地级市的市辖区在十余年间增长成效也相对显著，如张家口市、邢台市、衡水市（桃城区）等区域。总体而言，在该十年中，除天津滨海新区重大发展战略区成为耀眼的增长区之外，普通地级市的市辖区也开始崛起，而矿区则开始走上收缩之路。

　　与城镇人口收缩区域类似，京津冀重点开发区域城镇建设用地的收缩区同样集中在矿区（表 7），即鹰手营子矿区和井陉矿区。其中，井陉矿区收缩程度最大，其收缩指数为 1，鹰手营子矿区收缩指数为 0.3。在 15 个城镇建设用地增长区中，承德市中心城区土地扩张最为迅速，增长指数为 3.46，远远高于其他增长区。在增长区的第二梯度，石家庄市辖区（裕华区、新华区和长安区）和衡水市桃城区位列其中，同样经历了较为快速的建设用地扩张过程。

表6 京津冀重点开发区城镇人口增减情况

城镇人口增长指数	包含区县
$-0.09 \leqslant C_u < 0.00$	河北省：承德市鹰手营子矿区、石家庄市井陉矿区、长安区
$0.00 \leqslant C_u < 0.10$	河北省：邯郸市峰峰矿区；张家口市下花园区；保定市竞秀区
$0.10 \leqslant C_u < 0.50$	河北省：张家口市宣化区；保定市莲池区；邯郸市中心城区；承德市中心城区；石家庄市裕华区
$0.50 \leqslant C_u < 1.00$	河北省：石家庄市新华区；衡水市桃城区；邢台市市辖区；张家口市中心城区
$1.00 \leqslant C_u < 1.50$	天津市：滨海新区 河北省：石家庄市桥西区

表7 京津冀重点开发区城镇建设用地增减情况

城镇建设用地增长指数	包含区县
$-1.00 \leqslant S_u < -0.37$	河北省：承德市鹰手营子矿区；石家庄市井陉矿区
$-0.37 \leqslant S_u < 0.00$	—
$0.00 \leqslant S_u < 1.00$	天津市：滨海新区 河北省：石家庄市桥西区；邯郸市中心城区、峰峰矿区；邢台市市辖区；保定市竞秀区、莲池区；张家口市中心城区、下花园区、宣化区
$1.00 \leqslant S_u < 2.00$	河北省：石家庄市新华区、长安区、裕华区；衡水市桃城区
$2.00 \leqslant S_u < 3.50$	河北省：承德市中心城区

就人均城镇建设用地而言（图4），京津冀重点开发区域"相对收缩区"有10个，占全部区域的58.8%，收缩比例相对优化开发区较高。其中，收缩最明显的是承德市中心城区，其次是石家庄市的长安区和裕华区。其他6个"相对增长区"则分别是两大矿区、张家口宣化区、石家庄桥西区、天津滨海新区及邢台市市辖区。

4 京津冀限制开发区中的增长与收缩

4.1 农产品主产区的总人口与耕地特征

就总人口而言，京津冀农产品主产区中有8个研究单元出现收缩（表8），占全部农产品主产区的13.8%，且大部分分布在冀中地区，如保定市的定兴县、蠡县、安国市以及衡水市的饶阳县、武

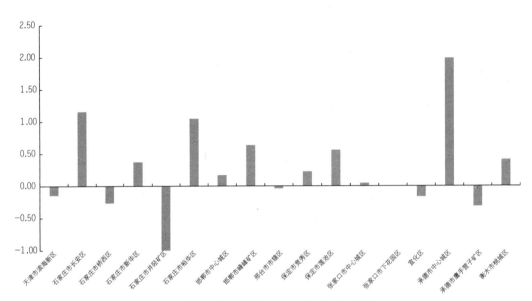

图 4　京津冀重点开发区人均建设用地增长指数

表 8　京津冀农产品主产区总人口增减情况

总人口增长指数	包含区县
$-0.05 \leqslant C_s < -0.01$	河北省：秦皇岛市卢龙县；保定市定兴县、蠡县、安国市；衡水市武邑县、饶阳县
$-0.01 \leqslant C_s < 0.00$	河北省：承德市隆化县；衡水市深州市
$0.00 \leqslant C_s < 0.05$	河北省：石家庄市行唐县、深泽县、无极限、赵县、晋州市；邯郸市临漳县、魏县；邢台市南和县、新河县、威县、南宫市；保定市满城区、博野县；承德市平泉县；沧州市东光县、肃宁县、吴桥县；衡水市枣强县、武强县、安平县、阜城县
$0.05 \leqslant C_s < 0.10$	河北省：石家庄市元氏县；唐山市玉田县；邯郸市大名县、磁县、鸡泽县、广平县、曲周县；邢台市柏乡县、隆尧县、任县、宁晋县、巨鹿县、广宗县、平乡县、清河县、临西县；保定市容城县；沧州市南皮县、献县、泊头市、河间市；衡水市景县、故城县
$0.10 \leqslant C_s < 0.15$	河北省：邯郸市肥乡县、邱县、馆陶县；保定市高阳县、安新县、雄县

邑县、深州市，剩余两县位于冀北地区。在其他 50 个总人口增长区中，增长最为迅速的集中在保定、邯郸两市，共有 6 个县级单元其增长指数超过 0.1；有 21 个县市单元人口相对稳定，其增长指数小于 0.5；其余 23 个县市总人口处于缓慢增长过程当中。此外，相比城市化地区城镇人口的增长速度，农产品主产区总人口增速明显降低。

在京津冀 2000～2010 年快速城市化进程中，耕地面积急剧减少（表 9）。在 58 个农产品主产区研究单元中，51 个县出现收缩，收缩区占比高达 87.9%，仅有 7 个耕地增长区。收缩最严重的区域是清河县、高阳县、保定市满城区、南和县及行唐县等 6 县区，收缩指数均在 0.1 以上。

表 9　京津冀农产品主产区耕地增减情况

耕地增长指数	包含区县
$-0.20 \leq S_r < -0.10$	**河北省**：石家庄市行唐县；邢台市南和县、清河县；保定市满城区、高阳县、蠡县
$-0.10 \leq S_r < -0.05$	**河北省**：石家庄市无极县、元氏县；邯郸市磁县、鸡泽县、广平县、魏县；邢台市柏乡县、任县、宁晋县、广宗县、平乡县、威县、临西县、南宫市；保定市容城县、博野县；衡水市武强县、故城县
$-0.05 \leq S_r < -0.02$	**河北省**：石家庄市深泽县、赵县、晋州市；秦皇岛市卢龙县；邯郸市大名县、肥乡县、邱县、馆陶县、曲周县；邢台市隆尧县、巨鹿县；保定市定兴县、雄县；承德市平泉县；沧州市东光县、肃宁县、河间市；衡水市枣强县、饶阳县、景县、深州市
$-0.02 \leq S_r < 0.00$	**河北省**：邯郸市临漳县；邢台市新河县；保定市安国市；沧州市献县；衡水市武邑县、安平县
$0.00 \leq S_r < 0.06$	**河北省**：唐山市玉田县；保定市安新县；承德市隆化县；沧州市南皮县、吴桥县、泊头市；衡水市阜城县

4.2　重点生态功能区的总人口特征

在京津冀重点生态功能区的46个研究单元中（表10）有14个总人口收缩区，占全部区域的30.4%，收缩比例远远高于其他三类主体功能区。收缩区主要分布在冀北地区，即张家口7县和承德3县，其

表 10　京津冀重点生态功能区总人口增减情况

总人口增长指数	包含区县
$-0.13 \leq C_s < -0.05$	**河北省**：石家庄市井陉县；张家口市宣化县、康保县、怀安县；承德市滦平县、围场满族蒙古族自治县
$-0.05 \leq C_s < 0.00$	**天津市**：蓟县 **河北省**：石家庄市平山县；保定市易县；张家口市沽源县、尚义县、赤城县、崇礼县
$0.00 \leq C_s < 0.10$	**北京市**：门头沟区、平谷区 **河北省**：石家庄市灵寿县、赞皇县；秦皇岛市抚宁区、青龙满族自治县；邯郸市涉县；邢台市邢台县、临城县、内丘县；保定市涞水县、阜平县、唐县、涞源县、顺平县；张家口市张北县、蔚县、阳原县、万全县、怀来县、涿鹿县；承德市兴隆县、丰宁满族自治县
$0.10 \leq C_s < 0.20$	**北京市**：密云区、延庆区 **天津市**：宁河区 **河北省**：唐山市迁西县；保定市曲阳县；承德市宽城满族自治县
$0.20 \leq C_s < 0.30$	**北京市**：怀柔区、昌平区、房山区

他则零星分布于天津市蓟县和石家庄平山、井陉两县以及保定市易县。北京怀柔区、昌平区、房山区作为北京市的远郊区,随着首都的快速发展其人口集聚能力不断增强,在 32 个增长区中增长指数最大,均超过 0.2。北京的延庆区、天津蓟县其增长指数仅次于北京三区,唐山市迁西县及承德宽城满族自治县、保定市曲阳县的人口增长也较为明显。

5　主要结论及规划启示

5.1　主要结论

本文利用两次人口普查数据及两期遥感数据获得的京津冀土地利用变化数据,结合我国主体功能区规划方案,分别从城镇人口、总人口、城镇建设用地面积、耕地面积、人均城镇建设用地面积等不同角度,对京津冀地区的增长与收缩进行了测度和对比分析,揭示了 2000~2010 年京津冀国土空间人口及用地的变化特征,结果如下。

（1）京津冀形成了以"京津为优化开发区、各地级市中心城区为重点开发区、冀中南地区为农产品主产区、冀北及沿太行山脉为重点生态功能区"的主体功能格局。

（2）在京津冀 27 个优化开发区域研究单元中,仅北京市西城区出现了城镇人口收缩,其余增长区增长速度不一,整体上呈现出"城市外围郊区增长迅速、核心区较为缓慢"的态势;所有区域均为城镇建设用地增长区,特别是唐山丰南、曹妃甸两区,其增长速度远远高于其他地区;京津冀优化开发区近 56% 的区域（主要集中于天津和唐山）城镇建设用地增长幅度超过城镇人口增长幅度,呈现出"相对收缩"的现象（土地城镇化快于人口城镇化）;北京则呈现出相对集约的特征。

（3）京津冀 17 个重点开发区域研究单元中,城镇人口收缩的单元有 3 个,主要集中在由于资源枯竭、产业转型等缘由走上收缩之路的矿区;增长区以天津滨海新区和河北诸多地级市的市辖区为代表。城镇建设用地方面,伴随着人口收缩,矿区的建设用地也在不断减;而以承德中心城区为代表的用地扩张虽排在前列,但其人口增速却远落后于土地增速,使其成为重点开发区域中的典型"相对收缩区"。

（4）在 58 个京津冀农产品主产区中,总人口收缩的单元有 8 个,占全部区域的 13.5%,且多集中于冀中地区,50 个增长区中增长指数较大的单元多位于保定、邯郸两市;伴随着我国快速的城市化过程,京津冀十余年间耕地面积急剧减少,共有 51 个耕地面积收缩区,占比高达 87.9%,在空间分布上,收缩区相对分散,说明了耕地收缩的"全域化"特征。

（5）46 个京津冀重点生态功能区单元总计有 14 个人口收缩区,占全部区域的 30.4%,主要分布在冀北地区。而北京远郊区由于受到经济外溢效应,人口集聚能力较强,增长指数最大。

（6）总体而言,重点生态功能区人口收缩比例远远高于其他三类主体功能区,且相比城市化地区城镇人口增长速度，农产品主产区总人口增速明显降低；在城市化地区中，重点开发区城镇人口收缩比例亦高于优化开发区。同时本文也从数据层面进一步印证了我国耕地面积不断减少、城镇建设用地不断扩张的现状。从表征"相对收缩"的人均城镇建设用地增长指数分析中得出，京津冀重点开发区域土地城镇化率快于人口城镇化的程度高于优化开发区。

5.2 规划启示

（1）转变"为增长而规划"的传统理念。长期以来，我国城市规划模式主要以城市增长理论为基本原则的"增长型规划"，尽管我国已经出现局部城市、乡村的人口收缩现状，但并未引起城市规划师、政府决策者的充分重视。在未来的国土空间规划体系中，应转变"增长主义"导向的传统价值观念，倡导多元的、多目标的规划价值取向。正视人口收缩、经济收缩等现状或趋势，积极出台适应局部收缩情景下的空间规划。

（2）在部分地区倡导"精明收缩"策略。"精明收缩"最早是欧美国家一些矿区城市、工业城市为应对"后工业化"转型而提出的一种城市发展策略（赵民等，2015）。该策略倡导的是"为更少的规划——更少的人、更少的建筑、更少的土地利用"，源于城市应对不断流失的人口和日益衰败的经济及物质环境并在欧洲、北美等地区国家实践的过程中，取得了丰硕的成果。将精明收缩作为空间规划策略，首先要正视国土空间中的局部收缩现状，其次要致力于解决在局部收缩的情境下保持城市的可持续发展，最终通过相应的保障机制，如土地银行（美国）等来促进规划的实施。

（3）强化存量规划方法。我国城镇化进入后半程，过去依仗土地财政的增量规划模式已走到尽头。存量规划甚至减量规划的反思越来越多。"三区三线"和"双评价"成为新一轮国土空间规划法的核心内容，也是实现主体功能区战略精准落地的重要手段。在未来的空间规划中，要进一步优化土地利用格局，对存量用地进行结构调整和功能提升。

（4）注重发展内容的多元性。在未来的国土空间规划中，应更加注重根据不同主体功能发展多元化的产业结构，提升城镇的抗风险能力；在生态文明和文化复兴背景下，城镇建设应更加注重生态价值和文化内涵，创造绿色宜居、富有活力的文化生活，建立有效应对城镇收缩的机制。

本文从主体功能区的视角首次对京津冀国土空间的增长和收缩做了初步研究，拓展了国土空间和城市增长与收缩的研究，并对未来国土空间的研究及规划提供了更加多元的视角。2010 年以来我国城镇化进入下半程，区域人口和用地发展呈现出新的变化，但受到研究数据所限，这一方面的研究并未有所体现，后续的研究将进一步拓展时空维度，在格局分析的基础上，揭示国土空间开发利用的动力机制，为各级空间规划提供借鉴。

致谢

　　本文受国家自然科学基金面上项目"中国城市收缩的空间格局与演化机理研究"（41671161）、国家自然科学基金重点项目"我国产业集聚演进与新动能培育发展研究"（71733001）、霍英东高等院校青年教师基金项目"北京大都市区功能地域的发育识别及其动态演化"（171077）、首都经济贸易大学青年创新团队"城市与区域发展管理"（QNTD202009）共同资助。

注释

① 详见中发〔2019〕18 号. 中共中央 国务院关于建立国土空间规划体系并监督实施的若干意见. 2019 年 5 月 9 日。

② 北京市房山、昌平两区核心区属于优化开发区，外围乡镇属于重点生态功能区，故分别计入主体功能区。

③ 为保证行政区划的一致性，本文将主体功能区中的部分区合并为"市辖区"或"中心城区"，如滨海新区包含原来的塘沽区、大港区、汉沽区等，以三区数据加总表征滨海新区的人口和用地数据。

④ 昌平区：流村镇、南口镇、长陵镇、十三陵镇、兴寿镇、崔村镇、阳坊镇。

⑤ 房山区：城关街道办事处、青龙湖镇、河北镇、十渡镇、张坊镇、大石窝镇、长沟镇、周口店镇、韩村河镇、阎村镇、佛子庄乡、南窖乡、大安山乡、史家营乡、霞云岭乡、蒲洼乡。

参考文献

[1] BATTY M. Empty buildings, shrinking cities and ghost towns [J]. Environment and Planning B, 2016, 43: 3-6.

[2] LONG Y, WU K. Shrinking cities in a rapidly urbanizing China [J]. Environment and Planning A, 2016, 48(1): 220-223.

[3] SHEPARD W. Ghost cities of China[M]. London: Zed Books, 2015.

[4] WU F. Planning for growth[M]. Routledge: New York & London, 2015.

[5] 常新, 张杨, 宋家宁. 从自然资源部的组建看国土空间规划新时代[J]. 中国土地, 2018(5): 25-27.

[6] 杜志威, 李郇. 珠三角快速城镇化地区发展的增长与收缩新现象[J]. 地理学报, 2017, 72(10): 1800-1811.

[7] 樊杰. 我国空间治理体系现代化在"十九大"后的新态势[J]. 中国科学院院刊, 2017, 32(4): 396-404.

[8] 樊杰. 中国主体功能区划方案[J]. 地理学报, 2015, 70(2): 186-201.

[9] 顾朝林. 论我国空间规划的过程和趋势[J]. 城市与区域规划研究, 2018, 10(1): 60-73.

[10] 金贵, 王占岐, 姚小薇, 等. 国土空间分区的概念与方法探讨[J]. 中国土地科学, 2013, 27(5): 48-53.

[11] 李郇, 吴康, 龙瀛, 等. 局部收缩：后增长时代下的城市可持续发展争鸣[J]. 地理研究, 2017, 36(10): 1997-2016.

[12] 林坚, 陈霄, 魏筱. 我国空间规划协调问题探讨——空间规划的国际经验借鉴与启示[J]. 现代城市研究, 2011, 26(12): 15-21.

[13] 刘彦随, 刘玉, 翟荣新. 中国农村空心化的地理学研究与整治实践[J]. 地理学报, 2009, 64(10): 1193-1202.

[14] 刘彦随, 王介勇. 转型发展期"多规合一"理论认知与技术方法[J]. 地理科学进展, 2016, 35(5): 529-536.

[15] 龙花楼, 李裕瑞, 刘彦随. 中国空心化村庄演化特征及其动力机制[J]. 地理学报, 2009, 64(10): 1203-1213.

[16] 龙瀛, 吴康. 中国城市化的几个现实问题: 空间扩张、人口收缩、低密度人类活动与城市范围界定[J]. 城市规划学刊, 2016(2): 72-77.

[17] 毛其智, 龙瀛, 吴康. 中国人口密度时空演变与城镇化空间格局初探——从 2000 年到 2010 年[J]. 城市规划, 2015, 39(2): 38-43.

[18] 盛科荣, 樊杰. 主体功能区作为国土开发的基础制度作用[J]. 中国科学院院刊, 2016, 31(1): 44-50.

[19] 王向东, 刘卫东. 中国空间规划体系: 现状、问题与重构[J]. 经济地理, 2012, 32(5): 7-15+29.

[20] 吴康. 城市收缩的认知误区与空间规划响应[J]. 北京规划建设, 2019 (3): 4-12.

[21] 吴康, 李耀川. 收缩情境下城市土地利用及其生态系统服务的研究进展[J]. 自然资源学报, 2019, 34(5): 1121-1134.

[22] 吴康, 龙瀛, 杨宇. 京津冀与长江三角洲的局部收缩: 格局、类型与影响因素识别[J]. 现代城市研究, 2015(9): 26-35.

[23] 吴康, 孙东琪. 城市收缩的研究进展与展望[J]. 经济地理, 2017, 37(11): 59-67.

[24] 吴若谷, 周君, 姜鹏. 城镇开发边界划定的实践与比较[J]. 北京规划建设, 2018(3): 80-83.

[25] 徐博, 王宝珍. 城缩之维与规治之变: 国际城市收缩问题的历史演化逻辑研究[J]. 东北师大学报(哲学社会科学版), 2018(4): 168-175.

[26] 杨东峰, 龙瀛, 杨文诗, 等. 人口流失与空间扩张: 中国快速城市化进程中的城市收缩悖论[J]. 现代城市研究, 2015(9): 20-25.

[27] 张京祥, 陈浩. 增长主义视角下的中国城市规划解读——评《为增长而规划: 中国城市与区域规划》[J]. 国际城市规划, 2016, 31(3): 16-20.

[28] 张永姣, 方创琳. 空间规划协调与多规合一研究: 评述与展望[J]. 城市规划学刊, 2016(2): 78-87.

[29] 赵民, 游猎, 陈晨. 论农村人居空间的"精明收缩"导向和规划策略[J]. 城市规划, 2015, 39(7): 9-18+24.

[欢迎引用]

吴康, 王曼. 主体功能区视角下京津冀国土空间的增长与收缩格局分析[J]. 城市与区域规划研究, 2020, 12(2): 183-199.

WU K, WANG M. An analysis of spatial pattern of the growing and shrinking areas in the Beijing-Tianjin-Hebei region from the perspective of major function-oriented zones [J]. Journal of Urban and Regional Planning, 2020, 12(2): 183-199.

"城市人"视角下国土空间"三线"管制方法探索

魏 伟 刘 畅

An Exploration on the Implementation Path and Decision-Making Method of "Three-Line" Control from the Perspective of "Homo Urbanicus"

WEI Wei[1], LIU Chang[2]
(1. School of Urban Design, Wuhan University, Wuhan 430072, China; 2. School of Architecture, Tsinghua University, Beijing 100084, China)

Abstract As the core of "a blueprint", the "three-line" control is a hot issue in territory master planning studies and practices. Based on the theory of "Homo Urbanicus" and taking the land and spatial control in the territory master planning practice of Q city (a local city) as an example, this paper analyzes the internal causes of core contradictions, such as use decision-making and multi-method coordination, as well as "three-line" rigidity and elastic scale, to explore the technical route of "three-line" control. It puts forward a "people-oriented" decision-making method for land use and the management mechanism of the "three-line" landing, with a view to promoting the more authoritative implementation of territory master planning control.

Keywords territorial planning; "Homo Urbanicus"; "three-line" control; rigidity and elasticity scales

摘 要 "三线"管制作为"一张蓝图"的核心内容,是国土空间总体规划研究和实践的热点问题。文章基于"城市人"理论,以Q市(地级市)国土空间总体规划实践中的国土空间管制为例,剖析用途决策与多规协同、"三线"刚性与弹性尺度等核心矛盾的内在原因,探索"三线"管制中矛盾治理的技术路线,提出"以人为本"的国土空间用途决策方法和"三线"落地的管理机制,以期推进地级市国土空间总体规划管制更权威有效地落地实施。

关键词 国土空间规划;城市人;"三线"管制;刚性与弹性

1 背景

空间管制理念的出现最早是为了控制城市无计划蔓延,到 2008 年,空间管制逐渐在城乡规划法、土地利用等文件中明确地位,成为我国空间类规划的重要抓手(杨秋惠,2015)。近年来,为解决国土空间管制边界不全面、规则不系统和事权不衔接等问题,我国国土空间规划体系不断探索革新。2015 年,《生态文明体制改革总体方案》明确提出"构建以空间规划为基础、以用途管制为主要手段的国土空间开发保护制度",明确了国土空间总体规划的基础性地位,成为推进我国空间管制的重要载体。按照中央要求,2020 年,我国将建立统一衔接、分级管理的国土空间规划体系,聚焦城镇、农业、生态空间以及生态保护红线、永久基本农田保护红线、城镇开发边界(以下简称"三区三线")的划定和主要控制线的落地,整合形成"多

作者简介
魏伟,武汉大学城市设计学院;
刘畅,清华大学建筑学院。

规合一"的国土空间规划①。因此,当前对空间管制的探讨应该放在国土空间规划体系的框架内,聚焦"三区三线"划定和"三线"落地管制机制,完善国土空间用途管制机制,构建"多规合一"的国土空间规划管制体系。

从国际实践来看,各国的政策文化、社会经济及资源环境各有差异,决定了国外各地空间管制的多元化特点,但综合来看管制实践呈现以下四点典型特征,可以为我国空间管制提供规划理论和实践经验。①注重自然生态保护:英国、荷兰、日本等国在空间管制中强调人类活动与自然发展相协调,管制边界以绿带模式最为典型,从保护个体资源逐渐转向整体性生态环境(杨秋惠,2015)。②健全实施保障体系:同步完善政策法规体系,整合财政金融资源,协调优化国土空间规划组织体系,推进空间管制的有效性实施(张永姣、方创琳,2016)。③管制评估动态调控:管制实施过程的不确定性和空间管制分区的历史局限性,决定了空间管制需要依据时代需求进行调整(黄明华等,2012)。④强调公众参与合作:德国、瑞典和日本等国通过践行规划主体的多元化,使国土空间规划保持较高的参与度和透明度,实现社会公平与责任分担的社会共识(孙卓,2015)。

从国内研究来看,学术层面对国土空间规划管制体系的探讨,主要聚焦建立"多规合一"的控制线系统(杨玲,2016)、构建底线管控全域统筹的管制体系(邵一希,2016)和探索纵横协同管制政策(宣晓伟,2018)三个方面。从完善"三线"管制机制的角度,相关学者提出依据政策约束与评价成果优先划定永久基本农田保护红线和生态保护红线,以人定地和以产定地相结合划定城镇开发边界,统筹协调落实空间底线格局(胡飞等,2016;郑娟尔等,2016),构建基于三大空间、六类分区、国土用途的三级空间管控体系(黄征学、祁帆,2018;王旭阳、黄征学,2018)。

总体而言,我国国土空间"三线"管制研究实践均不完善:一方面,科学划定管制边界的技术方法已逐渐明晰,但关于如何协调多规管制与"三线"边界冲突,决策国土空间用途仍是编制难题;另一方面,与国外实践相比,我国"三线"管制的实施实践还有所不足,亟待对管制落地冲突的理性指导。

2 "三线"管制的现实困境

现实的国土空间"三线"管制困境主要集中在以下两方面:①由于空间用途决策缺少科学系统的技术支撑,政府决策的结果往往呈现为各方充满怨气和张力的妥协(梁鹤年,2014),降低了规划管制的效能和权威,空间管制难以协调多规锚定"三线";②在国土空间规划管制落地中,三条控制线的"刚性"与"弹性"尺度也亟待权威标准的技术指引。

2.1 "三线"管制用途与多规矛盾

当前"三线"划定的主要政策依据和技术路径已初步形成共识:统筹国家及省市重点生态功能区、生态环境敏感脆弱区、禁止开发区和其他各类保护地等自然生态区域,划定生态保护红线;依据土地利用变更调查、耕地质量等级评定、耕地地力调查与质量评价等核实耕地，划定永久基本农田保护红线；按照以人定地与以产定地相结合的方法，科学预测城镇建设用地总规模，依据资源禀赋和开发适宜性条件，判别未来发展潜力和空间发展方向并预留一定的发展空间，划定城镇开发边界，锚定未来国土空间开发利用的底线格局。从"三线"划定的研究与实践（王旭阳、黄征学，2018）来看，现有的国土空间总体规划技术能够划定相对客观的"三条红线"，但是由于"多规"矛盾的惯性，"三线"管制边界难以衔接其他空间类规划，国土空间用途决策缺少理性标准，用地属性不唯一，事权划分相重叠，难以形成"三线"管制的统一合力。

2.2 "三线"管制落地与现实冲突

"三条红线"都强调一定时期内对于国土管制的"刚性"约束，但从尊重自然规律的角度看，"三线"管制也必须把握一定的"弹性"尺度，以应对空间发展的诸多不确定性问题。国土空间总体规划是对未来一段时期内国土空间开发与保护内容的分区分级管制，保护性空间划定一般逻辑清晰、边界明确，但开发性空间则受到不同时期政策、经济等很多因素的影响，具有较强的不确定性（许景权，2016），这就会反作用于保护性空间的划定逻辑与边界，导致"三线"整体划定时出现诸多矛盾。传统规划以"预判式"思路定义规划期末的未来发展空间，以模型预测为主要方法处理未来发展的不确定性，然而从普遍认知到规划建设实践，以及传统规划的频繁修编和调整，都证明了传统规划对于空间保护和开发不确定性的"弹性"应对能力不足，其主要原因在于：①受到不同时期各种非必然因素的影响，空间开发行为和空间保护内容的不确定性是难以预测的，过于"刚性"的规划管制不利于城市长远的发展，在空间维度缺乏"弹性"空间；②以总体规划为例，仅用一张用地规划图精确安排和引导城市未来 20 年规划建设，这种在时间上缺乏"弹性"的管制导致发展过程与时间不相吻合，很大程度上引发规划的频繁修编和调整，使空间管制陷入"刚性"不足却"弹性"有余的尴尬境地。所以，"三线"管制落地的难点在于理性把握"刚性"与"弹性"尺度，应提出科学系统的管制机制，为各类国土空间管制落地提供权威理性的评判标准。

3 "城市人"视角下国土空间"三线"管制方法

3.1 理论基础与逻辑过程

"城市人"理论是加拿大规划学者梁鹤年先生提出的理性分析城市、匹配空间要素的基础理论（梁鹤年，2014）。该理论基于人的物性和理性需求，以"自存与共存"作为基本原则，以追求"最大空间接触机会"为导向，以实现"以人为本"的城镇化为目标，在理性和平等的视野下开展城市研究及规划实践。从空间管制的角度理解，国土空间用途管制就是在一定的生态、社会、政治、经济等条件和约束里，从"自存与共存"平衡的角度，统筹各方用途价值，找寻国土空间与用途之间的最优匹配，落实"以人为本"的空间保护与利用，为实现最大的整体贡献匹配和管理国土空间。决策空间与用途最优匹配可以演化成一个递进的逻辑过程（图1）：①单个维度下，评判两个冲突利益对社会的整体贡献（单个维度是用途取舍会影响整体的单个要素，两个冲突利益是指在同一空间冲突的两种用途价值，整体贡献是基于自存与共存平衡做出理性的价值运算）；②多个维度下，评判两个冲突利益对社会的整体贡献——基于区域的社会发展、政策引导、现状本底等多方面因素，优化平衡多个维度的重要程度和决策门槛，评判用途价值的整体贡献比值是否高过决策门槛；③多个维度下，评判多个冲突利益对社会的整体贡献——可提前判断多方利益的重要程度，当多方利益的整体贡献出现难以决策的复杂情况时，可参考重要程度标准决策匹配。

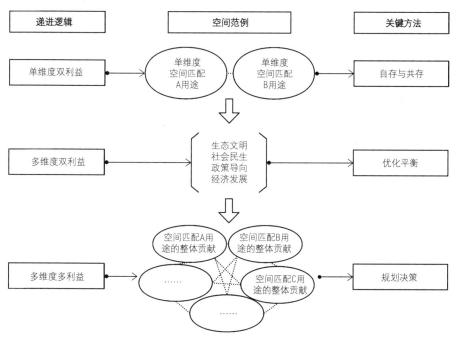

图1 国土空间用途决策方法

值得注意的是，关于多个维度各方利益在整体发展中的权重问题，是当前国土空间总体规划实践中各方关注的焦点，即要在整体利益优化的前提下合理分配生态文明、社会民生、政策导向、经济发展等维度在用途管制中的权重比例。决策机构除了合理有序、民主集中等基本行政原则之外，还需结合国土空间总体规划的特殊性考虑以下因素：①"主体功能"传导，即在国家主体功能区战略的总体框架下和省级主体功能区的具体指导下，地方市县依据自身及周边区域的主体功能区要求，优先落实主体功能；②"公众参与"反馈，即利益权重的判断需要充分体现当地居民的实际诉求，充分信任当地居民的共同理性，充分发挥当地居民在其"生于斯长于斯"土地上的主人翁权益；③"资源及空间"保障，即国土空间总体规划是国家及地方发展规划的保障性规划，是专项规划、详细规划的基础性规划，重在提供资源本底及保障发展空间，在保护性（如生态、遗产）资源中具有优先性和排他性，在发展性（如经济开发区、乡村建设用地）资源中具有集约、高效、重组的可能性。例如本研究中 Q 市下辖的 L 区，主体功能为重点开发区，但其生态本底条件突出、经济发展相对滞后、民生诉求强烈，在制定其利益维度权重时，就不能单方面一味强调生态保护而罔顾开发建设，反之亦不可（在 Q 市"多规"中，L 区在生态规划中 80% 的土地被列为生态保护区，在城市总体规划中被列为城市发展轴上的重点拓展区域，多处经济开发区位于生态保护区内，多年来在"多规"冲突中政策摇摆不定，发展步履蹒跚，土地及资源使用政出多门、标准不一，经济与生态"双输"现象严重）。本次 Q 市国土空间总体规划中，经过评估论证主体功能、问卷评价利益维度、厘清生态本底、评价建设空间使用效率等过程，进行分析计算和多轮反馈，判断其市区生态文明、社会民生、政策导向、经济发展维度的权重分别为 25%、20%、25%、30%。

3.2 国土空间"三线"管制典型问题处理方法

3.2.1 "多规合一"与国土空间用途决策

（1）典型困境

国土空间总体规划从资源环境承载能力和国土空间开发适宜性评价入手，统筹现有规划技术和评定基础，评价国土空间现状，划分"三区三线"；但由于多规遗留的用地属性模糊重叠、国土权责交叉空白等矛盾，导致用地属性与管制边界冲突、国土用途管理矛盾、建设项目实施困难等诸多问题，"三线"管制难以真正落地。

（2）治理路径的探索

Q 市基于"多规合一"对现状各类空间性规划混杂的国土空间进行诊断、梳理，找准冲突、研判属性、锁定边界，主要针对规划差异的空间表征，明确唯一用地属性，决策国土空间用途，锚定国土空间开发保护边界线。基于国情地理普查，统筹土地利用方式和地物覆盖特征等地方特色因素，按照"生态优先、尊重事实、严守红线、上下协同"的原则，通过图斑比对、规划衔接、部门协调和举证讨论等方式，统筹开展国土用途决策工作，确保管制基础用地属性的唯一性，消除部门管理界线矛盾，最终核定"三线"边界（图 2）。

（3）国土用途决策方法及实例分析

第一步：矛盾提出。

在开展用地唯一属性工作中，一现状园地同时规划为非 I、II 级保护林地和耕地属性，Q 市在兼顾上级政策、粮食安全和生态保护权益中取舍两难。

第二步：逻辑判别。

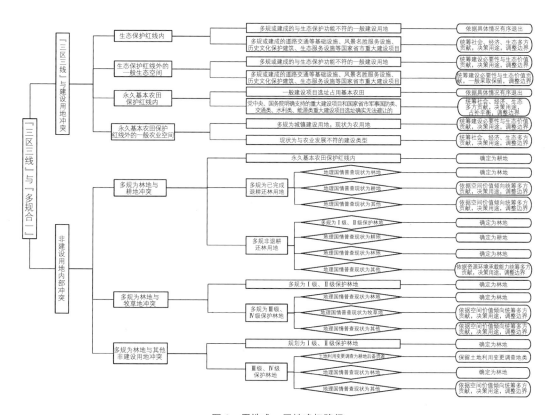

图 2　用地唯一属性确权路径

当政府不单是考虑社会经济发展，还兼顾政策导向、生态保护、粮食安全和社会公平时，应在最大限度满足国家政策的前提下，选取对社会整体贡献最优的匹配方案：首先，单维度考虑园地作为非Ⅰ、Ⅱ级保护林地和耕地对全社会的整体贡献比值；其次，基于全面考量，给定多维度预设权重，从优化平衡的角度计算规划方案（1，2，…，n）对于社会的整体贡献比值，判别整体贡献比值是否超过决策门槛值，判断规划方案的可行性；最后，对 n 种规划方案进行择优决策。

第三步：自存与共存（以经济维度为例）。

假设：市价的变化反映生产效率的变化，生产效率的变化是经济贡献的合理衡量。园地市价为 0.3 亿元/平方千米，耕地市价为 0.2 亿元/平方千米，林地市价为 0.5 亿元/平方千米。

定义：自存比值 = $\dfrac{变更后用地市价}{园地市价}$；

共存比值 = $\dfrac{变更后用地市价}{园地市价 + （升值 \times 共存系数）}$；

整体贡献比值 = 共存比值 × 整体贡献系数。

考虑到国土用途变更后对保留者（包括原用地服务者、周边用地和居民等）构成影响或损失，应该把增值的部分（变更后用地市价与原用地市价的差价）适量分配给原国土用途，经专家论证和公众参与，园地用途变更为耕地的共存系数为 0.5，变更为林地的共存系数为 0.2；考虑到非建设用地性质变更要协调农村、环境、生态等问题，非建设用地性质变更的整体贡献系数为 0.7。

评判园地变更规划在经济维度下的整体贡献比值（表 1）。

表 1　变更规划经济维度整体贡献比值

变更用地性质	维度	自存比值	共存比值	整体贡献比值
耕地	经济发展	0.2/0.3=0.67	0.2/[0.3+(0.2-0.3)×0.5]=0.8	0.8×0.7=0.56
非Ⅰ、Ⅱ级保护林地	经济发展	0.5/0.3=1.67	0.5/[0.3+(0.5-0.3)×0.2]=1.47	1.47×0.7=1.03

第四步：优化平衡（以变更为耕地为例）。

定义：多维度整体贡献比值 $= \sum_{j=1}^{n}$ 单维度整体贡献比值$_j$ × 单维度权重$_j$

当整体贡献比值≥门槛值时，考虑通过决策，高出门槛值的程度越大则方案越优。

其中，j 表示维度的种类，n 表示维度的数量。考虑到要保证地区可持续发展，用地性质变更对社会的整体贡献不能低于变更前，非建设用地性质变更门槛值定为 1.0；考虑到该地区主体功能定位为重点生态功能区，发展策略重视生态文明建设，统筹区块自然本底和空间结构等，生态文明、社会民生、政策导向、经济发展维度所占权重分别为 25%、15%、40%、20%。

评判在多维度下的整体贡献比值是否达到门槛值，决策园地变更为耕地方案的可行性（表 2）。

表 2　变更为耕地多维度整体贡献比值

变更为耕地	整体利益比值	权重	优化平衡的整体利益比值	变更建议
生态文明	1.08	25%	0.27	
社会民生	1.13	15%	0.17	
政策导向	1.21	40%	0.48	
经济发展	0.56	20%	0.11	
优化平衡		100%	1.04<1.00	可行

第五步：规划决策。

评判两种变更方案的整体贡献比值，参考用途决策方法（表 3），可规划变更为林地。

表 3 用途决策方法

多利益	优化平衡	门槛值	变更建议
变更为耕地	1.04	1	可行，良好
变更为非 I、II 级保护林地	1.09	1	可行，更优

综上所述，国土用途属性匹配是从全社会整体出发取舍整体贡献的过程，基于国土空间总体规划的规划背景、发展策略、空间布局等，综合生态、农业、社会、经济等整体贡献，决策最优的用途匹配。

3.2.2 永久基本农田的占补平衡

（1）典型困境

永久基本农田是空间保护与利用的重点空间，是保障国家粮食安全底线的核心区域，一经划定，任何单位和个人不得擅自占用或改变用途。随着我国经济发展进入新常态，城镇化建设深入推进，重大建设项目选址冲突、基本农田占优补劣、耕地后备资源分布不均、耕地补偿机制不完善等矛盾凸显，永久基本农田保护落地面临多重压力。

（2）治理路径的探索

Q 市在永久基本农田划定和管制落地中，对于一般建设项目，采取严格撤出的方案。对于已建设符合预审清单的国家、省级重大建设项目，遵循总体稳定、局部微调、应保尽保、量质并重的原则，实践基本农田占补平衡：依据土地利用变更调查、耕地质量等别评定、耕地地力调查与质量评价等成果数据，统计分析划出基本农田的数量和质量情况；根据最新的土地利用变更调查数据，充分考虑水资源承载力约束因素，明确现状耕地补划潜力空间，并核对补划潜力的数量和质量情况；按照数量不减少、质量不降低的要求，提出补划耕地清单，最终明确永久基本农田补划方案，确保永久基本农田补足补优。而对于规划占地的重大建设项目，要充分发挥用地预审源头的把控，严格限定重大建设项目的预审清单，对项目可调整性、占用必要性、合理性和补划可行性依次进行严格论证，由省级自然资源主管部门进行踏勘论证预审决策（图 3）。

在补充耕地指标调剂管理方面，Q 市积极响应国家政策[2]，以县（市、区）自行平衡为主、市域内调剂为辅落实补充耕地任务。依据各县（市、区）资源环境承载能力状况、耕地后备资源条件等，核实耕地后备资源严重匮乏、受资源环境条件约束补充耕地能力不足的地区，在生态条件允许的前提下，支持调剂耕地后备资源丰富地区的补充耕地指标，并向该地区支付补充耕地指标调剂费用，鼓励通过实施产业转移、支持基础设施建设等多种方式，对口扶持补充耕地地区，调动补充耕地地区保护耕地的积极性。

（3）占补平衡决策方法及实例分析

第一步：矛盾提出。

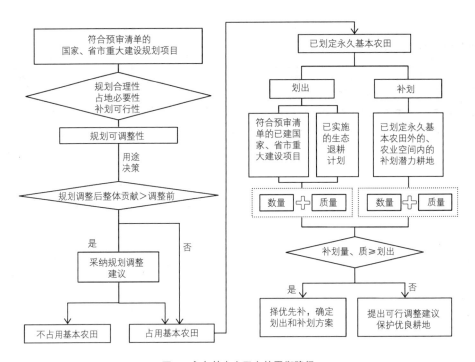

图3 永久基本农田占补平衡路径

在Q市永久基本农田保护实施期间，一省级重点规划建设项目提出占地需求，经评定符合重大建设项目的预审清单，基于建设占地合理性、必要性、补划可行性和规划可调整性的统筹分析，选取M、N两套占补基本农田方案进入预审机制：M方案占用优良耕地，难以实现补划优于划出；N方案占用稍劣耕地，但建设效益受到损耗。

第二步：逻辑判别。

基于生态文明、社会民生、政策导向、经济发展四个维度的优化平衡，选取对于社会整体贡献最大的占补平衡方案。

第三步：自存与共存（以经济维度为例）。

假设：市价的变化反映生产效率的变化，生产效率的变化是经济贡献的合理衡量。M建设用地的市价是0.8亿元/平方千米，N建设用地的市价是0.5亿元/平方千米，M拟划出耕地效益为0.3亿元/平方千米，N拟划出耕地效益为0.1亿元/平方千米，划入补偿的潜力耕地效益均为0.2亿元/平方千米。

定义：自存比值 = $\dfrac{建设用地市价+可补划耕地市价-原耕地市价}{原耕地市价+可补划耕地市价}$；

共存比值 = $\dfrac{建设用地市价+可补划耕地市价-原耕地市价}{原耕地市价+可补划耕地市价+（升值×共存系数）}$；

整体贡献比值 = 共存比值×整体贡献系数。

考虑到国土用途变更后对保留者（包括原用地服务者、周边用地和居民等）构成影响或损失，应该把增值的部分（变更后用地市价与原用地市价的差价）适量分配给原国土用途，经专家论证和公众参与，M 用地性质变更的共存系数为 0.5，N 用地性质变更的共存系数为 0.6；考虑到划出基本农田要协调农村居民生产、生活、生态品质等问题，特别要关注生态与农业健康，基本农田变更为建设用地的整体贡献系数为 0.8。

计算得出经济维度 M、N 方案整体贡献比值分别为 0.93 和 1.00，评判 M、N 选址在经济维度下的贡献。

第四步：优化平衡（以 M 方案为例）。

定义：多维度整体贡献比值 $= \sum_{j=1}^{n}$ 单维度整体贡献比值$_j \times$ 单维度权重$_j$

当整体贡献比值≥门槛值时，考虑通过决策，高出门槛值的程度越大则方案越优。

其中，j 表示维度的种类，n 表示维度的数量。考虑到要保证地区可持续发展，用地性质变更对社会的整体贡献不能低于变更前，而 M 方案不能完全契合国家政策引导，M 方案门槛值为 1.03，N 方案门槛值为 1.0；考虑到该地区主体功能定位为重点生态功能区，发展策略重视生态文明建设，统筹区块自然本底和空间结构等，生态文明、社会民生、政策导向、经济发展维度所占权重分别为 25%、15%、40%、20%。

优化平衡多维度贡献，判断 M 方案整体贡献比值是否达到门槛值，评价 M 占补方案可行性。

第五步：规划决策。

运算 M、N 两种占补方案的整体贡献比值分别为 0.96、1.03，可参考决策方法择优选取 N 占补方案，占用稍劣耕地实施占补平衡。

综上所述，永久基本农田占补决策是从全社会整体出发，最大限度满足补划优于划出的国家耕地占补政策，综合划出和补划的生态、农业、社会、经济等整体贡献，做出科学权威的用途取舍。

3.2.3 生态保护红线的"刚性"与"弹性"

（1）典型困境

生态保护红线区是生态空间内具有特殊重要生态功能、必须强制性严格保护的区域，原则上严禁不符合主体功能定位的各类开发活动，强化生态保护红线"刚性"约束，保障国家生态安全底线格局[③]。但随着社会发展、民生建设、历史文化保护等方面的需要，政府兼顾"弹性"管制的尺度把握，维系自然生态可持续和社会发展空间制衡的难度日趋加大，激励生态补偿机制尚不健全，生态保护红线落地面临诸多挑战。

（2）治理路径探索

Q 市对于符合准入清单和预审清单的已建、在建国家、省、市级重大建设项目，依据建设项目的可调整性与生态价值稳定性统筹决策项目去留，针对决策保留的建设项目，制定将环境风险降至最低程度的严格的生态保护措施。对于规划的重大建设项目，严格限定重大建设项目的准入清单和预审清单，必须对建设项目可调整性、占用必要性、合理性、环境风险进行严格论证，方可进入决策环节进行用地预审。对于历史文化建设，必须保护历史文化空间的外部结构不受破坏、文化价值不遭损毁；对于现状居住性质的历史建筑，采取人口外迁空间保护的措施，提倡将空间功能置换与生态服务或旅游服务相结合，既满足历史文化空间的保留养护，同时降低生态价值的损耗，又能解决部分外迁人口的就业问题。对于确需保护和保留的自然文化遗迹及古村落，建立专门的生态廊道，减少人为活动对周围生态环境的干扰（图4）。

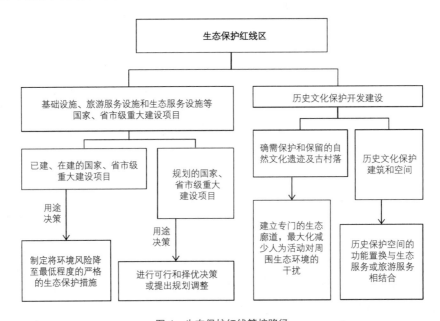

图4 生态保护红线管控路径

一个区域一旦承担生态上的分工，必然在经济社会发展方面有所损失，因此会得到政策倾斜和经济援助，而正因如此，生态补偿要兼顾环境保护和缓解贫困双赢机制的期待。Q市以生态补偿项目对生态环境服务的贡献程度为标准，优先选择最效率的生态补偿对象，尝试公平导向下对有限资源的效率分配。在生态功能地区的生态补偿方式上，一方面选择"造血"型补偿，通过对生态功能地区进行生态经济援助实行生态经济开发（王昱等，2012），从而在空间上真正实现高效可行的"限制"管制；另一方面由于生态经济的规模局限，采取人口迁移的补偿方式，并且实施就业倾斜、社会保障、教育扶持等政策手段，消弭贫困和发展的问题。

（3）建设选址决策方法及实例分析

第一步：矛盾提出。

在Q市生态保护红线保护实施期间，一省级重大建设规划项目提出占地需求，经评定符合重大建设项目的准入清单和预审清单，基于建设占地必要性和规划调整可行性的统筹分析，选取 A、B、C 三套建设方案进入预审机制：A 方案占用生态保护红线区用地；B 方案占用一般生态区用地；C 方案另行选址占用工业园区部分用地。为兼顾经济社会发展和生态文明建设，需要对建设项目选址做出取舍。

第二步：逻辑判别。

基于生态文明、社会民生、政策导向、经济发展四个维度的优化平衡，选取对于社会整体贡献最大的选址方案。

第三步：自存与共存（以经济维度为例）。

假设：市价的变化反映生产效率的变化，生产效率的变化是经济贡献的合理衡量。A 方案：建设用地的市价是 1.5 亿元/平方千米，生态保护红线区用地补偿值是 0.7 亿元/平方千米；B 方案：建设用地的市价是 1.3 亿元/平方千米，一般生态区用地补偿值是 0.4 亿元/平方千米；C 方案：建设用地的市价是 1.1 亿元/平方千米，占用工业用地的市价是 1.0 亿元/平方千米。

定义：自存比值 $= \dfrac{\text{建设用地市价}}{\text{生态补偿值}}$；

共存比值 $= \dfrac{\text{建设用地市价}}{\text{生态补偿值} + (\text{升值} \times \text{共存系数})}$；

整体贡献比值 $=$ 共存比值 $\times$ 整体贡献系数。

考虑到国土用途变更后对保留者（包括原用地服务者、周边用地和居民等）构成影响或损失，应该把增值的部分（变更后用地市价与原用地市价的差价）适量分配给原国土用途，经专家论证和公众参与，占用自然生态用地的共存系数为 0.5；考虑到占用自然生态用地要协调自然环境问题，自然生态用地变更为建设用地的整体贡献系数为 0.75，工业用地变更为建设用地的整体贡献系数为 0.95。

计算得出经济维度 A、B、C 整体贡献比值分别为 1.02、1.15、1.00，评判 A、B、C 选址在经济维度下的贡献。

第四步：优化平衡（以选址 A 为例）。

定义：多维度整体贡献比值 $= \sum_{j=1}^{n}$ 单维度整体贡献比值$_j \times$ 单维度权重$_j$

当整体贡献比值 $\geqslant$ 门槛值时，考虑通过决策，高出门槛值的程度越大则方案越优。

其中，j 表示维度的种类，n 表示维度的数量。考虑到要保证地区可持续发展，用地性质变更对社会的整体贡献不能低于变更前，占用自然生态用地门槛值定为 1.0；考虑到该地区主体功能定位为重点生态功能区，生态文明、社会民生、政策导向、经济发展维度所占权重分别为 35%、15%、30%、20%。

评价 A 选址在多维度下的整体贡献比值是否达到门槛值，判断 A 方案可行性。

第五步：规划决策。

运算 A、B、C 三种选址方案的整体贡献比值分别为 0.83、1.00、1.08，可参考决策方法择优选取

C 选址方案，不占用生态空间。

综上所述，生态保护红线区管制的弹性尺度，在生态与政策的刚性约束下取决于规划项目是否为社会提供更多贡献，这是公众参与生态文明和社会发展实现优化平衡的过程。

3.2.4　城镇开发边界的"弹性"机制

（1）典型困境

城镇开发边界是规划期内城市、建制镇和开发园区的建设范围，是指导中心城区及镇区规划建设的依据，具有控制城市无计划蔓延和引导城市未来空间拓展的双重作用；从理论角度看，城镇开发的"刚性"边界是预测城市所能达到的最终合理规模而划定的，但实际上，城镇开发边界还必须兼顾不同时期城镇建设开发的动态性和阶段性，以及空间发展的不确定性，甚至一些偶然"大事件"也会对开发边界产生巨大影响（如 Q 市在 2018 年发生石化产品碳九泄漏事件，引发系列生态环保反馈机制及石化开发区评估机制建设与完善），这就要求城镇开发边界需要保持一定的"弹性"特征，合理引导国土空间的开发、再开发与应急机制。因此，城镇开发边界是兼具"刚性"和"弹性"属性边界，其"刚性"应体现在一定期限内城镇建设的发展边界和规模约束力，而"弹性"体现在布局形态、开发内涵以及阶段性控制边界。

（2）治理路径的探索

Q 市国土空间总体规划改革提出了"刚性边界、弹性布局"的改革思路。

在时间维度上，建立城镇开发边界动态评估与调整机制，与经济和社会发展的规划期限相衔接，在一定的发展阶段内，城镇空间增长不能突破其界限，而在下一阶段内结合新一轮国民经济与社会发展规划工作，对城镇开发边界的实施情况进行评估，针对城市发展需求与城镇开发边界之间的矛盾，对边界进行修正，以期更好地适应城市的诉求。从城市发展的整体过程看，时间维度的"弹性"边界随着城市发展、政策引导、经济社会而优化调整，着重处理城市发展的动态性、复杂性和难预见性，又在规划期内具有一定的"刚性"约束力。

在空间维度上，主要通过两个方法解决"弹性"需求。①以城镇开发建设预留区作为"弹性"空间，当城镇开发边界内的用地布局需要调整时，在不突破规划期城镇建设用地总规模的前提下，采取用地指标"用一补一""控制动量"等布局调整政策，按程序在城镇开发建设预留区内进行调整置换；从我国国情以及各地的经验值来看，规划期内调整幅度不大于规划期城镇建设用地总规模的 15%，且不得占用永久基本农田与突破生态保护红线、不得自行调整城市主要发展结构方向、不得随意调整重要民生基础设施、避免"蛙跳式"发展等。②在开发边界内做足"留白"空间，以集约高效为基本原则，将部分功能性不强、不集约、不高效的土地规划为"动态建设"的留白空间，保留其建设功能但不界定其建设性质，且保持总量动态平衡；在主导产业变化、新兴产业培育、重大项目落地、应急事件腾挪等空间需求时，提供必要且充足的弹性空间。

（3）置换调整决策方法及实例分析

第一步：矛盾提出。

在 Q 市城镇开发边界落地管理期间，一省级重大建设规划项目提出扩展工业建设用地需求，需占用城镇开发建设预留区用地。基于城镇开发边界置换调整幅度不得大于规划期城镇建设用地总规模15%的原则，统筹分析建设占地必要性和用地置换调整可行性，选取 E、F 两套用地置换方案：E 方案工业建设向东延展占用一般耕地，在边界内以建设用地补偿耕地；F 方案工业建设向东南延展占用园地，在边界内以建设用地补偿园地。为兼顾经济社会发展和生态文明建设，需要对城镇开发边界弹性置换调整做出取舍。

第二步：逻辑判别。

基于生态文明、社会民生、政策导向、经济发展四个维度的优化平衡，选取对于社会整体贡献最大的置换调整方案。

第三步：自存与共存（以经济维度为例）。

假设：市价的变化反映生产效率的变化，生产效率的变化是经济贡献的合理衡量。延展工业用地的市价是 1.5 亿元/平方千米，E 方案占用一般耕地用地补偿值是 0.6 亿元/平方千米，置换建设用地的市价是 1.1 亿元/平方千米；F 方案占用园地用地补偿值是 0.5 亿元/平方千米，置换建设用地的市价是 1.1 亿元/平方千米。

定义：自存比值 $= \dfrac{\text{工业用地市价} + \text{耕地补偿值}}{\text{原建设用地市价} + \text{原耕地补偿值}}$;

共存比值 $= \dfrac{\text{工业用地市价} + \text{耕地补偿值}}{\text{原建设用地市价} + \text{原耕地补偿值} + (\text{升值} \times \text{共存系数})}$;

整体贡献比值 $=$ 共存比值 $\times$ 整体贡献系数。

考虑到国土用途变更后对保留者（包括原用地服务者、周边用地和居民等）构成影响或损失，应该把增值的部分（变更后用地市价与原用地市价的差价）适量分配给原国土用途，经专家论证和公众参与，建设用地与园地、耕地置换调整的共存系数均为 0.5；考虑到占用自然生态用地要协调自然环境问题，城镇开发边界用地置换调整的整体贡献系数为 0.92。

计算得出经济维度 E、F 贡献比值分别为 1.01、1.02，评判 E、F 置换调整方案在经济维度下的贡献。

第四步：优化平衡（以 E 调整方案为例）。

定义：多维度整体贡献比值 $= \sum_{j=1}^{n} \text{单维度整体贡献比值}_j \times \text{单维度权重}_j$

当整体贡献比值≥门槛值时，考虑通过决策，高出门槛值的程度越大则方案越优。

其中，j 表示维度的种类，n 表示维度的数量。考虑到要保证地区可持续发展，用地性质变更对社会的整体贡献不能低于变更前，城镇开发边界用地置换调整门槛值定为 1.0；考虑到该地区主体功能定位为优化开发区，生态文明、社会民生、政策导向、经济发展维度所占权重分别为 20%、15%、35%、30%。

评价 E 置换调整在多维度下的整体贡献比值是否达到门槛值，判断 E 方案可行性。

第五步：规划决策。

运算 E、F 两种置换调整方案的整体贡献比值分别为 1.03、1.06，可参考决策方法择优选取 F 置换方案，以置换预留区园地的方式调整城镇开发边界。

综上所述，城镇开发边界管制的弹性空间理性尺度，取决于置换调整是否为社会提供更多贡献，在刚性约束中给定弹性空间尺度标准。

4 完善体制机制，推进"三线"落实

"三线"划定基于逻辑理性，但落实重在管理，应从管控要求、制度保障和评估调整等各个方面建立完善的、综合的政策工具，发挥国土空间开发保护的底线约束作用。

第一，制定差异化综合管制要求。空间管制实行分级管制，重点管制空间开发建设行为，制定三级空间管制规则体系：一级管制为三大空间管制，以开发强度指标上限为基础，明确"三区"管制要求，强化开发保护原则和廊道管制；二级管制为六类分区管制，根据"三线"将"三区"划分为六类分区，并根据六类分区的主体功能定位和保护重要程度差异，明确空间开发建设行为的准入条件和要求，以实现区域差异性管制；三级管制为土地用途管制，重点针对耕地、林地、园地、牧草地、水域、城镇建设用地和村庄建设用地等制定土地用途管制措施，从现状管制、规划管制、审批管制和开发管制等方面提出管制要求，强调用途转用的管制原则和补偿机制。

第二，配套统一衔接的政策体系。我国的制度国情和资源国情决定了国土空间规划必须与行政管理相衔接，贯彻落实国家规划意志，为市场主体的空间开发利用行为划圈定界，促进各种管理主体的协同管制。纵向上，省级国土空间总体规划主要通过战略布局、功能定位、指标分配和名录清单对空间进行管制，县市级国土空间总体规划则以指标、边界、名录管制和布局引导为主要内容，健全纵向相关部门之间信息互通、资源共享、协调联动的工作机制；横向上，统一行使用途管制部门的权责划分，基于协同规划基础，明确各类开发保护边界，将开发保护内容落实到具体地块，结合自然资源、发改、生态环境、农业农村、水利和交通运输等部门的职责分工，划定部门管理事权边界，确保各类用地的边界用途管制与部门管理职责协调一致。

第三，建立动态与定期相结合的评估和调整机制。建议开展生态保护红线、永久基本农田保护红线、城镇开发边界的"年度自查、五年调整"机制：与市级国土空间总体规划"一年一体检，五年一评估"工作联动，"年度自查"，即结合部门年度考核，开展年度定期核查与评价，动态监测红线任务落实情况，发现问题依法依规处理；"五年调整"，即以五年为周期进行评估调整，与经济和社会发展规划相同步衔接，确实需要进行微调或较大调整的，将评估成果作为市县国土空间总体规划实施评估报告的一部分，报上一级人民政府审批；若在五年期内，因不可预期的重大事件产生调整要求的，可进行专项评估并提出调整方案，报上一级人民政府审批。

5 结语

基于城市人理论的空间管制决策方法，倡导并践行自存与共存理念，以期为规划管理部门提供一套权威理性的决策工具，实现以人为本的国土空间匹配与保护利用。决策者需要站在区域管理者的立场，统筹各个国土空间匹配的信息、价值、期望和选择，维护国家整体权益，寻求区域发展与生态可持续的最优解。此外，可采取以下手段提高决策方法的科学权威：①通过咨询、论证、调研和公共参与，以及软件设计和相关指标预定，提升规划管理的科学性、量化度和权威性；②公开相关系数与指标，提高规划决策和实施的透明、公正和效率；③同步法规建设，提升规划管理的法理性。

Q市国土空间总体规划"三线"管制探索表明，国土空间管制要适应地域空间需求，制定切实可行的管制规则与措施。依据"城市人"自存与共存理念，聚焦于在土地空间的使用与分配中各用途利益之间的矛盾和互补，规范强化政府的调控决策，鼓励土地利用向社会、经济、生态等整体贡献最优的方向转移，最终实现国土空间开发与资源环境承载能力相互匹配、生态文明与城市发展共同推进的新局面。

注释

① 《关于统一规划体系更好发挥国家发展规划战略导向作用的意见》，中共中央、国务院，2018年11月。
② 《中共中央 国务院关于加强耕地保护和改进占补平衡的意见》，中共中央、国务院，2017年1月。
③ 《关于划定并严守生态保护红线的若干意见》，中共中央、国务院，2017年2月。

参考文献

[1] 蔡玉梅, 陈明, 宋海荣. 国内外空间规划运行体系研究述评[J]. 规划师, 2014, 30(3): 83-87.
[2] 程永辉, 刘科伟, 赵丹, 等. "多规合一"下城市开发边界划定的若干问题探讨[J]. 城市发展研究, 2015, 22(7): 52-57.
[3] 顾朝林. 论我国空间规划的过程和趋势[J]. 城市与区域规划研究, 2018, 10(1): 60-73.
[4] 胡飞, 何灵聪, 杨昔. 规土合一、三线统筹、划管结合——武汉城市开发边界划定实践[J]. 规划师, 2016, 32(6): 31-37.
[5] 黄明华, 寇聪慧, 屈雯. 寻求"刚性"与"弹性"的结合——对城市增长边界的思考[J]. 规划师, 2012, 28(3): 12-15+34.
[6] 黄征学, 祁帆. 从土地用途管制到空间用途管制: 问题与对策[J]. 中国土地, 2018(6): 22-24.
[7] 梁鹤年. 再谈"城市人"——以人为本的城镇化[J]. 城市规划, 2014, 38(9): 64-75.
[8] 廖威, 苗华楠, 毛斐, 等. "多规融合"的宁波市域国土空间规划编制探索[J]. 规划师, 2017, 33(7): 126-131.
[9] 林坚, 陈诗弘, 许超诣, 等. 空间规划的博弈分析[J]. 城市规划学刊, 2015(1): 10-14.
[10] 邱杰华, 何冬华. 多方博弈下的佛山市南海区"多规合一"空间管制实施路径[J]. 规划师, 2017, 33(7): 67-71.
[11] 邵一希. 多规合一背景下上海国土空间用途管制的思考与实践[J]. 上海国土资源, 2016, 37(4): 10-13+17.
[12] 沈洁, 林小虎, 郑晓华, 等. 城市开发边界"六步走"划定方法[J]. 规划师, 2016, 32(11): 45-50.

[13] 孙安军. 空间规划改革的思考[J]. 城市规划学刊, 2018(1): 10-17.

[14] 孙卓. 国内外空间规划研究进展与展望[J]. 规划师, 2015, 31(S1): 207-210.

[15] 王旭阳, 黄征学. 他山之石: 浙江开化空间规划的实践[J]. 城市发展研究, 2018, 25(3): 26-31.

[16] 王昱, 丁四保, 卢艳丽. 基于我国区域制度的区域生态补偿难点问题研究[J]. 现代城市研究, 2012, 27(6): 18-24.

[17] 许景权. 空间规划改革视角下的城市开发边界研究: 弹性、规模与机制[J]. 规划师, 2016, 32(6): 5-9+15.

[18] 宣晓伟. "多规合一"改革中的政府事权划分[J]. 城市与区域规划研究, 2018, 10(1): 74-92.

[19] 杨玲. 基于空间管制的"多规合一"控制线系统初探——关于县(市)域城乡全覆盖的空间管制分区的再思考[J]. 城市发展研究, 2016, 23(2): 8-15.

[20] 杨秋惠. 空间发展、管制与变革——国内外"城市开发边界"发展评述及启示[J]. 上海城市规划, 2015(3): 46-54.

[21] 张建平. 我国国土空间用途管制制度建设[J]. 中国土地, 2018(4): 12-15.

[22] 张勤, 华芳, 王沈玉. 杭州城市开发边界划定与实施研究[J]. 城市规划学刊, 2016(1): 28-36.

[23] 张永姣, 方创琳. 空间规划协调与多规合一研究: 评述与展望[J]. 城市规划学刊, 2016(2): 78-87.

[24] 郑娟尔, 周伟, 袁国华. 对"三线"协同划定技术和管控措施的思考[J]. 中国土地, 2016(6): 28-30.

[欢迎引用]

魏伟, 刘畅. "城市人"视角下国土空间"三线"管制方法探索[J]. 城市与区域规划研究, 2020, 12(2): 200-216.

WEI W, LIU C. An exploration on the implementation path and decision-making method of "Three-Line" control from the perspective of "Homo Urbanicus" [J]. Journal of Urban and Regional Planning, 2020, 12(2): 200-216.

核心城市引力作用与土地扩张耦合效应研究：
以长三角地区为例

李　帆　李效顺　魏旭晨　蒋冬梅

Study of Core City Attraction and Land Expansion Coupling Effects: Based on Yangtze River Delta Region

LI Fan, LI Xiaoshun, WEI Xuchen, JIANG Dongmei
(School of Public Policy & Management, China University of Mining and Technology, Xuzhou 221116, China)

Abstract　In the background of rapid land expansion of core cities and multi-center network of urban agglomeration, it is of great practical significance to explore the internal relation between the urban attraction and land expansion of core cities. By improving the attraction model and constructing the coupling model, the coupling effect of attraction and land expansion of core cities is studied. The results of the study indicate that: ① The coupling of different indicators shows that the coupling effect between urban mutual attraction and construction land expansion intensity is strong. ② Phase-coupling analysis shows that, with the development of the core city from the beginning to maturity, the mutual attraction first strengthened and then weakened and finally stabilized, during which process the coupling effect with the expansion of construction land was gradually strengthened. ③ Attraction grading results show that in the rapid expansion of the city in the past decade, Shanghai and Suzhou had strong mutual attraction, while Hangzhou had strong radiation attraction to Suzhou and Shanghai.

Keywords　construction land expansion; coupling analysis; urban attraction; core city

摘　要　在核心城市土地迅速扩张及城市群多中心网络化背景下，探究核心城市引力作用与土地扩张的内在联系具有重要现实意义。文章通过改进引力模型和构建耦合度模型等对核心城市引力作用与其土地扩张的耦合效应进行研究，结果表明：①不同指标耦合显示，城市相互引力与建设用地扩张强度耦合效应较强；②阶段耦合分析发现，伴随核心城市发展由起步走向成熟过程中，其相互作用引力先增强后减弱最终趋于稳定，并与建设用地扩张耦合效应逐渐加强；③引力分级结果表明，耦合效应较强阶段，上海和苏州的相互引力较强，杭州对苏州和上海的辐射引力较强。

关键词　建设用地扩张；耦合分析；城市引力；核心城市

1　引言

　　核心城市是指在城市区域集合体中起到辐射作用，在经济、文化、政治等各方面起到核心作用的城市。核心城市土地扩张是国内外学界、公众和政府共同关注的热点话题。目前对于城市扩张的探究多停留在单个城市层面，并且大都仅考虑城市自身因素，而随着时代的发展，城市群中不仅存在单中心与周围腹地的作用，逐渐出现了多中心网络化发展态势（孙斌栋等，2017）。在这种背景下，核心城市作为人流、物流、信息流等的频繁流动区，城市之间的人员工作、旅游或者两个城市公司之间的合作等各方面促进了核心城市经济、人口的快速发展。但是，为容纳

作者简介
李帆、李效顺、魏旭晨、蒋冬梅，中国矿业大学公共管理学院。

更多人口，满足与其他城市各方面的联系，核心城市土地扩张问题也更为突出，带来人口、生态等各方面的压力和挑战（孙阳等，2016；杨天荣等，2017）。

因此，城市相互作用与核心城市土地扩张的定量关系值得我们深入探究。引力模型是研究空间相互作用的重要工具。"零售引力定律"的提出是引力模型第一次应用到地理学之中（Reilly，1929）。随后，引力模型被学者用于研究城市空间相互作用，城市的组团发展分析以及人口迁移等问题（Zipf，1946；钱春蕾等，2015；聂琦，2018）。目前对于城市相互作用与城市土地扩张之间的关系研究较少，已有研究表明，城市间相互作用对城镇用地的扩张存在正向或者负向的显著影响（张荆荆，2014；焦利民等，2016），这种空间相互作用包括人口迁移和地区潜力等指标，并且与城市间的距离存在对应关系（Vaz et al.，2015；石煜，2015）。已有文献为我们提供了很好的研究基础和参考价值，在此基础上，本研究通过城市相互引力与其土地扩张之间的耦合效应研究，进一步探究在核心城市发展不同阶段城市相互作用与核心城市土地扩张的内在联系。

鉴于此，本文选取我国唯一的世界级城市群长三角地区及其上海、苏州和杭州三个核心城市进行探究。在2017年中国百强城市排行榜中，上海、杭州和苏州分别位列第二、第六和第七，且连续三年保持不变，是长三角城市群人口、经济集聚的核心城市。其中，上海是长三角的中心城市，苏州是长三角实力最强的地级市，杭州2008年以来通过经济转型成为长三角最具创新创业活力的城市。与已有文献不同的是，本研究在识别和提取城市建设用地的基础上，通过改进引力模型和构建耦合度模型，首先探究城市之间的空间相互作用强度，进而定量判断不同阶段城市建设用地扩张与城市相互引力的耦合效应，研究结果能够为城市群尤其是核心城市土地扩张调控政策创新提供决策参考和定量依据。

2 数据来源与研究方法

2.1 数据来源

本研究区位于中国东部长三角地区，所用主要数据包括城市建设用地数据以及城市综合实力评价指标数据（表 1）。城市建设用地数据首先通过地理空间数据云（http://www.gscloud.cn/）获得 1997年、2007年 Landsat 5 TM 影像和 2017 年 Landsat 8 OLI 影像，然后采用三指数合成法和监督分类方法结合提取，最后下载高分辨率影像对其进行分类后处理。城市综合实力评价指标数据通过《中国城市统计年鉴》查询获取。

2.2 研究方法

2.2.1 引力模型

根据空间相互作用定律，两个城市之间的引力与城市质量成正比，与城市间的距离成反比。通过

表 1 城市综合实力评价指标体系

目标层	准则层	指标层	单位
城市综合实力	城市规模水平	全市总人口	万人
		建成区面积	平方千米
		从业人员总数	人
	城市经济水平	全市人均 GDP	元
		公共财政收入	万元
		工业总产值	万元
		社会消费品零售总额	万元
		固定资产投资总额	万元
		第二产业占 GDP 比重	%
		第三产业占 GDP 比重	%
	设施保障水平	普通高等学校数量	个
		医疗卫生机构床位数	张
		城市维护建设资金支出	万元
		人均城市道路面积	平方米
	社会发展水平	客运量	万人
		货运量	万吨
		城镇职工基本养老保险参保人数	人
		城镇职工基本医疗保险参保人数	人
		在岗职工平均工资	元
	生态建设水平	人均绿地面积	平方米
		建成区绿化覆盖率	%
		生活垃圾无害化处理率	%
		污水处理率	%
	软环境建设水平	空气质量指数	—
		交通拥堵指数	—

注：考虑近年来软环境建设迅速得到重视，2016 年进行城市综合实力评价时新增软环境指标；本文分析的是全市建设用地面积变化情况与城市相互引力的耦合效应，故选取评价城市综合实力数据口径为全市社会经济指标。

城市质量、城市间距离以及引力常量三个基本指标构建引力模型，可以计算城市间的相互作用强度。在传统引力模型的基础上，本文通过主成分分析法对城市综合质量进行评价，在参考已有文献的基础上，新增加软环境评价指标构建城市综合实力评价指标体系（冯兴华等，2017）；对于城市距离，可通过交通成本和时间综合计算（郭源园等，2012），对于不同交通方式的权重尚无明确定义，城市之间的联系主要通过频繁的人口和物品流动，不同交通工具的旅客和货物周转量体现了其在各个城市之间的联系强度。由于市级层面不同交通方式周转量较难获取，本文根据《2017 年交通运输行业发展统计公报》全国铁路、公路和水路的旅客及货物周转量平均水平确定三种交通方式的权重；对于引力常量，通常认为是 1，本文通过断裂点模型对其修正以区分两个城市之间的相互引力。引力模型的基本形式为：

$$F = G \frac{m_1 m_2}{r^\lambda} \tag{1}$$

式（1）中，F 表示城市间引力；m_1、m_2 分别表示两个城市的综合质量；r 表示两个城市之间的距离，全国层面上距离指数 $\lambda=1$，省级层面上 $\lambda=2$（顾朝林、庞海峰，2008），由于本文研究区为整个长三角城市群，跨省级行政区，因此选取 $\lambda=1$。

（1）基于主成分分析法的城市综合实力评价

本文通过构建城市综合实力评价指标体系计算城市质量，根据选取指标科学性、合理性、可获取性、代表性以及可量化性等原则，从城市规模水平、城市经济水平、设施保障水平、社会发展水平、生态建设水平以及软环境建设水平六个方面选取了 25 个指标构建城市综合实力评价指标体系（表 1），并通过 SPSS 软件运用主成分分析法对城市综合实力进行评价。

（2）城市间距离计算

城市之间的联系与交通网络有着重要的关系，本文通过交通成本和时间成本对距离进行修正，得到如式（2）所示的距离计算模型：

$$r = \sum_{m=0}^{n} (\lambda_{ij-m} C_{ij-m} T_{ij-m}) \tag{2}$$

式（2）中，r 为城市间距离；λ_{ij-m}、C_{ij-m} 和 T_{ij-m} 分别为城市 i 到城市 j 的第 m 种交通方式的权重、交通成本和时间。考虑到城市群范围，不考虑航空交通方式。当两地之间某种交通方式存在多个班次时，根据最短时间原则进行选取。本文通过高德地图和百度地图对公路与铁路的交通成本及时间进行查询，从而获得两种交通方式综合得分。2006 年，上海、杭州、南京、宁波建立通关一体化数据平台，促进了长三角各港口的发展，这之前仅有上海港发展较好，故本文在 2006 年以后考虑水运交通，通过查询各城市港口吞吐量计算水路得分。根据全国铁路、公路、水路的旅客和货物周转量确定三种交通方式的权重分别为 0.36、0.38 和 0.26。

（3）基于断裂点模型的引力常量修正

断裂点模型是判断核心城市辐射影响腹地范围的重要方法。断裂点位于两个城市之间，断裂点值越大，说明核心城市对其影响更大，断裂点也就更接近于另一个城市（赵正等，2017）。本文认为可通过断裂点模型区分两个城市间的相互作用引力，断裂点模型如式（3）所示：

$$d_{ik} = d_{ij} / (1 + \sqrt{m_j / m_i}) \tag{3}$$

式中，d_{ik} 表示断裂点 K 距离核心城市 i 的距离；d_{ij} 表示 i 城市和 j 城市之间的距离；m_i 和 m_j 分别表示 i 城市和 j 城市的质量。

2.2.2　三指数合成法

三指数合成法对单纯地根据归一化建筑指数（NDBI）值提取建设用地的方法进行改进，构建归一化建筑指数（NDBI）、归一化水体指数（MNDWI）和归一化植被指数（NDVI）三指数；通过假彩色合成，对图像进行增强处理，将影像中覆盖最广的三种地物建筑物、水体和植被突出显示，有利于城市建设用地的提取（陈可欣等，2016）。三个指数的波段计算式如下：

$$NDBI = \frac{MIR - NIR}{MIR + NIR} \tag{4}$$

$$MNDWI = \frac{G - MIR}{G + MIR} \tag{5}$$

$$NDVI = \frac{NIR - R}{NIR + R} \tag{6}$$

式中，MIR 为中红外波段光谱反射率；NIR 为近红外波谱光谱法反射率；G 为绿波段光谱反射率；R 为红波段光谱反射率。

2.2.3　城市建设用地扩张定量分析指标

本文通过城市面积增长指数和城市扩张强度指数进行城市建设用地扩张定量分析。城市面积增长指数可以表示城市建设用地平均每年的变化量，城市扩张强度指数表示城市建设用地平均每年的增长速度。二者计算模型如式（7）和（8）所示：

$$UGI = \frac{U_b - U_a}{T} \tag{7}$$

$$UII = \frac{U_b - U_a}{U_a} \times \frac{1}{T} \times 100\% \tag{8}$$

式中，UGI 表示城市面积增长指数；UII 表示城市建设用地扩张强度；U_a、U_b 分别表示研究初期和研究末期城市建设用地的数量；T 为研究时长。

2.2.4　耦合度模型

耦合度模型是用来研究多个不同系统之间存在的相互作用强度的模型（张引等，2016），在传统耦合度模型的基础上，本文构建的耦合模型如式（9）所示：

$$C = \{(U_1 \times U_2) / [(U_1 + U_2)(U_1 + U_2)]\}^{1/2} \tag{9}$$

式中，C 表示耦合度；U_1、U_2 分别表示两个系统的指标值。耦合度系数 C 的值在 $0 \sim 1$ 之间变动，C 的值越大，代表耦合度越高。

3 实证分析

3.1 城市建设用地提取及其特征分析与引力测算

3.1.1 城市建设用地提取及其特征分析

在对城市地类分类的基础上，通过 ArcGIS 可对地类的面积大小进行统计，上海、苏州和杭州建设用地面积变化趋势如图 1 所示。

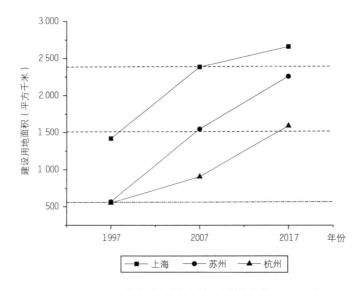

图 1　核心城市建设用地面积趋势变化

城市扩张是城市空间演化直接表现形式之一（李闻榕等，2018）。从扩张规模上看，1997 年，上海市建设用地面积是苏州的 2.5 倍，是杭州的 2.2 倍，杭州与苏州建设用地面积相差不大；上海市 1997 年、苏州市 2007 年和杭州市 2017 年建设用地面积基本处于同一水平；上海市 2007 年和苏州市 2017 年建设用地面积基本处于同一水平。从扩张速率上看，1997～2007 年上海和苏州扩张速率相当，杭州扩张速率远小于苏州和上海；杭州 2007～2017 年扩张速率迅速增长，与苏州 2007～2017 年扩张速率相当，苏州 2007～2017 年扩张速率略小于 1997～2007 年；杭州 1997～2007 年和上海 2007～2017 年扩张速率均比较慢。

经济增长和产业结构变化是影响城市扩张的重要因素。本文通过三个城市 1997～2016 年 GDP 变化和产业结构变化分析其城市扩张动因。从图 2 可以看出，1997～2007 年，苏州市 GDP 增速最快。改革开放以来，苏州乡镇企业异军突起，20 世纪 90 年代以后，尤其是邓小平同志 1992 年南巡讲话后，苏州大力进行开发区建设，从 1992 年仅有的 2 个开发区企业增加到 2007 年的 631 个，通过科技推动和技术发展，大力发展外向型经济，进入经济发展快速增长期，2004 年 GDP 位列全国第四（曹彦斌，2018），2007 年 GDP 超过 5 000 亿元；2007～2016 年，杭州市的 GDP 增长最快，2007 年杭州服务业增加值总量占 GDP 比重全面超越工业，2008 年杭州提出"服务业优先发展"战略，通过经济转型经济实力和综合地位大幅提高，高新技术产业蓬勃发展，逐渐成为中国电子商务之都和创新创业的先锋城市。

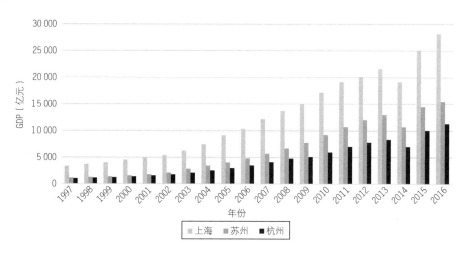

图 2　1997～2016 年上海、苏州、杭州地区生产总值变化

从图 3 可以看出，上海市 1997～2004 年第二产业和第三产业比重基本一致，第二产业略微超过第三产业，2005 年第三产业比重超过第二产业，之后第三产业逐步大幅度超过第二产业；苏州市 1997～

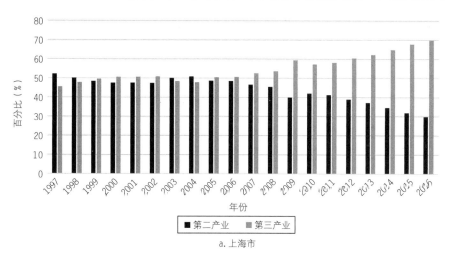

a. 上海市

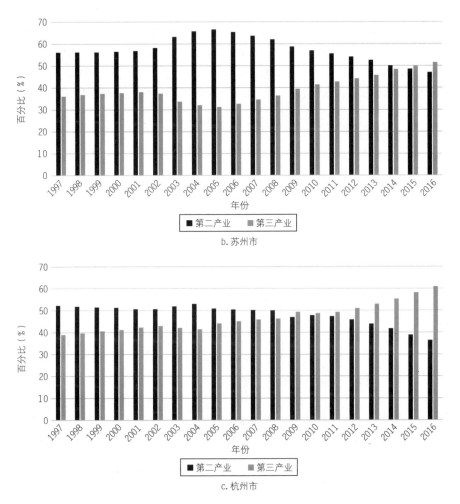

图 3　1997～2016 年上海、苏州、杭州二、三产业比重变化

2014 年第二产业比重都大于第三产业，尤其是 2003～2007 年，第二产业比重大幅度领先于第三产业，是促进苏州市经济远远领先于其他城市的主导产业，2015 年第三产业比重超越第二产业，逐渐进入后工业化时代；杭州市 1997～2008 年第二产业略微超过第三产业，相比上海和苏州，其经济发展较慢，但其从 2009 年开始第三产业比重就超越第二产业，2012 年以后差异明显，成为促进城市经济迅速增长的主导产业。

　　通过对上海、苏州和杭州 1997～2017 年城市扩张趋势、1997～2016 年 GDP 增长趋势及其二、三产业结构变化进行综合分析，可将核心城市发展划分为三个阶段：第一阶段类似于苏州 1997～2007 年和杭州 1997～2017 年，城市 GDP 增速较快，主导产业优势明显，城市扩张速率快；第二阶段类似于上海 1997～2007 年和苏州 2007～2017 年，GDP 增速有所减慢，主导产业优势减弱，城市扩张略为减慢；第三阶段类似于上海市 2007～2017 年，城市发展进入一个成熟阶段，城市核心地位稳定，城市扩张较慢，基本稳定不变。

根据式（7）和式（8），计算得到上海、苏州和杭州 1997～2017 年三个分时间段的城市面积增长指数和城市建设用地扩张强度（表2）。

表2　1997～2017 年核心城市建设用地变化动态度

		1997～2007 年	2007～2017 年	1997～2017 年
上海	UGI（km²/a）	96.67	27.49	124.16
	UII（%）	6.81	1.15	8.75
苏州	UGI（km²/a）	98.23	70.79	169.02
	UII（%）	17.29	4.57	29.75
杭州	UGI（km²/a）	35.58	68.73	104.31
	UII（%）	6.46	7.58	18.93

由表2可以看出，三个城市 1997～2007 年，苏州城市建设用地的扩张速度和扩张强度均最大，上海扩张速度大于杭州，但其扩张强度基本一致；2007～2017 年，苏州和杭州的扩张速度基本一致，杭州的扩张强度大于苏州，上海的扩张速度和扩张强度均比较低。

单个城市来看，上海 1997～2007 年发展迅速，2007～2017 年建设用地面积基本浮动不大，进入稳定阶段；苏州同样是 1997～2007 年发展迅速，2007～2017 年扩张速度略微下降，扩张强度显著下降；杭州 2007～2017 年发展迅速，扩张速度显著提升，扩张强度略为提高。

3.1.2　城市引力测算

2001 年我国加入 WTO，标志着我国对外开放进入了一个新的格局，在其推动下，金融国际化进程进一步加快，对外出口总额进一步增加，我国城市建设有了快速的发展；国家"十一五""十二五""十三五"连续三个五年规划均把城市群作为推进新型城镇化的空间主体，对我国城市群的建设有着重要的指导意义，促进了城市群的发展。2006 年我国"十一五"规划提出要坚持大中小城市和小城镇协调发展推进城镇化；2011 年我国"十二五"规划提出按照统筹规划、合理布局、完善功能、以大带小的原则，遵循城市发展客观规律，以大城市为依托，以中小城市为重点，逐步形成辐射作用大的城市群，促进大中小城市和小城镇协调发展；2016 年我国"十三五"规划提出以城市群为主体构建大中小城市和小城镇协调发展的城镇格局（方创琳，2018）。因此，我们选择 2001 年、2006 年、2011 年和 2016 年四个我国重要的转折期计算城市相互引力。通过式（1）可以计算核心城市与城市群其他城市的相互作用引力，相加可以得到三个城市总的辐射引力和总的周边引力大小。2001 年、2006 年、2011 年、2016 年核心城市辐射引力大小和周边引力大小结果如表3、表4所示。

表 3　核心城市辐射引力大小

城市	2001 年	2006 年	2011 年	2016 年
上海	1.620	2.700	2.097	1.641
苏州	0.552	1.539	1.056	0.898
杭州	0.902	0.207	1.022	1.030

表 4　核心城市周边引力大小

城市	2001 年	2006 年	2011 年	2016 年
上海	0.868	1.235	0.937	1.012
苏州	0.576	1.014	0.736	0.808
杭州	0.595	0.892	0.770	0.782

从表 3 和表 4 可以看出，上海与其他城市的相互作用引力最大；苏州和上海与周边城市的相互作用引力均呈现先增加后减小的趋势，2006 年达到最大值；杭州辐射引力先减小后再增大，周边引力先增大后减小，2006 年周边城市对其引力达到最大值。

3.2　核心城市建设用地扩张与城市引力耦合分析

城市建设用地扩张强度可以体现研究时段内建设用地面积变化率，分别将上海、苏州和杭州 2001 年、2006 年城市引力与 1997～2007 年建设用地扩张强度进行耦合分析，2011 年、2016 年城市引力与 2007～2017 年建设用地扩张强度进行耦合分析，可以发现，城市相互引力与建设用地扩张强度整体耦合度比较高。辐射引力与建设用地扩张强度耦合度在第一阶段、第二阶段和第三阶段分别为 0.17～0.33，0.37～0.45 和 0.48～0.49，城市周边引力与建设用地扩张强度耦合度在第一阶段、第二阶段和第三阶段分别为 0.18～0.33，0.32～0.45 和 0.49～0.50。伴随核心城市发展由起步走向成熟过程中，二者耦合效应逐渐加强。在核心城市发展第一阶段，城市引力逐渐加强，城市扩张迅速，耦合效应较弱，城市扩张的影响因素最为复杂，城市相互引力对其解释力度相对较小；在核心城市发展第二阶段，城市引力保持在较高水平，略微浮动，城市扩张依旧较快，耦合效应较强；在核心城市发展第三阶段，城市引力保持在较高水平或者由于核心城市增多略微下降，城市扩张减慢，耦合效应加强。

从图 4 可以看出，上海城市相互引力与建设用地扩张强度耦合度远高于其他两个城市，苏州在后期阶段略高于杭州，可见在相同的年份，上海发展最快，其次是苏州和杭州。整体来看，上海和苏州呈现逐渐加强的趋势，杭州市 2006 年辐射引力与建设用地扩张强度耦合度最小，而周边引力与建设用地扩张强度耦合度最大，在前文分析中，杭州在 2006 年对其他城市辐射引力最小，表明杭州 2001～2006 年在长三角地区经济发展中并没有突出的优势，相对综合实力减弱，而周边城市对其影响较大，

2006～2016 年杭州建设用地扩张强度增强，综合实力也大幅提升，辐射引力大小与建设用地扩张强度的耦合效应也达到了较高水平。

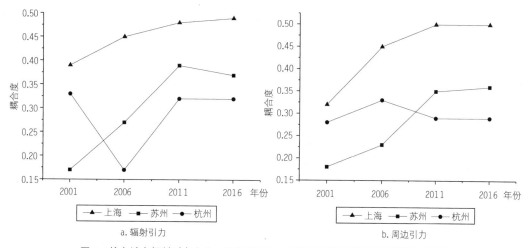

图 4　核心城市辐射引力大小、周边引力大小与城市建设用地扩张强度耦合度变化

　　城市面积增长指数可以反映平均每年建设用地增长面积，通过计算上海、苏州和杭州 2001 年、2006年、2011 年和 2016 年城市相互引力与平均每年建设用地增长面积的耦合度，发现整体耦合度偏低。城市辐射引力与建设用地面积增长指数耦合度在第一阶段、第二阶段和第三阶段分别为 0.07～0.16，0.11～0.16 和 0.23～0.26；城市周边引力与建设用地面积增长指数耦合度在第一阶段、第二阶段和第三阶段分别为 0.08～0.15，0.09～0.11 和 0.23～0.26。可见，城市相互引力与建设用地扩张强度的耦合度大于与平均每年建设用地增长面积的耦合度，伴随城市发展逐渐成熟和稳定，其耦合效应也在逐渐加强，城市相互引力与城市平均每年建设用地增长面积变化更加具有一致性。

　　从图 5 可以看出，城市周边引力大小与城市面积增长指数耦合度变化上海和苏州均呈现增强型，而杭州呈现倒 U 形。辐射引力大小与建设用地面积增长指数耦合度上海市高于其他两个城市，苏州市前期低于杭州市，后期高于杭州市，苏州市周边引力大小与建设用地面积增长指数耦合度最低，可见周边引力大小对苏州城市扩张影响相对较小，对上海发展成熟期以及杭州城市发展较慢时影响较大。

3.3　核心城市辐射引力时空特征分析

　　2007～2017 年，上海、苏州和杭州城市辐射引力与城市扩张强度具有较强的耦合效应，城市辐射引力对城市建设用地扩张影响较大。为分析具体影响各个城市扩张的周边城市，本文通过断点数据用自然间断点分级方法将各个城市的辐射引力划分为五级，一级引力表示引力最弱，五级引力表示引力最强。自然间断点分级可以将不同类别之间差异最大化，由于没有具体的辐射引力分级标准，通过自然间断点引力分级可以将受到核心城市辐射作用大的城市与辐射引力较小的城市区分开来，体现差异化。

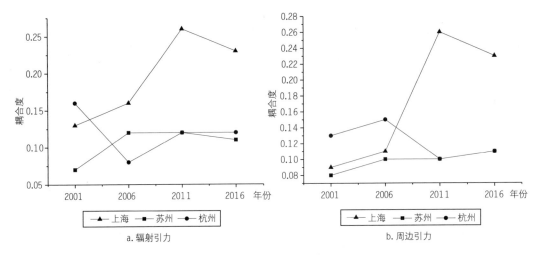

图5 核心城市辐射引力大小、周边引力大小与建设用地面积增长指数耦合度变化

2011年和2016年上海对苏州形成五级引力，对南通、南京、无锡和杭州形成四级引力，2016年上海对无锡辐射引力变为三级。根据《2016长三角城市智能出行大数据报告》，杭州和苏州与上海联系最为紧密，苏州居民是前往上海工作人群中最主要的来源，占总数的80%以上，苏州、南通和无锡与上海相邻的地理位置为其经济发展带来了很大的便利，南京和杭州分别为江苏、浙江两省的省会，中心城市上海为两省的发展起到了很大的辐射作用。

2011年和2016年苏州五级辐射引力区均为上海，2011年四级辐射引力区为南通、无锡、南京和杭州，2016年四级辐射引力区新增加常州。表明，苏州和上海相互引力较强，分别对各自城市发展起到了很大推动作用，苏州与同省份的相邻城市南通、无锡和常州联系较强，与浙江省湖州、嘉兴等相邻城市联系较弱，苏州可在未来城市建设中加强与其合作，将进一步促进区域一体化发展。

2011年和2016年杭州的辐射引力分区图都基本一致，五级引力区为苏州和上海，四级引力区为宁波、嘉兴、南通、无锡、常州、湖州和南京。杭州城市发展过程中与诸多城市联系紧密，尤其上海和苏州。而杭州第三产业发展相对迅速，对于早期以第二产业为主导产业的苏州来说，将有利于苏州的进一步发展提升。

4 结论与讨论

本文通过计算长三角地区核心城市与其他城市的相互引力并分析其1997～2017年的城市建设用地扩张特征，进而对其城市相互作用引力与城市建设用地扩张的耦合效应进行研究，得到如下结论。

（1）时空扩张特征：①定量计算结果显示，1997～2017年苏州建设用地扩张速度和扩张强度最为显著，其次是上海和杭州；②典型城市比较发现，上海市发展历程最快，领先于苏州约10年时间，杭州相比上海和苏州在近些年发展飞速。

（2）耦合效应分析：①不同指标耦合发现，城市相互引力与建设用地扩张强度耦合度为 0.17～0.50，与建设用地面积增长指数耦合度为 0.07～0.26；②阶段耦合分析发现，城市辐射引力与建设用地扩张强度耦合度在城市发展第一阶段、第二阶段和第三阶段分别为 0.17～0.33，0.37～0.45 和 0.48～0.49，与建设用地面积增长指数耦合度分别为 0.07～0.16，0.11～0.16 和 0.23～0.26；城市周边引力与建设用地扩张强度耦合度在城市发展第一阶段、第二阶段和第三阶段分别为 0.18～0.33，0.32～0.45 和 0.49～0.50，与建设用地面积增长指数耦合度分别为 0.08～0.15，0.09～0.11 和 0.23～0.26。由此可见，伴随核心城市发展由起步走向成熟过程中，城市 GDP 总额和产业结构特征不断变化，其相互作用引力先增强后减弱最终趋于稳定，并与建设用地扩张耦合效应逐渐加强。

（3）分级结果发现：耦合效应较强阶段，上海和苏州的相互引力较强，杭州对苏州和上海的辐射引力较强。

（4）主要政策启示：本文就城市相互作用引力与其土地扩张耦合效应进行深入探索，发现在城市发展最为迅速时期，核心城市辐射作用最强，但城市相互作用与城市建设用地扩张耦合效应相对较弱，城市发展中期，核心城市辐射作用略为减弱，城市扩张强度略为减小，耦合效应较强，城市发展后期，核心城市辐射作用逐渐稳定，城市扩张也逐渐稳定，二者耦合效应进一步加强。可见，在城市发展初期，当其逐渐在城市群中占据核心地位时，最有可能出现城市建设用地的大肆扩张甚至无序扩张，需要中后期调控和治理以控制城市蔓延速度，但是城市发展初期的无序蔓延带来的生态、交通各种问题，不利于一个城市的健康发展，城市发展后期需要很大的成本对其进行修复，因此对于城市群中的成长发育型城市，应当严格控制其城市开发边界，注重生态保护，有利于城市更好的发展。然而，本文尚有不足之处，比如城市间的距离计算只是当下时点，有待补充连续长序列数据揭示其时序特征，确定不同交通方式权重时没有反映出不同发展特点城市的区别，这些都需要在后续研究中进一步完善。

致谢

国家自然科学基金项目（71704177，71874192）；江苏省社科基金优青、重点项目（19GLA006）；自然资源部海岸带开发与保护重点实验室开放基金（2019CZEPK10）。

参考文献

[1] REILLY W J. Methods for the study of retail relationships[D]. America: University of Texas Bulletin, 1929.

[2] VAZ E, NIJKAMP P, PAINHO M. Gravitational forces in the spatial impacts of urban sprawl: an investigation of the region of Veneto, Italy[J]. Habitat International, 2015, 45: 99-105.

[3] ZIPF G K. The hypothesis: on the intercity movement of persons[J]. American Sociological Review, 1946(12): 677-686.

[4] 曹彦斌. 改革开放后苏州小城镇总体规划编制演变研究[D]. 苏州科技大学, 2018.

[5]   陈可欣, 张丰, 杜震洪, 等. 基于遥感影像的嘉兴市城市扩张与驱动力分析[J]. 浙江大学学报(理学版), 2016,
      43(6): 709-715.

[6]   方创琳. 改革开放 40 年来中国城镇化与城市群取得的重要进展与展望[J]. 经济地理, 2018, 38(9): 1-9.

[7]   冯兴华, 钟业喜, 李峥荣, 等. 长江经济带城市体系空间格局演变[J]. 长江流域资源与环境, 2017, 26(11):
      1721-1733.

[8]   顾朝林, 庞海峰. 基于重力模型的中国城市体系空间联系与层域划分[J]. 地理研究, 2008, 27(1): 1-12.

[9]   郭源园, 胡守庚, 金贵. 基于改进城市引力模型的湖南省经济区空间格局演变研究[J]. 经济地理, 2012, 32(12):
      67-72+90.

[10] 焦利民, 唐欣, 刘小平. 城市群视角下空间联系与城市扩张的关联分析[J]. 地理科学进展, 2016, 35(10):
      1177-1185.

[11] 李闽榕, 徐东华, 张兵, 等. 中国可持续发展遥感监测报告(2017)[M]. 北京: 社会科学文献出版社, 2018.

[12] 聂琦. 城市间人群移动行为特征分析与建模[D]. 北京: 北京交通大学, 2018.

[13] 钱春蕾, 叶菁, 陆潮. 基于改进城市引力模型的武汉城市圈引力格局划分研究[J]. 地理科学进展, 2015, 34(2):
      237-245.

[14] 石煜. 建设用地扩张与空间相互作用的耦合研究[D]. 北京: 中国地质大学, 2015.

[15] 孙斌栋, 华杰媛, 李琬, 等. 中国城市群空间结构的演化与影响因素——基于人口分布的形态单中心—多中心
      视角[J]. 地理科学进展, 2017, 36(10): 1294-1303.

[16] 孙阳, 姚士谋, 陆大道, 等. 中国城市群人口流动问题探析——以沿海三大城市群为例[J]. 地理科学, 2016,
      36(12): 1777-1783.

[17] 肖盛峰. 区域核心城市及其竞争力研究[D]. 大连: 大连理工大学, 2011.

[18] 杨天荣, 匡文慧, 刘卫东, 等. 基于生态安全格局的关中城市群生态空间结构优化布局[J]. 地理研究, 2017,
      36(3): 441-452.

[19] 张荆荆. 城市间相互作用对城镇用地扩张的影响[D]. 武汉: 华中农业大学, 2014.

[20] 张引, 杨庆媛, 闵婕. 重庆市新型城镇化质量与生态环境承载力耦合分析[J]. 地理学报, 2016, 71(5): 817-828.

[21] 赵正, 王佳昊, 冯骥. 京津冀城市群核心城市的空间联系及影响测度[J]. 经济地理, 2017, 37(6): 60-66+75.

[欢迎引用]

李帆, 李效顺, 魏旭晨, 等. 核心城市引力作用与土地扩张耦合效应研究: 以长三角地区为例[J]. 城市与区域规划
    研究, 2020, 12(2): 217-230.

LI F, LI X S, WEI X C, et al. Study of core city attraction and land expansion coupling effects: based on Yangtze River
    Delta region [J]. Journal of Urban and Regional Planning, 2020, 12(2): 217-230.

刘晔简历

刘晔，中山大学地理科学与规划学院教授，博士生导师。香港中文大学地理与资源管理系博士。相关研究成果发表在 *Landscape and Urban Planning*，*Urban Studies*，*Health & Place*，*Cities*，*Urban Forestry and Urban Greening*，*Regional Studies*，*Population Space and Place*，*Habitat International*，《地理学报》《地理研究》《城市规划》《城市规划学刊》等期刊上。主持国家自然科学基金 2 项。六篇论文入选 ESI 高被引论文。为 The Wiley Blackwell Encyclopedia of Urban and Regional Studies 编写词条 " Rural Migrants to the City "。曾获国际区域研究协会（Regional Studies Association）年度会议最佳论文奖、中国城市地理优秀论文一等奖、中国人文地理学术年会青年优秀论文奖、中国城市地理学术年会优秀青年论文奖等多个奖项。中国地理学会人口地理专业委员会委员，国际期刊 *Applied Spatial Analysis and Policy* 副主编。

教育背景

2010～2013 年，香港中文大学，地理与资源管理学系，博士
2008～2010 年，中山大学，地理科学与规划学院，理学硕士
2004～2008 年，中山大学，地理科学与规划学院，理学学士

工作经历

2017 年至今，中山大学地理科学与规划学院，教授，博士生导师
2016～2017 年，中山大学地理科学与规划学院，副教授（百人计划人才引进）
2016 年，英国 University of St Andrews 地理与可持续发展学系，研究员
2015～2016 年，香港中文大学深圳研究院助理研究员（兼任）
2014～2016 年，香港中文大学地理与资源管理学系，博士后，副研究员
2013～2014 年，加拿大 University of Lethbridge 地理系，博士后
2010～2013 年，香港中文大学地理与资源管理学系，教学助理

主要研究领域

城市人居环境与居民健康福祉

城市化与人口流动

人才流动的机制与影响

大数据在城市人居环境研究的应用

近三年代表性学术论文（一作及通讯作者）

LIU Y, PAN Z L, LIU Y Q, et al. Where your heart belongs to shapes how you feel about yourself: migration, social comparison and subjective well-being in China[J]. Population Space and Place, 2020(6): e2336.

LIU Y, WANG X G, ZHOU S H, et al. The association between spatial access to physical activity facilities within home and workplace neighborhoods and time spent on physical activities: evidence from Guangzhou[J]. International Journal of Health Geographics, 2020, 19(1): 22.

LIU Y Q, LIU Y, LIN Y L. Upward or downward comparison? Migrants' socioeconomic status and subjective wellbeing in chinese cities[J]. Urban Studies, 2020:1-24, DOI: 10.1177/0042098020954780.

WU W J, CHEN Y Y, LIU Y. Perceived spillover effects of club-based green space: evidence from Beijing golf courses, China[J]. Urban Forestry & Urban Greening, 2020,48: 126518.

WANG R Y, FENG Z X, LIU Y, et al. Is lifestyle a bridge between urbanization and overweight in China?[J] Cities, 2020, 99: 102616.

LIU Y, WANG R Y, YANG X, et al. Exploring the linkage between greenness exposure and depression among Chinese people: mediating roles of physical activity, stress and social cohesion and moderating role of urbanicity[J]. Health & Place, 2019, 58: 102168.

LIU Y, WANG R Y, GREKOUSIS G, et al. Neighbourhood greenness and mental wellbeing in Guangzhou, China: what are the pathways?[J] Landscape and Urban Planning, 2019, 190: 103602.

MCCCOLLUM D, LIU Y, FINDLAY A, et al. Determinants of occupational mobility: the importance of place of work[J]. Regional Studies, 2018, 52(12): 1612-1623.

LIU Y, XU W. Destination choices of permanent and temporary migrants in China, 1985-2005[J]. Population Space & Place, 2017, 23(1): 1-17.

LIU Y, SHEN J F. Modelling skilled and less-skilled interregional migrations in China, 2000-2005[J]. Population Space & Place, 2017, 23(4): e2027.

LIU Y, XU W, SHEN J F, et al. Market expansion, state intervention and wage differentials between economic sectors in urban China: a multilevel analysis[J]. Urban Studies, 2017, 54(11): 2631-2651.

刘晔, 肖童, 刘于琪, 等. 城市建成环境对居民幸福感的影响研究——基于 15min 步行可达范围的分析[J]. 地理科学进展, 2020, 39(8): 1270-1282.

陈明星, 周园, 汤青, 等. 新型城镇化、居民福祉与国土空间规划应对[J]. 自然资源学报, 2020, 35(6): 1273-1287.

刘晔, 王若宇, 薛德升, 等. 中国高技能劳动力与一般劳动力的空间分布格局及其影响因素[J]. 地理研究, 2019, 38(8): 1949-1964.

王若宇, 黄旭, 薛德升, 等. 2005～2015 年中国高校科研人才的时空变化及影响因素分析[J]. 地理科学, 2019, 39(8): 1199-1207.

刘晔, 曾经元, 王若宇, 等. 科研人才集聚对中国区域创新产出的影响[J]. 经济地理, 2019, 39(7): 139-147.

邱婴芝, 陈宏胜, 李志刚, 等. 基于邻里效应视角的城市居民心理健康影响因素研究——以广州市为例[J]. 地理科学进展, 2019, 38(2): 283-295.

刘于琪, 刘晔, 李志刚. 居民归属感, 邻里交往和社区参与的机制分析——以广州市城中村改造为例[J]. 城市规划, 2017, 41(9): 38-47.

科研基金和项目

海外高层次人才引进计划青年项目, 2018.01～2020.12, 主持

国家自然科学基金面上项目, 41871140, 城市微观地理环境对流动人口幸福感的时空效应研究, 2019.01～2022.12, 主持

国家自然科学基金青年基金项目, 41501151, 1990 年以来中国人才分布的时空演变及对区域创新的影响机制研究, 2016.01～2018.12, 主持

中国大城市流动人口聚居区的形成机制与社会影响：

以广州"湖北村"为例[①]

刘　晔　李志刚　刘于琪　陈宏胜

The Formation and Social Impact of Migrant Enclaves in Chinese Large Cities: A Case Study of "Hubei Village", Guangzhou

LIU Ye[1], LI Zhigang[2], LIU Yuqi[3], CHEN Hongsheng[4]

(1. School of Geography and Planning, Sun Yat-sen University, Guangdong 510275, China; 2. School of Urban Design, Wuhan University, Wuhan 430072, China; 3. Sau Po Centre on Ageing, The University of Hong Kong, Hong Kong 999077, China; 4. School of Architecture, Southeast University, Nanjing 210096, China)

Abstract Little research has been done to investigate how rural migrants shape the formation of migrant enclaves through their agency and everyday practice, and no effort has been made to probe into the relationship between spatial agglomeration and social mobility of migrants. Through a qualitative research of Hubei Village, a migrant enclave with a high concentration of migrants from Hubei Province and small-scale garment producers in Guangzhou, this paper expounds the formation and development of Hubei Village, focusing on the enclave-based and translocal practice of migrants, to reveal the role that Hubei Village plays in the social mobility and adaptation of migrants. Our findings reveal that through everyday practice, migrants act as active roles in the growth of the local garment industry, as well as the formation

作者简介

刘晔，中山大学地理科学与规划学院；
李志刚，武汉大学城市设计学院；
刘于琪，香港大学秀圃老年研究中心；
陈宏胜，东南大学建筑学院。

摘　要　既有流动人口聚居区的相关研究较少关注流动人口在空间塑造上的主观能动性和日常生活实践，更缺乏对流动人口空间集聚和社会流动相互关系的深度探讨。文章以广州市"湖北村"——一个制衣厂林立且以湖北籍流动人口为主体的城中村——为研究案例，采用质性研究方法，阐明"湖北村"的形成与演变机制，尤其关注流动人口基于聚居区和跨地方的空间实践及其所产生的社会作用。研究表明，流动人口通过积极主动的日常生活实践，推动了在地化制衣产业的集群发展和独特的乡缘聚居空间的成型。同时，"湖北村"的形成与发展也为流动人口在大都市中提供了一个"落脚点"，为其实现向上流动和融入城市社会提供了一条快速通道。文章不仅强调了流动人口在适应城市生活和寻求发展过程中的主观能动性及日常生活实践的作用，也为流动人口聚居区研究提供了一个新的视角，还揭示了流动人口的空间集聚和社会流动的相互关系，并对当前流动人口聚居区大规模拆迁改造模式所存在的问题做了深入探讨。

关键词　流动人口聚居区；农村流动人口；社会适应；社会流动

1　引言

在过去的三十多年里，中国经历了前所未有的人口迁移潮。截至 2012 年年底，全国流动人口总数达 2.6 亿（中华人民共和国国家统计局，2013），其中多数为来自农村

and the development of Hubei Village. Meanwhile, the existence of Hubei Village also provides a shelter for rural migrants in the city, offering a viable path through which rural migrants can achieve upward mobility and social integration without giving up their original values, cultures and habits. This paper not only emphasizes the function of agency and everyday practice of rural migrants, providing a new perspective for the research on migrant enclave, but also reveals the interrelation between spatial agglomeration and social mobility, and discusses the feasibility of large-scale demolition and renovation of rural migrant enclaves in coastal big cities.

Keywords migrant enclave; rural migrant; social adaptation; social mobility

的进城务工人员。来自同一地方的流动人口往往聚居在大城市的某一特定区域，形成独特的流动人口聚居区（Gu and Shen，2003；Ma and Xiang，1998）。流动人口聚居区是外来务工人员高度集中且边界较为明显的地理单元，可分为族群构成同质性较强的同乡村（如北京的"浙江村"）和族群构成异质性较强的城中村（Ma and Xiang，1998；Zhang et al.，2003；Wang et al.，2010；Zhang，2001a、2001b）。近年来，流动人口聚居区得到了学界、政府和媒体的广泛关注。政策制定者和媒体往往只关注流动人口聚居区的负面效应，认为聚居区存在人口密度过高、空间利用失序、公共服务设施不足、空间品质较差等一系列问题，有碍城市现代化的进程并衍生出众多社会问题（Zhang et al.，2003）。但也有不少学者持相反的观点，肯定了流动人口聚居区的积极作用，认为聚居区不仅为流动人口提供了可负担的居所和消费空间，也有助于本地村民通过出租房屋维持生计，大幅降低了城市化的社会成本，加快了城市化的进程（Li and Wu，2013；Liu et al.，2010；Song et al.，2008；Wang et al.，2010；Zhang et al.，2003）。

尽管上述两种观点对流动人口聚居区持有截然不同的态度，但他们都有一个共通点：视流动人口为全球化和市场化浪潮中"无能为力的城市边缘人"，并且在市场和制度的双重排斥下，其在城市社会经济系统中的底层地位被进一步固化（Chan and Zhang，1999；Fan，2004；Wu，2008）。然而，上述两种观点忽视了流动人口的个体能动性，也忽视了流动人口规避和应对制度约束的能力及策略。事实上，流动人口在大城市工作和生活中往往能够发挥一定的主观能动性，采取多种生存发展策略，充分调动家庭和家乡的社会资源，从而为自己和家人谋福祉（Fan，2011；Fan and Wang，2008；Liu et al.，2012；Solinger，1999）。然而，既有研究较少关注聚居区形成过程中流动人口的主观能动性和日常生活实践，更缺乏深入讨论流动人口空间集聚和社会流动之间的相互关系（Ma and Xiang，1998；Zhang，2001a、2001b）。

　　为填补上述研究空白，本文以广州市"湖北村"——一个制衣厂林立、湖北籍流动人口众多的城中村——为研究案例，采用质性研究方法，阐明"湖北村"的形成与演变机制，尤其关注流动人口的基于聚居区的和跨地方的空间实践（enclave-based and translocal practices）所起到的作用，并且揭示"湖北村"如何促进流动人口的社会流动和社会适应。基于对"湖北村"流动人口聚居区的深描，本文发现，流动人口通过积极的日常生活实践，推动了当地制衣业集群的形成与蓬勃发展，从而推动了"湖北村"的形成与发展；同时，"湖北村"的形成与发展也为流动人口在城市中提供了一个落脚点，为其在不放弃原有价值观念和文化习惯的前提下，实现向上流动和融入城市社会提供了一条快速通道。本文不仅强调了流动人口的主观能动性和日常生活实践的作用，为流动人口聚居区研究提供了一个新的视角，还揭示了流动人口的空间集聚和社会流动的相互关系，讨论了大城市流动人口聚居区大规模拆迁改造方案所存在的问题。

2　从全球到地方：人口迁移、移民聚居区和跨地方性

　　长期以来，移民聚居区都是城市研究的核心话题。芝加哥学派的城市生态学者最早开展了有关大城市移民聚居区的研究（Burgess，[1925]1967）。在他们所构建的经典模式中，位于内城的移民聚居区为新来的移民提供住所和最初的就业机会，如小意大利、希腊城和唐人街等，随着时间推移，他们逐渐离开聚居区并分散居住（Burgess，[1925]1967）。移民的这种迁居过程可以由空间同化（spatial assimilation）模型来解释。空间同化理论认为，由于逐步融入主流社会并获得更多的生活机会，原本居住在内城的移民会移居到富裕的郊区（Alba and Logan，1993；Massey et al.，1987）。由此可见，移民初到一个陌生的城市，受到各方面的限制与约束，从而不得不居住在族裔聚居区，这并非移民自身的选择与偏好的结果。移民一旦实现了阶层的跃迁和向上的社会流动，就会离开聚居区，迁居到城市的其他地方。

　　然而，也有学者指出，移民自身的选择与偏好在族裔聚居区的形成过程中发挥着十分重要的作用，而且移民在实现阶层跃迁和向上社会流动之后，未必会搬离聚居区到其他地方居住（Logan et al.，2002；Portes，1987；Wilson and Portes，1980）。有研究表明，许多成功的少数族裔企业家仍然选择在聚居区内经营业务和生活，华裔和韩裔移民更为普遍（Portes，1987；Zhou，1992；Li，2009；Logan et al.，2002）。洛根等（Logan et al.，2002）指出，许多族裔企业家和专业人士依然倾向于集聚在同一族裔的聚居区，对于部分种族而言，族裔聚居区是他们在流入地的最终定居地，而非仅仅是过渡性质的临时居住地。此外，李唯（Li，1998、2009）提出了"族裔郊区"（ethnoburb）的概念，指出北美在最近几十年出现了新的族裔集聚区，其特征为分布于郊区，以族裔多元的中产阶级为主，且具有一定的商务和商业功能。

　　到目前为止，社会各界对移民聚居区的社会影响尚未达成一致的看法（van Kempen and sule Özüekren，1998）。一方面，荷兰等西欧国家的政策制定者将移民聚居区视为诸多社会问题的滋生地，

并倡导为消除贫困和各种族群问题而鼓励各类族群的混合居住（Bolt et al., 2008）；另一方面，部分学者对移民聚居区的存在持正面评价，并常以迈阿密的"小哈瓦那"和纽约的唐人街作为族裔聚居区经济的成功案例（Portes, 1987；Zhou, 1992、2009）。相比之下，这些族裔企业家和族裔劳工更有能力调动市场资源，在经济上取得更大的成就（Zhou, 1992）。从这点来说，聚居区不是流入到城市中的边缘群体的庇护所，相反，聚居区为他们提供了实现社会流动的有效途径（Zhou, 1992、2004）。桑德斯（Saunders, 2012）在其著作《落脚城市》中也写道，这些遍布世界各地的"成功"的非正规聚落是移民融入主流社会重要的社会空间。

跨国主义（transnationalism）是近年来国际移民研究的前沿理论（Portes et al., 1999；Zhou and Tseng, 2001；Smith, 1998）。跨国主义被定义为"跨国移民在流入地和流出地之间建立起相互联系的社会场域的过程"（Schiller et al., 1992）。跨国主义学者认为，跨国移民为促进全球各地跨越国界的互动交流起到积极的推动作用（Guarnizo and Smith, 1998）。早期对于跨国主义的研究主要关注跨国移民的高度流动性，以及跨国移民对母国和东道国政治和文化体系的影响（Ong and Nonini, 1997；Appadurai, 1996）。近年的研究更倾向于对本地根植性（local embeddedness）与外部联系（external connections）之间相互关系的探索（Guarnizo and Smith, 1998；Ley, 2004；Lin, 2002；Zhou and Tseng, 2001）。有学者受到跨国主义理论的启发，提出了"跨地方性"（translocality）的概念，强调地方性在移民的跨国联系与跨国实践中起到的重要作用（Smith, 1998）。鉴于传统的研究往往基于单个地区和单个尺度的视角开展乡城迁移研究，有学者提倡从多地区（如迁出地—迁入地）和多尺度（如社区—城市—区域—国家—全球）的视角开展乡城迁移研究（Brickell and Datta, 2011；Smith, 2011）。

3 中国流动人口聚居区的形成机制和影响

中国人口在过去三十余年的乡城迁移获得了学者们的广泛关注（Fan, 2008）。学界普遍认为，中国城乡发展水平的巨大差距驱动了流动人口从农村迁移到城市，但由于户籍制度的限制，他们只能沦为城市中的边缘群体和临时寄居者。然而，目前学界仍然对流动人口的个体能动性关注不足（Chan and Zhang, 1999；Fan, 2004；Wu, 2008）。事实上，流动人口在大城市工作和生活中，往往采取多种生存发展策略，充分调动家庭和家乡的社会资源，从而实现个人和家庭的社会经济收益最大化和风险最小化（Fan and Wang, 2008；Ma and Xiang, 1998；Solinger, 1999）。例如，他们会不断地往返于农村与城市，其家庭成员也选择性地在两地分居，既能通过外出务工获取较高的收入，又可以维持较低的家庭生活成本和对农村土地的所有权，从而降低家庭风险并实现经济收益的最大化（Fan, 2009；Fan et al., 2011；Fan and Wang, 2008；Zhu and Chen, 2010）。他们将大部分的外出务工收入寄回老家，便于自己和家人将来在老家建房子或者做小买卖（Ma, 2002；Fan and Wang, 2008）。在迁入地，他们往往通过血缘、亲缘和地缘纽带，在城市找到合适的住房和工作（Liu et al., 2012；Ma and Xiang, 1998；Zhang and Xie, 2013）。

既有研究往往将流动人口聚居区的形成与发展归因于社会、制度和经济障碍对流动人口住房选择的约束（Wang et al., 2010；Zhang, 2011；Zheng et al., 2009）。这些研究认为，由于没有资格获得本地的保障性住房，也无力承担价格高昂的商品房，流动人口只能选择非正规住房作为他们在城市里临时的栖身之所（Shen, 2002；Wu, 2002；Li and Wu, 2008）。正因如此，对于流动人口而言，区位优越的城中村是极具吸引力的，因为这些城中村能够为他们提供大量租金低廉的出租屋。有学者把城中村的出租屋租赁现象视为当地村民和流动人口自助和互助的一种生存策略（Chan et al., 2003；Lin et al., 2011；Zhang, 2011；Zhang et al., 2003）。然而，既有研究强调了当地村民在城中村形成过程中的主导作用，认为村民积极调动土地和家庭积蓄等资源，建立起租金低廉的住房市场为流动人口提供住房，而流动人口在这一过程中处于被动和弱势的地位，且几乎没有任何的权力和资源。目前，仅有少量研究试图揭示亲属关系和同乡关系对流动人口住房选择的作用（Gu and Shen, 2003；Ma and Xiang, 1998）。然而，对于旅居于大城市的流动人口而言，血缘、亲缘和地缘关系并不是他们唯一可资利用的资源。我们还应进一步关注流动人口如何做出决策、如何调动各种社会资源、如何在流动人口聚居区的形成过程中发挥作用等内容。

至今仅有少数研究试图将流动人口聚居区的形成与流动人口的个体能动性和日常实践相联系（Ma and Xiang, 1998；Zhang, 2001a、2001b）。例如，马润潮和项飚（Ma and Xiang, 1998）指出，在北京"浙江村"的形成过程中，流动人口起到主导者而非被动参与者的作用。张鹂（Zhang, 2001a、2001b）研究了"浙江村"的形成过程中来自温州的移民企业家如何通过大院的建造和经营，树立自己的权力和权威。具体而言，温州籍流动人口当中的民间领袖通过各种社会资源的调动，自建带有围墙的大院和商贸市场，非正规地将空间私有化，从而强化其个人的权力和权威。张鹂（Zhang, 2001a、2001b）指出，"浙江村"的案例表明，社会空间是由空间实践和权力关系所构建的，反过来社会空间也会塑造置于其中的各种社会关系。沿着这一思路，本文重点关注"湖北村"的形成与流动人口的空间实践和社会关系之间的辩证关系。

近年来，各地纷纷掀起了大规模的城中村拆迁改造的浪潮，城中村和流动人口聚居区对城市化的影响也引起了热议（Li and Wu, 2013；Song et al., 2008；Wang et al., 2010；Wang et al., 2009；Wu et al., 2013）。研究表明，城中村为流动人口提供了价格合理的住房，并为当地的失地农民提供了谋生之路，这对于促进城市化发展起到积极作用（Song et al., 2008；Wang et al., 2009；Zhang et al., 2003）。吴缚龙等（Wu et al., 2013）认为，大规模的城中村拆迁改造项目，并不能消除城市的非正规性（urban informality），反而把非正规性从城市中的一个地区驱赶到另外一个地区。田莉（Tian, 2008）指出，由于城中村存在空间品质低下、治安问题严重、地价严重低估以及其他社会问题，拆除城中村并重新安置外来务工人员需要高昂的社会和经济成本。尽管已有大量文献讨论了中国流动人口聚居区的成因和影响，但很少有研究从流动人口的个体能动性和日常实践出发，阐明流动人口聚居区的形成与演变机制，并基于社会流动和社会适应的视角揭示流动人口在聚居区的集聚对其个人和家庭福祉的影响。

4 研究区域和资料收集

湖北籍移民在广州市中低端制衣业中扮演着重要的角色,本文围绕其聚居区——东风村展开研究。东风村位于广州市中心城区,隶属海珠区(图 1)。由于农田的征收和城市建设用地的扩张,东风村已从城郊村演变为典型的城中村。2002 年,东风村正式撤村改制,但在改制后,村委会和村经济联社依然在治安、环卫、公共服务设施维护等社区事务上发挥主导作用。

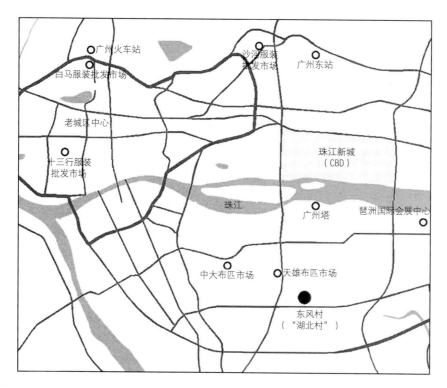

图 1 东风村("湖北村")在广州市的区位

截至 2010 年,东风村户籍人口约 5 000 人,其中本村村民约 4 200 人,流动人口总数在 12 万以上,存在严重的人口倒挂现象。大部分流动人口来自农村,受教育程度较低,以从事制衣行业为主。2010年,东风村已有超过 2 000 家制衣厂,近 95%为规模在十人以内的小作坊。本地居民把东风村戏称为"湖北村",主要有以下原因。其一,作为规模最庞大的族群,约有 5 万湖北人生活和工作于此。其中,近 95%的湖北流动人口来自湖北中部的三个直管市:天门、仙桃和潜江。其二,截至 2010 年,村内 70%~80%的制衣厂由湖北人经营,湖北人在村内的服装生产和销售环节起到主导作用。其三,村内有大量的湖北风味餐馆,湖北生活方式异地移植,存在"湖北文化圈"。

　　本文所用数据主要来源于课题组在2010年2～5月期间进行的深度访谈和实地考察，受访对象包括当地的政府官员、制衣厂老板、制衣厂工人和村内的其他住户，并通过对东风村村委会、村经济联社和居委会等社区管理者的访谈，深入了解"湖北村"的人口、社会和经济状况。为进一步获取湖北制衣厂的经营情况、制衣行业的生产和销售情况以及湖北籍移民的日常生活等相关信息，调查组通过滚雪球的抽样方法，找到制衣厂老板并进行访谈，并在村内的大街上和工厂内随机采访了数十位制衣厂工人。除了田野调查外，研究辅以政府文件、村志、新闻报道等二手资料。

5　"湖北村"的形成与发展过程

　　随着城市建设用地的扩张和村集体经济的转型，20世纪90年代后期，东风村逐渐成为流动人口聚居区。2000年，东风村的农田全部被市政府征用，根据1995年颁布的《广州市土地管理规定》，村经济联社可获得所征土地总面积10%的经济发展留用地。出租留用地成为村集体主要的经济来源。当时，东风村几乎所有的留用地都出租给香港或内地商人。这些商人瞄准了广州蓬勃发展的服装市场，开发制衣产业。由于临近布匹批发市场这一优越的区位条件以及廉价的租金，东风村及其周边地区成为发展制衣业的首选区域，私营制衣厂不断涌现，同时也导致流动人口的大规模集聚。

　　在广州快速成长的服装市场的刺激下，东风村的制衣行业在21世纪初经历了前所未有的繁荣。一方面，服装出口需求的扩大为本地生产者提供了大量海外订单，同时国内对时装的需求量也随着国民购买力的提升而剧增；另一方面，广州汇集了大量国际贸易中介商以及白马、十三行等大型批发市场，这些批发商将生产订单分包给广州乃至珠三角地区的生产者。订单数量在一年不同季节的变化较大，在全年维持大量且稳定的员工队伍将会给厂家带来较高的间接成本。因此，包括东风村及周边地区在内的许多大型制衣厂将部分订单分包给小作坊，以降低生产成本，独特的"乡缘分包制"开始在村内形成。

　　随着小型非正规作坊的兴起，湖北籍移民成为东风村的主要族群。其中，第一代制衣厂主要由曾经在大型制衣厂工作过的熟练工所创办。与其他依靠大型制衣厂的周期性订单而经营的小作坊不同，"湖北村"内由湖北人所经营的小作坊不仅能够从大型制衣厂获得订单，同时还能够从批发商手中直接获取订单。这些湖北制衣厂专注于中低端时装的生产，在生产效率和利润等方面要比大型制衣厂及非湖北人经营的小作坊更胜一筹，因而在激烈的竞争中能够谋得一席之地。

　　在招募工人时，湖北制衣厂的老板往往优先考虑他们的同乡。因此，湖北籍外来务工人员占全体劳动力的比重从21世纪初的不到10%上升至2010年的近40%。对于来自天门等地的流动人口而言，他们能够相对容易地在"湖北村"内寻得谋生之路，"湖北村"是他们进入广州生活和工作的"跳板"。与北京"浙江村"不同，"湖北村"的流动人口只能租用本村村民的自建房（图2a）。为了应对日益增长的租赁市场并实现租金最大化，东风村的村民改建了自己的房屋并加盖层数。这些自建房存在多种用途：一层主要用于生产服务业或生活服务业，如餐饮、批发、机器维修等；其余楼层主要为制衣厂或员工宿舍（图 2b 和图 2c）。对于工人而言，制衣厂老板为他们提供了免费食宿，"湖北村"不仅是工作的地方，也是生活的地方。

b. 典型的湖北小型制衣作坊

a. "湖北村"当地村民的自建房屋

d. 典型的湖北风味餐馆

c. 使用功能混合的自建房屋

图 2 "湖北村"的工作和生活环境

大量制衣工人在"湖北村"集聚，也推动了当地餐饮零售业和其他服务业的发展。许多湖北人来到这里经营各类生活服务设施，如湖北风味餐馆（图 2d）、杂货铺、私人诊所、理发店、往返湖北省的长途班车等。湖北移民共同在"湖北村"工作与生活，语言相通，风俗习惯和文化背景相近，通过紧密的人际关系网络和族群关系，构建了一个有清晰边界的"亚文化区"（Ma and Xiang，1998；Zhang，2001a、2001b）。但大量湖北人在"湖北村"的集聚也导致一些群体性事件的偶发。例如，2013 年 5 月 13 日，"湖北村"的一家非正规作坊因为违法经营被查封，相关人员被捕，导致超过 4 000 人的非法集会，引起了广泛的社会关注。

东风村的湖北小型制衣作坊是如何兴旺起来，从而促进"湖北村"的形成与演化的？我们认为，这些小作坊的成功主要取决于流动人口，尤其是那些从事制衣业的湖北籍流动人口的个体能动性与日常实践。下文将从弹性生产体制（flexible production regime）、制衣厂的本地嵌入（the embeddedness within the enclave）和跨地方社会网络（translocal social networks）三个方面，阐明"湖北村"及其制衣业集群的形成和演化机制。

5.1　弹性生产体制的出现

在管理与薪酬支付方面，湖北制衣厂采用较为灵活的体制。与遵循劳动法的大型正规制衣厂不同，为了提高劳动生产率，这些非正规的湖北制衣厂大多采取计件制方式向员工支付薪酬。因此，许多工人会一周工作七天、每天工作十多个小时，以便获得更多的报酬。例如，一个在湖北小型制衣厂工作的熟练工一个月可获得 3 000~4 000 元，远高于大型制衣厂 2 000~3 000 元的月薪。

学徒制也是湖北制衣厂所采用的另一种提高劳动生产率并降低劳动成本的有效方法。许多湖北制衣厂招收年轻学徒，由工厂内的熟练工对学徒进行培训。尽管这些学徒的年薪仅有 6 000~15 000 元，但他们的工作量却不比普通工人少。一般情况下，通过内部培训和自身努力，学徒能够在一年的时间内成长为熟练工，制衣厂工人们努力赚钱和提升技能的强烈愿望与制衣厂老板的业务扩张紧密结合。

在生产安排方面，湖北制衣厂呈现出弹性生产的特点，能够及时对市场变化做出反应。与那些在流水线上机械重复着同一工序的大型制衣厂工人不同，湖北制衣厂的工人往往精通服装生产过程中的各道程序。多技傍身和向上拼搏的精神使得这些工人能够模仿市场上最流行的时装设计。大多数情况下，批发商要求厂家在较短时间内完成最新款式的生产订单，生产模式更为灵活的湖北制衣厂在这一方面往往强于大型制衣厂。

在企业凝聚力方面，湖北制衣厂也更具竞争力。在大部分湖北制衣厂，老板和工人来自同一地方，其生活方式和身份认同相似，地缘和亲缘缓解了劳资双方的紧张关系，并巩固了两者之间的相互信任。实际上，对于湖北工人而言，这些有着相似背景的制衣厂老板是他们初到广州时的"领路人"。湖北老板大多也会设身处地为工人的福利和未来发展着想，并将工人们视为"自己人"。总体而言，在这样的弹性生产制度下，老板和工人们相互依存、互惠互利。

5.2　制衣厂的本地嵌入

得益于紧密相连的生产网络、进取的创业精神和政府监管的缺失，湖北制衣厂深深扎根于"湖北村"并得到了迅速发展。正如前文所言，广州服装批发市场的飞速发展以及季节性波动的市场需求，使得"湖北村"内生产者之间的关系更为紧密。在"湖北村"，大部分的大型制衣厂都有几个长期稳定合作的小作坊，一旦产能不足以满足客户订单的需求，这些大型制衣厂便会将订单分包给小作坊。这些小作坊一般由大型制衣厂老板的亲友、同乡或前员工所经营，这种基于亲缘或地缘的合作关系降低了生产者之间的交易成本，使得合作更为容易。

　　浓厚的创业氛围也是湖北制衣厂得以在"湖北村"繁荣发展的重要原因。与其他地方的流动人口相比，来自天门等地的流动人口有更强烈的创业意愿，这不仅与其自身的冒险精神有关，更与身边众多成功创业的案例密切相关。对于天门等地流动人口而言，当上老板能够为他们带来财富与声望，为此他们努力工作，希望能够为自己经营工厂筹备初始资金并积累相关的行业知识。有些受访的湖北人未到 30 岁就已经开始创业，尽管年龄尚轻，但他们在制衣行业已经拼搏了十几年。一位 24 岁的受访工人表示，自己想创办工厂的强烈愿望正是在"湖北村"这样的氛围下形成的：

> "如果打一辈子工，作为一个打工仔回老家，和村里的人说起来会很没面子。如果当上老板了，在家里直得起腰，叔叔阿姨们也乐意让自己家的小孩跟你出来学点东西。"
>
> （东风村某天门籍制衣厂工人，2010-05-06）

　　"湖北村"不受政府监管的空间也同样有利于制衣厂老板建立并发展其非正规工厂。在"湖北村"，许多小作坊租用本村村民的自建住房并改建为生产工厂，存在着重大的消防和卫生隐患。尽管广州市政府明令禁止这种私自转变住房用途的违规行为，但由于缺乏足够的资金与力量，政府难以严格执行相关规定。政府监管的"真空地带"使得非正规经济得以在此继续生存和发展。

　　与"浙江村"相似，"湖北村"的制衣厂老板与房东和村干部之间存在着千丝万缕的利益关系。受益于不断增长的租赁市场，本村村民对当地非正规经济的发展持支持的态度。作为相对独立的基层自治组织，村委会代表着村民的切身利益，因此，村委会一般默许这些非正规部门的存在，政府有关部门对村内非正规部门的监管效果有限。

5.3　跨地方的招聘、集资与商贸网络

　　跨地方性（translocality）概念的提出，突出了移民的能动性和日常实践在迁移过程中的重要性（Brickell and Datta，2011；Smith，2011）。移民聚居区的形成与演变不仅取决于一个地方要素的流动和集聚，而且涉及多地区（如流入地—流出地）和多尺度（如社区—城市—区域—国家—全球）要素的流动与集聚。具体而言，湖北制衣厂老板通过与家乡的紧密联系获取廉价劳动力与资金等同乡资源，通过全国范围的商贸网络，与其他湖北制衣厂家结成联盟，从中获得市场情报与商机。这种跨地方网络为湖北制衣厂提供了大量劳动力、资金与商机，从而推动了"湖北村"制衣业的蓬勃发展和流动人口的大量集聚。

　　"链式迁移"是湖北移民跨地方流动的主要模式。即使在广州"湖北村"定居，许多湖北制衣厂老板依然与居住在湖北老家的亲戚同乡保持着紧密联系。这种跨地方的招聘网络把"湖北村"的招工信息传送回老家，成为大量农村劳动力源源不断地涌来"湖北村"的触媒。

> "我每年过节回家，看谁家的男孩子、女孩子能做事的，就通过拜年直接和他们家长谈，
> 谈妥了让他们春节过后直接来这里打工。反正在家里也是闲着，家长也乐意让他们出来干活
> 学点东西。"
>
> （东风村某天门籍制衣厂老板，2010-04-11）

如今，跨地方的招聘网络也日渐正规化。在天门、仙桃和潜江等地涌现出数十所职业培训学校，为当地的农村青年有偿提供服装设计和服装制作培训课程。这些学校充当劳务中介，把学员直接输送到珠三角地区的制衣工厂，其中也包括了"湖北村"的制衣厂。天仙潜地区的职业学校和招聘机构积极参与到跨地方招聘网络当中，使得这一地区成为"湖北村"制衣业集群的劳动力蓄水池。

筹集创业资金是湖北制衣厂老板开展跨地方实践活动的又一重要例子。在"湖北村"，来自同一地方的亲朋好友为湖北移民创办工厂提供了初始资本。在访谈中，许多制衣厂老板表示自己在创业初期获得了亲戚的经济支持，其中甚至有部分受访者通过设置股权的方式来筹集资金。所有受访者都认为，这种募资方式既快捷又安全。天仙潜地区一直有很强的企业家精神和创业氛围，创业者大多能够得到家人和亲戚的全力支持；而创业者也会以较高的利息作为回报，在实现盈利之后便会向家乡定期汇款。早期外出创业者的成功故事也激励着越来越多的农村家庭向"湖北村"的制衣行业投入资金。

湖北制衣厂老板与不同地方的材料供应商、服装批发商和贸易伙伴共同建立并维系着跨地方商贸网络。"湖北村"的大多数制衣厂老板都与广州各大服装专业批发市场的商家有着长期合作关系。同时，这种合作关系因同乡之间的相互信任而进一步得到加强。广州市服装专业批发市场中也有不少湖北籍批发商。部分批发商在"湖北村"服装制造过程中发挥着举足轻重的作用，不仅承担了市场情报采集和分包生产订单的角色，而且把"湖北村"生产出来的服装销售到全国乃至全世界。作为全国最重要的服装集散中心，广州服装批发市场享誉全球，吸引了全国乃至世界各地的批发商。因此，湖北籍批发商也选择广州作为其主要的贸易活动中心。正如一位湖北批发商所言，优越的区位条件使其业务能够顺利地嵌入到全国贸易网络：

> "生产出来的货摆在我们的档口；客户到我们那里转，看到款式好的就讲价钱、打包，拿
> 货到武汉、北京、上海等城市，批发给当地的零售商。"
>
> （广州沙河服装批发市场某天门籍批发商，2010-03-11）

批发商往往主动出击，积极收集市场情报并探寻商机。例如，为了紧跟时尚潮流，批发商及其合作伙伴经常到广州甚至其他大城市的服装市场调查，批发商与"湖北村"制衣厂老板之间的联盟甚至演化出一种新的形式：批发商直接控制生产和销售环节，包括原材料购买、组织生产、分配订单以及与客户打交道；而与其合作的制衣厂老板只需要负责交纳租金、招工与培训、监管生产流程等管理事

务。这样的生产模式能够快速适应市场需求，大幅降低生产和流通成本。

6 流动人口的社会流动与社会适应

"湖北村"不仅为生活工作于此的流动人口提供了向上流动的通道，还为他们提供了熟悉和适应城市的"文化缓冲区"。相比于其他流动人口而言，位于"湖北村"的流动人口有更多机会实现阶层跃迁和向上流动。主要原因有：第一，与在大型制衣厂流水线上工作的工人相比，"湖北村"制衣工人能够更快地积累人力资本和经济资本，并且在更短的时间内成长为熟练工，从而为自己创业或者跳槽到更大的工厂提供有利条件；第二，在大型制衣厂工作的工人受制于农村户籍身份和有限的教育水平，其晋升之路不易，特别是在大型制衣厂晋升之路更难，相反，在小型作坊的工人更有可能得到老乡的提携，获得贸易和管理经验的积累；第三，"湖北村"的制衣厂老板可以动员丰富的同乡资源和嵌入"湖北村"的社会网络，通过由亲戚和同乡等构成的人际网络，他们能够招募熟练工并寻找潜在的客户和供应商，还能从经销商和由其亲戚或同乡经营的其他制衣厂获得生产订单实现盈利。此外，相比其他地方，湖北人在"湖北村"内经营制衣厂利润更高且风险更低。"湖北村"内那些最成功的制衣厂老板不仅经营着大规模的工厂，赚取可观的利润，还在广州购置房产并且以企业家身份获得本地户口。"湖北村"为湖北籍流动人口提供了一条实现阶层跃迁和向上流动的快速通道，在这里，他们能够快速地积累人力资本、社会资本与经济资本，从而突破了流入地的制度、社会与文化制约。

"湖北村"还具有"文化缓冲区"的作用。漂泊在大城市的流动人口不仅饱受孤独与思乡之苦，同时还有可能受到当地社会的排斥和污名化。湖北籍流动人口初到广州的时候，如果以"湖北村"作为落脚点，他们能够在此慢慢熟悉新的环境，从而缓冲了新环境带来的文化冲击。在"湖北村"，湖北籍流动人口随处可以听到熟悉的方言，随处都能够轻易地找到极具湖北特色的食物和生活服务。"湖北村"为湖北籍流动人口提供了一个熟悉的社会和文化环境，缓解了他们独自在外打拼的孤独与乡愁，为湖北籍流动人口提供了避风港。正是"湖北村"的存在，使得初来广州的流动人口能够与老移民尤其是成功的创业者互动交流，学习城市的社会规范与行为习惯，从而更顺利地适应广州的新生活并融入当地社会。

7 结论与讨论

通过对广州市"湖北村"的质性研究，本文发现从事制衣行业的湖北籍流动人口为"湖北村"带来了大量发展资源，积极推动了地方制衣业集群的形成与发展。他们通过弹性生产体制，制衣厂的本地嵌入和跨地方的招聘、集资和商贸网络，促进了当地制衣行业的繁荣发展，从而推动流动人口聚居区的形成和演变。"湖北村"的案例表明，相比于居住在其他地方的流动人口，居住在"湖北村"的流动人口更容易实现阶层跃迁和向上流动，也能更顺利地适应城市的新环境。他们能够动员丰富的同乡资源，通过嵌入在聚居区的紧密的社会网络逐渐适应城市生活。这些流动人口聚居区不仅为流动人口提供了低成本的居住和生活空间，还为流动人口融入城市社会搭建了良好的平台。

前人的研究将流动人口聚居区的形成归因于流入地的社会、制度和经济障碍对流动人口住房选择的约束（Wang et al.，2010；Zhang，2011；Zheng et al.，2009）。不可否认的是，流动人口在中国各大城市受到市场和制度的双重排斥，在城市社会经济系统中处于底层地位。然而，这种结构主义的观点往往忽视了流动人口的个体能动性。因此，本文重点关注流动人口的个体能动性和日常生活实践，为研究中国大城市流动人口聚居区的形成和演变机制提供了一个新的视角。实证结果表明，流动人口通过聚居区内部或跨地方的实践，采取多种生存发展策略，充分调动家庭和家乡的社会资源，从而突破了流入地的制度、社会和经济约束。有别于传统的观点，本文认为流动人口是一个日益分化的群体，部分事业成功的流动人口能够主动地突破流入地的制度、社会和经济约束，从而为自己和家人谋得福祉。

本文还对张鹂（Zhang，2001a、2001b）有关北京"浙江村"空间与权力关系的研究进行了补充。在"湖北村"的案例中，上千名湖北籍流动人口在村内创办小型制衣厂，把当地村民的自建住房改建为厂房、员工宿舍或者商铺。对于工人而言，这些制衣厂老板不仅是他们的雇主，同时还扮演职场领路人的角色。通过与家乡的紧密联系，制衣厂老板充分调动同乡资源，与其他服装生产者和批发商建立起互惠互利的贸易合作关系。此外，他们还与房东和村集体建立起紧密的利益关系。通过实践与权力关系，这些创业者在"湖北村"中构建其社会空间并积累了大量的财富、权力和声望。然而，与私营大院林立的北京"浙江村"不同，广州"湖北村"的创业者无法独自掌控其生产和改造的社会空间，而是与本村村民和村集体分享社会空间当中的权力。例如，宅基地上的自建房由本村村民建造，其权属归村民所有，公共服务设施由村集体提供和维护，这种模式得到了政府的认可和合法化（Zhang et al.，2003；Tian，2008；Wu et al.，2013）。因此，由于私有化的空间给国家治理带来了潜在的威胁，"浙江村"最终被有关部门强制拆除了。相对而言，由于"湖北村"的自建房是合法的存在，因此依附于其上的非正规经济仍然能够生生不息。

近年来，学界深入探讨了流动人口聚居区对中国城市化进程的积极影响，例如为流动人口提供住房，解决了失地农民的生计问题等等（Chan et al.，2003；Lin et al.，2011；Song et al.，2008；Wang et al.，2009；Wang et al.，2010；Zhang et al.，2003）。本文进一步将流动人口的空间集聚与其社会流动与社会适应联系起来。对西方国家族裔聚居区的研究表明，少数族裔的空间集聚可能会带来各种负面影响。从社会经济方面来看，族裔聚居区有可能加深少数族裔成员与主流群体之间的隔阂，从而使前者的社会经济地位更加边缘（Marcuse，1997；van Kempen and sule Özüekren，1998）。然而，在"湖北村"的案例中，聚居区内充足的工作机会、就业信息的高度流通以及周边地区制衣行业的蓬勃发展，共同推动了聚居区非正规经济的繁荣和大量就业机会的供应。从文化方面来看，如果少数族裔成员居住在聚居区，他们很可能会恪守原有的价值观、观念信仰和行为习惯，不愿意融入当地的主流文化，从而加深了少数族裔群体和主流群体之间的矛盾。在"湖北村"的案例中，对于那些高度依赖亲缘和乡缘关系来获取资讯的中老年流动人口而言，这种情况确实有可能存在。但对于那些年轻的流动人口而言，他们大都接受过一定程度的文化教育，也乐意接受城市文明和现代文化的洗礼，并积极通过互联网及其他媒介习得新的观念和习惯。因此，来到广州之后，他们有能力改变现有的价值观、文化观念和行为习惯，从而顺利地适应新的文化环境。

值得注意的是，并非所有的流动人口聚居区都有利于流动人口创业和就业。大部分的流动人口聚居区仅有居住功能，为流动人口提供低成本的居住和消费空间。然而，既有研究和本研究结果均表明，"湖北村"有着丰富的同乡资源、基于亲缘和乡缘关系的紧密网络以及繁荣的外向型非正规经济部门（如制衣行业），为流动人口实现阶层跃迁和向上流动提供快速通道（Ma and Xiang，1998；Zhang and Xie，2013）。较高的社会流动性能够保证动态的机会公平，调动社会上所有人的积极性，从而实现经济的持续增长。由此可见，聚居区的功能不同，对流动人口群体以及对整个社会的影响也是不同的。目前在全国各地兴起的大规模拆迁项目可能会挤压流动人口实现向上流动的机会，加大流动人口融入城市的难度，从而对社会稳定以及城市的可持续发展带来威胁。政府部门和规划师在开展城中村改造规划的时候，应当考虑到居住在聚居区当中流动人口的权益，采用更具创新性和包容性的方案改造流动人口聚居区。

致谢

感谢潘卓林同学为本文所做的翻译工作和协助绘图工作。

注释

① 英文原文"Growth of rural migrant enclaves in Guangzhou, China: agency, everyday practice and social mobility"发表于 *Urban Studies*, 2015, 52(16): 3086-3105。

参考文献

[1] ALBA R D, LOGAN J R. Minority proximity to whites in suburbs: an individual-level analysis of segregation[J]. The American Journal of Sociology, 1993, 98(6): 1388-1427.

[2] APPADURAI A. Modernity at large: cultural dimensions of globalisation[M]. Minneapolis: University of Minnesota Press, 1996.

[3] BOLT G, van KEMPEN R, van HAM M. Minority ethnic groups in the Dutch housing market: spatial segregation, relocation dynamics and housing policy[J]. Urban Studies, 2008, 45(7): 1359-1384.

[4] BRICKELL K, DATTA A. Introduction: translocal geographies[M]//BRICKELL K, DATTA A. translocal geographies: spaces, places, connections. Farnham: Ashgate, 2011: 3-22.

[5] BURGESS E W. The growth of the city: an introduction to a research project[M]//PARK R E, BURGESS E W, MCKENZIE R D. The city: suggestions for investigation of human behavior in the urban environment. Chicago, IL: University of Chicago Press, [1925]1967: 47-62.

[6]　CHAN R C K, YAO Y M, ZHAO S X B. Self-help housing strategy for temporary population in Guangzhou, China[J]. Habitat International, 2003, 27(1): 19-35.

[7]　CHAN K W, ZHANG L. The Hukou system and rural-urban migration in China: processes and changes[J]. The China Quarterly, 1999(160): 818-855.

[8]　FAN C. Flexible work, flexible household: labor migration and rural families in China[M]//KEISTER L. Work and organizations in China after thirty years of transition. Bingley: Emerald Group Publishing Limited, 2009: 377-408.

[9]　FAN C C. The state, the migrant labor regime, and maiden workers in China[J]. Political Geography, 2004, 23(3): 283-305.

[10]　FAN C C. China on the move: migration, the state, and the household[M]. London, New York: Routledge, 2008.

[11]　FAN C C, WANG W W. The household as security: strategies of rural-urban migrants in China[M]//SMYTH R, NIELSEN I. Migration and social protection in China. New York: World Scientific, 2008: 205-243.

[12]　FAN C C. Settlement intention and split households: findings from a migrant survey in Beijing, China[J]. The China Review, 2011, 11(2): 11-42.

[13]　FAN C C, SUN M, ZHENG S. Migration and split households: a comparison of sole, couple, and family migrants in Beijing, China[J]. Environment and Planning A, 2011, 43(9): 2164-2185.

[14]　GU C L, SHEN J F. Transformation of urban socio-spatial structure in socialist market economies: the case of Beijing[J]. Habitat International, 2003, 27(1): 107-122.

[15]　GUARNIZO L E, SMITH M P. The locations of transnationalism[M]//SMITH M P, GUARNIZO L E. Transnationalism from below. New Brunswick: Transaction Publishers, 1998: 3-34.

[16]　LEY D. Transnational spaces and everyday lives[J]. Transactions of the Institute of British Geographers, 2004, 29(2): 151-164.

[17]　LI W. Anatomy of a new ethnic settlement: the chinese ethnoburb in Los Angeles[J]. Urban Studies, 1998, 35(3): 479-501.

[18]　LI W. Ethnoburb: the new ethnic community in urban America[M]. Honolulu: University of Hawaii Press, 2009.

[19]　LI Z, WU F. Tenure-based residential segregation in post-reform Chinese cities: a case study of Shanghai[J]. Transactions of the Institute of British Geographers, 2008, 33(3): 404-419.

[20]　LI Z, WU F. Residential satisfaction in China's informal settlements: a case study of Beijing, Shanghai, and Guangzhou[J]. Urban Geography, 2013, 34(7): 923-949.

[21]　LIN G C S. Transnationalism and the geography of (sub)ethnicity in Hong Kong[J]. Urban Geography, 2002, 23(1): 57-84.

[22]　LIN Y, DE MEULDER B, WANG S. Understanding the "Village in the City" in Guangzhou: economic integration and development issue and their implications for the urban migrant[J]. Urban Studies, 2011, 48(6): 3583-3598.

[23]　LIU Y, LI Z, BREITUNG W. The social networks of new-generation migrants in China's urbanized villages: a case study of Guangzhou[J]. Habitat International, 2012, 36(1): 192-200.

[24]　LIU Y T, HE S J, WU F L, et al. Urban villages under China's rapid urbanization: unregulated assets and transitional neighbourhoods[J]. Habitat International, 2010, 34(2): 135-144.

[25] LOGAN J R, ZHANG W, ALBA R D. Immigrant enclaves and ethnic communities in New York and Los Angeles[J]. American Sociological Review, 2002, 67(2): 299-322.

[26] MA L J C, XIANG B. Native place, migration and the emergence of peasant enclaves in Beijing[J]. The China Quarterly, 1998, 155: 546-581.

[27] MA Z. Social-capital mobilization and income returns to entrepreneurship: the case of return migration in rural China[J]. Environment and Planning A, 2002, 34(10): 1763-1784.

[28] MARCUSE P. The enclave, the citadel, and the ghetto: what has changed in the postfordist US city[J]. Urban Affairs Review, 1997, 33(2): 228-264.

[29] MASSEY D S, CONDRAN G A, DENTON N A. The effect of residential segregation on black social and economic well-being[J]. Social Forces, 1987, 66(1): 29-56.

[30] ONG A, NONINI D M. Toward a cultural politics of diaspora and transnationalism[M]//ONG A, NONINI D M. Ungrounded empires: the cultural politics of modern Chinese transnationalism. New York: Routledge, 1997: 323-332.

[31] PORTES A. The social origins of the cuban enclave economy of Miami[J]. Sociological Perspectives, 1987, 30(4): 340-372.

[32] PORTES A, GUARNIZO L E, LANDOLT P. The study of transnationalism: pitfalls and promise of an emergent research field[J]. Ethnic and Racial Studies, 1999, 22(2): 217-237.

[33] SAUNDERS D. Arrival city: how the largest migration in history is reshaping our world[M]. New York: Vintage, 2012.

[34] SCHILLER N G, BASCH L, BLANC-SZANTON C. Transnationalism: a new analytic framework for understanding migration[J]. Annals of the New York Academy of Sciences, 1992, 645(1): 1-24.

[35] SHEN J. A Study of the temporary population in chinese Cities[J]. Habitat International, 2002, 26(3): 363-377.

[36] SMITH M P. Translocality: a critical reflection[M]//BRICKELL K, DATTA A. Translocal geographies: spaces, Places, Connections. Farnham: Ashgate, 2011: 181-198.

[37] SMITH R. Transnational localities: community, technology and the politics of membership within the context of Mexico and migration[M]//SMITH M P, GUARNIZO L E. Transnationalism from Below. New Brunswick: Transaction Publishers, 1998: 196-240.

[38] SOLINGER D J. Contesting citizenship in urban China: peasant migrants, the state, and the logic of the market[M]. Berkeley: University of California Press, 1999.

[39] SONG Y, ZENOU Y, DING C. Let's not throw the baby out with the bath water: the role of urban villages in housing rural migrants in China[J]. Urban Studies, 2008, 45(2): 313-330.

[40] TIAN L. The Chengzhongcun land market in China: boon or bane? - A perspective on property rights[J]. International Journal of Urban and Regional Research, 2008, 32(2): 282-304.

[41] VAN KEMPEN R, SULE ÖZÜEKREN A. Ethnic segregation in cities: new forms and explanations in a dynamic world[J]. Urban Studies, 1998, 35(10): 1631-1656.

[42] WANG Y A P, WANG Y L, WU J S. Housing migrant workers in rapidly urbanizing regions: a study of the chinese model in Shenzhen[J]. Housing Studies, 2010, 25(1): 83-100.

[43] WANG Y P, WANG Y L, WU J S. Urbanization and informal development in China: urban villages in Shenzhen[J]. International Journal of Urban and Regional Research, 2009, 33(4): 957-973.

[44] WILSON K L, PORTES A. Immigrant enclaves: an analysis of the labor market experiences of cubans in Miami [J]. The American Journal of Sociology, 1980, 86: 305-319.

[45] WU F, ZHANG F, WEBSTER C. Informality and the development and demolition of urban villages in the Chinese peri-urban area[J]. Urban Studies, 2013, 50(10): 1919-1934.

[46] WU W. Migrant housing in urban China: choices and constraints[J]. Urban Affairs Review, 2002, 38(1): 90-119.

[47] WU W. Migrant settlement and spatial distribution in metropolitan Shanghai[J]. Professional Geographer, 2008, 60(1): 101-120.

[48] ZHANG C, XIE Y. Place of origin and labour market outcomes among migrant workers in urban China[J]. Urban Studies, 2013, 50(14): 3011-3026.

[49] ZHANG L. Strangers in the city: reconfigurations of space, power, and social networks within China's floating population[M]. Stanford: Stanford University Press, 2001a.

[50] ZHANG L. Migration and privatization of space and power in late socialist China[J]. American Ethnologist, 2001b, 28(1): 179-205.

[51] ZHANG L, ZHAO S X B, TIAN J P. Self-help in housing and Chengzhongcun in China's urbanization[J]. International Journal of Urban and Regional Research, 2003, 27(4): 912-937.

[52] ZHANG L. The political economy of informal settlements in post-socialist China: the case of chengzhongcun(s)[J]. Geoforum, 2011, 42(4): 473-483.

[53] ZHENG S Q, LONG F J, FAN C C, et al. Urban villages in China: a 2008 survey of migrant settlements in Beijing[J]. Eurasian Geography and Economics, 2009, 50(4): 425-446.

[54] ZHOU M. New York's China town: the socioeconomic potential of an urban enclave[M]. Philadelphia Temple University Press, 1992.

[55] ZHOU M. Revisiting ethnic entrepreneurship: convergencies, controversies, and conceptual advancements[J]. International Migration Review, 2004, 38(3): 1040-1074.

[56] ZHOU M. Contemporary Chinese America: immigration, ethnicity, and community transformation[M]. Philadelphia: Temple University Press, 2009.

[57] ZHOU Y, TSENG Y F. Regrounding the "ungrounded empires": localization as the geographical catalyst for transnationalism[J]. Global Networks, 2001, 1(2): 131-154.

[58] ZHU Y, CHEN W. The settlement intention of China's floating population in the cities: recent changes and multifaceted individual-level determinants[J]. Population, Space and Place, 2010, 16(4): 253-267.

[59] 中华人民共和国国家统计局. 中华人民共和国 2012 年国民经济和社会发展统计公报[R/OL]. (2013-02-22) [2013-12-24]. http://www.stats.gov.cn/tjsj/tjgb/ndtjgb/qgndtjgb/201302/t20130221_30027. html.

[欢迎引用]

刘晔, 李志刚, 刘于琪, 等. 中国大城市流动人口聚居区的形成机制与社会影响: 以广州"湖北村"为例[J]. 城市与区域规划研究, 2020, 12(2): 231-250.

LIU Y, LI Z G, LIU Y Q, et al. The formation and social impact of migrant enclaves in chinese large cities: a case study of "Hubei Village", Guangzhou[J]. Journal of Urban and Regional Planning, 2020,12(2): 231-250.

《城市与区域规划研究》征稿简则

本刊栏目设置

本刊设有 7 个固定栏目，分别是：

1. 主编导读。介绍本期主题、编辑思路、文章要点、下期主题安排。

2. 特约专稿。发表由知名学者撰写的城市与区域规划理论论文，每期 1～2 篇，字数不限。

3. 学术文章。城市与区域规划理论、方法、案例分析等研究成果。每期 6 篇左右，字数不限。

4. 国际快线（前沿）。国外城市与区域规划最新成果、研究前沿综述。每期 1～2 篇，字数约 20 000 字。

5. 经典集萃。介绍有长期影响、实用价值的古今中外经典城市与区域规划论著。每期 1～2 篇，字数不限，可连载。

6. 研究生论坛。国内重点院校研究生研究成果、前沿综述。每期 3 篇左右，每篇字数 6 000～8 000 字。

7. 书评专栏。国内外城市与区域规划著作书评。每期 3～6 篇，字数不限。

根据主题设置灵活栏目，如：**人物专访、学术随笔、规划争鸣、规划研究方法**等。

用稿制度

本刊收到稿件后，将对每份稿件登记、编号及组织专家匿名评审，刊登与否由编委会最后审定。如无特殊情况，本刊将会在 3 个月内告知录用结果。在此之前，请勿一稿多投。来稿文责自负，凡向本刊投稿者，即视为同意本刊将稿件以纸质图书版本以及包括但不限于光盘版、网络版等数字出版形式出版。稿件发表后，本刊会向作者支付一次性稿酬并赠样书 2 册。

投稿要求

本刊投稿以中文为主（海外学者可用英文投稿），但必须是未发表的稿件。英文稿件如果录用，本刊可以负责翻译，由作者审查定稿。除海外学者外，稿件一般使用中文。作者投稿用电子文件，通过采编系统在线投稿，采编系统网址：**http://cqgh. cbpt. cnki. net/**，或电子文件 **E-mail 至 urp@tsinghua. edu. cn**。

1. 文章应符合科学论文格式。主体包括：① 科学问题；② 国内外研究综述；③ 研究理论框架；④ 数据与资料采集；⑤ 分析与研究；⑥ 科学发现或发明；⑦ 结论与讨论。

2. 稿件的第一页应提供以下信息：① 文章标题、作者姓名、单位及通讯地址和电子邮件；② 英文标题、作者姓名的英文和作者单位的英文名称。稿件的第二页应提供以下信息：① 200 字以内的中文摘要；② 3～5 个中文关键词；③ 100 个单词以内的英文摘要；④ 3～5 个英文关键词。

3. 文章正文中的标题、插图、表格、符号、脚注等，必须分别连续编号。一级标题用"1""2""3"……编号；二级标题用"1.1""1.2""1.3"……编号；三级标题用"1.1.1""1.1.2""1.1.3"……编号，标题后不用标点符号。

4. 插图要求：500dpi，14cm×18cm，黑白位图或 EPS 矢量图，由于刊物为黑白印制，最好提供黑白线条图。图表一律通栏排，表格需为三线表（图：标题在下；表：标题在上）。

5. 参考文献格式要求如下：

（1）参考文献首先按文种集中，可分为英文、中文、西文等。然后按著者人名首字母排序，中文文献可按著者汉语拼音顺序排列。参考文献在文中需用括号表示著者和出版年信息，例如（王玲，1983），著录根据《信息与文献 参考文献著录规则》（GB/T 7714—2015）国家标准的规定执行。

（2）请标注文后参考文献类型标识码和文献载体代码。

• 文献类型/类型标识

专著/M；论文集/C；报纸文章/N；期刊文章/J；学位论文/D；报告/R

• 电子参考文献类型标识

数据库/DB；计算机程序/CP；电子公告/EP

• 文献载体/载体代码标识

磁带/MT；磁盘/DK；光盘/CD；联机网/OL

（3）参考文献写法列举如下：

［1］刘国钧，陈绍业，王凤翥. 图书馆目录[M]. 北京：高等教育出版社，1957: 15-18.

［2］辛希孟. 信息技术与信息服务国际研讨会论文集: A 集[C]. 北京：中国社会科学出版社，1994.

　　[3] 张筑生. 微分半动力系统的不变集[D]. 北京: 北京大学数学系数学研究所, 1983.

　　[4] 冯西桥. 核反应堆压力管道与压力容器的 LBB 分析[R]. 北京: 清华大学核能技术设计研究院, 1997.

　　[5] 金显贺, 王昌长, 王忠东, 等. 一种用于在线检测局部放电的数字滤波技术[J]. 清华大学学报(自然科学版), 1993, 33(4): 62-67.

　　[6] 钟文发. 非线性规划在可燃毒物配置中的应用[C]//赵玮. 运筹学的理论与应用——中国运筹学会第五届大会论文集. 西安: 西安电子科技大学出版社, 1996: 468-471.

　　[7] 谢希德. 创造学习的新思路[N]. 人民日报, 1998-12-25(10).

　　[8] 王明亮. 关于中国学术期刊标准化数据库系统工程的进展[EB/OL]. (1998-08-16)/[1998-10-04]. http://www.cajcd.edu.cn/pub/wml.txt/980810- 2.html.

　　[9] PEEBLES P Z, Jr. Probability, random variable, and random signal principles[M]. 4th ed. New York: McGraw Hill, 2001.

　　[10] KANAMORI H. Shaking without quaking[J]. Science, 1998, 279(5359): 2063-2064.

　　6. 所有英文人名、地名应有规范译名, 并在第一次出现时用括号标注原名。

编辑部联系方式

　　地址: 北京市海淀区清河嘉园东区甲 1 号楼东塔 22 层《城市与区域规划研究》编辑部

　　邮编: 100085

　　电话: 010-82819552

著作权使用声明

《城市与区域规划研究》征订

《城市与区域规划研究》为小 16 开，每期 300 页左右。欢迎订阅。

订阅方式

1. 请填写"征订单"并电邮或邮寄至以下地址：

       联系人：单苓君

       电　话：（010）82819552

       电　邮：urp@tsinghua.edu.cn

       地　址：北京市海淀区清河中街清河嘉园甲 1 号楼 A 座 7 层

            《城市与区域规划研究》编辑部

       邮　编：100085

2. 汇款

    ① 邮局汇款：地址同上

          收款人姓名：北京清大卓筑文化传播有限公司

    ② 银行转账：户　名：北京清大卓筑文化传播有限公司

          开户行：北京银行北京清华园支行

          账　号：01090334600120105468638

《城市与区域规划研究》征订单

每期定价	人民币 58 元（含邮费）					
订户名称					联系人	
详细地址					邮　编	
电子邮箱		电　话			手　机	
订　阅	年　　　期至　　　年　　　期				份　数	
是否需要发票	□是　发票抬头					□否
汇款方式	□银行		□邮局		汇款日期	
合计金额	人民币（大写）					
注：订刊款汇出后请详细填写以上内容，并把征订单和汇款底单发邮件到 urp@tsinghua.edu.cn。						